当代科学文化前沿丛书

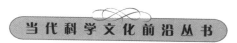

MORAL MACHINES
TEACHING ROBOTS RIGHT FROM WRONG

道德机器
如何让机器人明辨是非

〔美〕 温德尔·瓦拉赫 (Wendell Wallach)
科林·艾伦 (Colin Allen) ◎著
王小红 ◎主译

北京大学出版社
PEKING UNIVERSITY PRESS

著作权合同登记号　图字：01-2016-4369

图书在版编目 (CIP) 数据

道德机器：如何让机器人明辨是非 /（美）温德尔·瓦拉赫（Wendell Wallach），（美）科林·艾伦（Colin Allen）著；王小红主译 .—北京：北京大学出版社 ,2017.11
　　（当代科学文化前沿丛书）
　　ISBN 978-7-301-28940-2

Ⅰ . ①道… Ⅱ . ①温… ②科… ③王… Ⅲ . ①机器人学—研究 Ⅳ . ① TP24

中国版本图书馆 CIP 数据核字 (2017) 第 267132 号

书　　　名	道德机器：如何让机器人明辨是非
	DAODE JIQI：RUHE RANG JIQIREN MINGBIAN SHIFEI
著作责任者	〔美〕温德尔·瓦拉赫　〔美〕科林·艾伦　著　王小红　主译
责 任 编 辑	吴卫华　陈　静
标 准 书 号	ISBN 978-7-301-28940-2
出 版 发 行	北京大学出版社
地　　　址	北京市海淀区成府路 205 号　100871
网　　　址	http://www.pup.cn　　新浪微博：@ 北京大学出版社
电 子 信 箱	zpup@pup.cn
电　　　话	邮购部 62752015　发行部 62750672　编辑部 62753056
印 刷 者	三河市博文印刷有限公司
经 销 者	新华书店
	650 毫米 ×980 毫米　16 开本　17.5 印张　280 千字
	2017 年 11 月第 1 版　2017 年 11 月第 1 次印刷
定　　　价	58.00 元

中文版序

几乎过不了一星期,报纸上、电视上,就总会看到人工智能(AI)的新闻,各种 AI 对人们生活造成或者可能造成负面影响的消息不绝于耳。不管是数据挖掘算法泄露个人信息,还是有政治导向的宣传的影响,如数据挖掘公司可能利用选民信息深度干预了美国总统选举结果,或种族和性别偏见浸入了人工智能程序,抑或是自动驾驶汽车会使数百万人丢掉工作。自从《道德机器》(*Moral Machines*)英文版首次问世,数年以来,围绕 AI 产生的这些伦理问题已经变得愈加急迫和突出。

这里给出一个文化偏见渗透进 AI 程序方面的例子。类似谷歌翻译这样的解释语言程序,其能力近年来有了大幅度提高,这主要得益于新的机器学习技术以及可以训练程序的大量在线文本数据的出现。但是最近的研究显示,在机器习得越来越像人的语言能力的过程中,它们也正在深度地吸取人类语言模式中隐含的种种偏见。机器翻译的工作进路一般是这样的,建构一个关于语言的数学表征,其中某个词的意义根据最经常和它一同出现的词而被提炼为一系列数字(叫词向量)。令人惊讶的是,这种纯粹统计式的方式却显然抓住了某个词的意义中所蕴含的丰富的文化和社会情境,这是字典里的定义不大可能有的。例如,关于花的词语和令人愉悦之类的词聚类,昆虫类的词语和令人不快之类的词聚类;词语"女性""妇女"与艺术人文类职业以及家庭联系更紧密,词语"男性""男人"则和数学、工程类职业更近。尤为危险的是,AI 还有强化所习得的偏见的潜能,它们不像人可以有意识地去抵制偏见。因此,如何在设计理解语言的算法时既让其消除偏见,又不丧失其对语言的解释能力,这是一项很大的挑战。

对于上述可能产生自 AI 的一些最坏的情况,学术界和技术界的领军人物纷纷表示关注。像剑桥大学当代最重要的物理学家史蒂芬·霍金(Stephen Hawking),还有太空运载私人运营和电动汽车的开拓者埃隆·马斯克(Elon Musk),他们担心,AI 代表着威胁人类存在的危险。另一些人却表示乐观，对 AI 的长远前景满怀热情。但他们认识到对 AI 的限制以及 AI 的弱点对商业来说是很糟糕的事情。就在 2016 年 9 月，来自微软、IBM、FaceBook、谷歌、苹果以及亚马逊的领导人，他们共同创立了关于 AI 的合作伙伴关系，当时宣称的目标是要确保 AI 是"安全可靠的，要和受 AI 行为影响的人们的伦理和喜好一致"。但是，市场经济的逻辑总是在驱动着愈演愈烈的雄心，于是，应用机器学习处理收集的海量电子化数据、提高自动驾驶汽车上路的数量，新闻的头版头条持续不断。

《道德机器》书中的信息依然是极为重要的，虽然此书首次出版以来，技术已经大大向前发展了，但基本的难题不仅依然没有解决，反而被这些技术进展所加剧。先进算法工作的基本原理还是没完全搞清楚，这就关系到 AI 解释自身决策方面的无能为力。当然，人们在决策时也不总是能够一目了然地解释清楚自己的抉择。但是，要设计处在一个更高水平上的机器，我们这样把握是对的。

在《道德机器》中阐述了一种混合式系统，组合了自下而上式的数据驱动的学习和进化的方式，以及自上而下式的理论驱动做决策。这个思想，对于 AI 软件的设计以及能够在人类环境中操作的机器人来说，依然是最好的策略。但是，在这本书约十年前问世之后，批评者们的意见是对的，我们本来可以更多地讨论一下设计更大的有机器运行的社会-技术系统。我们关注如何使机器自身的道德能力逐渐增进——这是一个依然需要研究的课题，关于如何使机器尊重它们的设计者和使用者人类的伦理价值，以及有效维护人类的道德责任方面的问题，仅仅只解决了部分。

人工智能机器已经在特定领域胜过了人。这令许多评论家相信超人智能不远了。但是，尽管 AI 取得了目前的进展，它的成功依然是脆弱的，而人的智能通常却不是这样。某个机器可以下围棋胜过人，却不能同时会下象棋、会开车，还能在家人饭后，一边帮忙收拾桌子，一边解答政治学的问题。即使这些能力可以绑定给一个物理机器，我们也依然不知道，如何以像人那样的方式把它们整合在一起，让一个领域的思想和概念灵活地畅行至另一领域。如此说来，《道德机器》最初问世时候的基本信息依然没有变，这就是：不应该让未来学家的担心和猜测转移我们的注意力，我们的任务依然是设计自主机器，让它们以可辨识的道德方式行事，使用着我们已经获得的社会、政治和技术资源。

科林·艾伦（Colin Allen）

美国-匹兹堡，2017 年 9 月 26 日

致　　谢

　　好多人的贡献在本书贯穿始终。我们要首先感谢的，也是最重要的一位——伊娃·斯密特(Iva Smit)博士，她是我们在道德机器方面若干篇文章的合作者。写作这本书时，我们广泛借鉴了这些文章。毫无疑问，书中的许多观点和用词都源于她，我们尤其感激她对第六章的贡献。伊娃在帮助我们制定这本书的写作大纲方面也承担了重要的角色。其实她在这个领域的影响比这更广。从 2002 年到 2005 年，她通过组织一系列专题讨论会将有志趣于机器道德的学者们聚拢起来，对这个新兴的研究领域做出了持续的贡献。的确，要不是 2002 年伊娃邀请我们两人到德国巴登巴登参加第一届讨论会，我们也许就不会彼此相识。她热情、亲切地将一个小型的学者共同体紧密团结起来(我们会在下面提到这些人)。伊娃的重要动机是要唤起商界和政界领袖们，意识到自主性系统所带来的危害。就我们选择关注于开发人工道德智能体的技术层面来说，这本书或许并非她的初衷。然而，我们希望传达出她关于伦理缺失系统危害性的一些观念。

　　斯密特博士组织的这四届专题讨论会的主题是"人类和人工智能决策中的认知、情感和伦理问题"；该专题讨论会是由乔治·拉斯克(George Lasker)领导的国际系统研究和控制论高级研究院(International Institute for Advanced Studies in Systems Research and Cybernetics)资助举办的。我们感谢拉斯克教授和研讨会的其他参与者。就在最近几年，许多关于机器道德的专题研讨会帮助我们对这个主题有了更为深入的理解，我们同时还想感谢那些专题研讨会的主办者和参加者。

　　科林·艾伦(Colin Allen)最初于 1999 年涉足这个领域，当时他受瓦罗尔·阿克曼(Varol Akman)邀请，为《实验与理论人工智能杂志》(*Journal of Experimental and Theoretical Artificial Intelligence*)撰写文章。这次偶然的机会让他意识到，如何建构人工道德智能体方面的问题，竟然还是未经探索的哲学领域。于是，加里·瓦尔纳(Gary Varner)发挥其伦理学专长,研究生詹森·津瑟(Jason Zinser)付出热情和努力,于2000年合作发表了的一篇文章。我们写这本书时引用了它。

温德尔·瓦拉赫(Wendell Wallach)于2004年和2005年在耶鲁大学讲授一门本科生的讨论班课程,叫"机器人的道德和人的伦理"。他感谢学生们的洞见和热情对他的思想形成作出的重要贡献。其中,一位名乔纳森·哈特曼(Jonathan Hartman)的学生提出了我们在第七章讨论的一个原创性观点。温德尔和斯坦·富兰克林(Stan Franklin)教授的讨论,对第十一章尤为重要。斯坦帮助我们撰写了该章内容,在那一部分,我们将他针对通用人工智能开发的学习型智能配给代理(LIDA)模型应用于建构人工道德智能体(AMAs)这个难题。他理应被看做是那一章的合作者。

在书中还有许多其他同行和学生的评论及建议。我们尤其想要提到迈克尔(Michael)和苏珊·安德森(Susan Anderson)夫妇、肯特·巴布科特(Kent Babcock)、大卫·卡尔弗利(David Calverly)、罗恩·克里希(Ron Chrisley)、彼得·达尼尔森(Peter Danielson)、西蒙·戴维森(Simon Davidson)、卢奇亚诺·弗洛里迪(Luciano Floridi)、欧文·霍兰德(Owen Holland)、詹姆士·修斯(James Hughes)、埃尔顿·乔伊(Elton Joe)、彼得·卡恩(Peter Kahn)、邦尼·卡普兰(Bonnie Kaplan)、加里·考夫(Gary Koff)、帕特里克·林(Patrick Lin)、卡尔·麦克道曼(Karl MacDorman)、维拉德·米兰克尔(Willard Miranker)、罗萨琳德·皮卡德(Rosalind Picard)、汤姆·鲍尔斯(Tom Powers)、菲儿·罗宾(Phil Robin)、布莱恩·斯卡萨拉蒂(Brian Scasselati)、维姆·斯密特(Wim Smit)、克里斯提娜·斯皮塞尔(Christina Spiesel)、斯蒂夫·托伦斯(Steve Torrance)以及文森特·魏格尔(Vincent Wiegel)。

还要特别感谢那些对各章做出详细评论的人。坎迪斯·安达立阿(Candice Andalia)和约耳·马克斯(Joel Marks)两人对若干章节进行了评论,还有弗莱德·艾伦(Fred Allen)和托尼·比弗斯(Tony Beavers)对全部手稿进行了评论,他们应当获得最高的称赞。他们的洞见对本书的完善起到不可估量的作用。

2007年8月,我们在宾夕法尼亚中部度过了令人愉快的一周,敲定出一部几近完成的书稿。接待者是萨莫斯特乡村酒店的卡罗尔(Carol)和罗兰德·米勒(Rowland Miller)夫妇。卡罗尔的丰盛早餐,罗兰德对最初两章的热情回应,还有充足的咖啡、茶和小甜饼,从各方面调动着我们的工作能量。

　　斯坦·韦克菲尔德（Stan Wakefield）对拓展我们的写作计划给出了合理的建议。在最后的编辑和手稿的准备上，印第安纳大学的约书亚·斯马特（Joshua Smart）显然是位得力的助手。他做的大量编辑工作提高了文字的明晰性和可读性，并且对整理书后的每章注释作出重要贡献。

　　牛津大学出版社的彼得·奥林（Peter Ohlin），乔林·奥斯卡（Joellyn Ausanka）和莫立·瓦根纳尔（Molly Wagener）给我们很多帮助——感谢他们周到的建议，以及按时让这部手稿出版问世。副标题"如何让机器人明辨是非"就是彼得建议的。我们要专门感谢玛莎·拉姆齐（Martha Ramsey），她出色的编辑工作无疑对手稿的可读性作出了极大的贡献。

　　温德尔·瓦拉赫想感谢耶鲁大学生命伦理学交叉学科中心的成员过去四年来的支持。该中心的副主任卡罗尔·柏兰德（Carol Pollard）、她的助理布鲁克·克劳克特（Brooke Crockett）和乔恩·墨瑟（Jon Moser）以各种方式给温德尔很大帮助。

　　最后，如果没有南希·瓦拉赫（Nancy Wallach）和林恩·艾伦（Lynn Allen），我们的妻子们的耐心、爱心和宽容，我们本不可能完成这个工作。她们的美德没有任何一点是虚假的。

　　　　　　温德尔·瓦拉赫，于康涅狄格州布卢姆菲尔德
　　　　　　科林·艾伦，于印第安纳州伯明顿
　　　　　　2008 年 2 月

目录

目录

目录

目录

导　　言

在麻省理工学院(MIT)的情感计算实验室里,科学家正在设计能读懂人类情绪的计算机。金融机构已经利用国际互联网进行评估,并在每分钟批准或拒绝数百万笔交易。在日本、欧洲和美国,机器人科学家在开发用于照顾老年人和残疾人的服务型机器人。日本科学家在制造外表看起来和人没有区别的机器人(android)。韩国政府宣布了到2020年让每家每户有一个机器人的目标。他们还和三星集团在共同开发装载武器的机器人,帮助守卫毗邻朝鲜的边界。同时,在每一个可以想到的装置上,从汽车到垃圾桶,计算机芯片都在促进、监视和分析着人类的活动;而在每一个可以想象的虚拟环境里,从网上冲浪到在线购物,软件"机器人"也如此。这些(软硬件)机器人[(ro)bots]——一个我们将用来囊括物理机器人和软件智能体的术语,它所收集的数据正在用于商业、政府和医疗目的。

所有这一切进展正在汇聚并促生着机器人,它们摆脱人的直接监控,以及对人类福祉的潜在影响,都是科学幻想的素材。50多年前,艾萨克·阿西莫夫(Isaac Asimov)就预见到需要伦理规则来引导机器人的行为。当人们思考机器道德时,首先想到的就是他的"机器人三大定律":

1. 机器人不可以伤害人;或者,通过不作为,让任何人受到伤害。
2. 机器人必须遵从人类的指令,除非那个指令与第一定律相冲突。
3. 机器人必须保护自己的生存,条件是那样做与第一、第二定律没有冲突。

然而,阿西莫夫写的是故事。他并没有遇到今天工程师们所要面对的挑战:要确保他们建构的系统对人类有利,并且不引起对任何人的伤害。阿西莫夫三大定律是否真的有助于确保机器人合乎道德地行动,这正是本书中我们要考虑的问题之一。

就在接下来的几年中,我们预测将会有一场灾难性的事故发生,它是由摆脱了人监控的机器人做决策所引发的。2007 年 10 月,南非军队使用的一种半自主性机器人加农炮出了故障,杀死了 9 名士兵,伤了 14 名——早期报道对究竟是软件还是硬件方面出了故障有不同说法。随着机器变得具有更加完备的自主性,发生更大灾难的潜在可能将增加。即使将要来临的灾难不会杀死如"9·11"恐怖袭击那么多的人,但是,它将激起同样广泛的政治反应;反应的范围将从呼吁更多投入于这些技术改进,到呼吁对这些技术的彻底禁止(即便不是一场完全"针对机器人的战争")。

对安全和社会福利的关注一直是工程学的重点。但今天的系统正在趋近某种程度的复杂性,我们认为,这种复杂性要求系统自身做出道德决策——借用《星际迷航》(The Star Trek)的词,通过"伦理子程序"(ethical subroutines)来程序化。这就将道德主体的圈子扩大了,不仅有人类,还有人工智能系统,我们将称之为人工道德智能体(AMAs)。

我们并不确切地知道一场灾难性事故是什么样子,但是下面的故事或许可以让人有个大致的了解:

2012 年 7 月 23 日,这看起来是一个平常的星期一。在美国的大多数地区,温度也许略有些高,预计用电峰值会升高,但不会达到历史记录。美国的能源耗费正在增加,投机商们一直在驱动石油的期货价格以及现货价格向上攀升,使每桶接近 300 美元。在过去几周内,能源衍生品市场一些稍显不寻常的自动贸易活动引起了联邦证券交易委员会(SEC)的注意,但是银行已经向监管机构确认,他们的程序是在正常范围内运行的。

上午 10:15,东海岸,作为对巴哈马新发现的大型油田储备的响应,石油价格略有下降。橙色和拿骚银行(Orange and Nassau Bank)投资分部的软件计算出,如果给四分之一的银行客户发邮件,推荐其购买石油期货,暂时提升现货市场价格,然后,当交易商囤积供给以满足期货需求时,再卖空给银行的其他客户,这样就会获得利润回报。这个计划本质上是让消费者中的一部分人与其余的人对阵,这当然完全不合乎伦理规范。但是人们并未考虑这些细节为银行软件进行如此这般的设计。事实上,由计算机自主计划的赚钱场景都是许多独立的稳健性原则非故意的结果。程序员很难预估计算机策划这种方案的能力。

不幸的是,计算机直接发给客户的"推荐购买"邮件太有成效了。习惯看到油价节节攀升的投资者们激动地跳上这辆"时尚花车",于是石油的现货价格骤然升到远超过 300 美元,而且没有下降的迹象。在东海岸,上午

11:30,温度的攀升也快过人们的预料。新泽西州电网的控制软件计算出,如果使用燃煤发电厂,而不是燃油发电机,就可以使能源耗费下降,从而能满足意外的用电需求。然而,一台火力发电机在峰值负荷运转时发生了爆炸,而且在任何人采取行动之前,连锁停电切断了东海岸一半地区的电力供应。华尔街受到停电影响,但停电之前 SEC 监管机构已经注意到,油价期货价格上涨是发生在橙色和拿骚银行自动交易账户之间的一场由计算机导致的骗局。随着这一消息的传播,而投资者又计划巩固地位,一旦市场重新开盘,很显然,价格势必急剧下降,损失将达到数百万美元。与此同时,停电已经遍及广大区域,导致许多人得不到必要的医疗救助,还有更多的人滞留在外回不了家。

由于监测到这场正在蔓延的停电有可能是恐怖主义行为,里根国家机场的安全检查软件自动设置到最高安全级别,启用生物识别比对标准,比平常更容易标识出嫌疑人员。这个软件没有权衡阻止一场恐怖袭击与由此给成千上万在机场的人带来麻烦之间的利益得失的机制;它识别出一共五名乘客为潜在的恐怖分子,这五个人正在等候飞往伦敦的 231 航班。系统将"嫌疑分子"高度定位在这趟航班上,于是开始封锁该机场,并将国土安全响应分队派遣至该航站楼。乘客们都紧张不安,231 航班舱门口的情形急转失控,便开枪了。

国土安全部给航空公司发出警报,提醒也许会发生一场恐怖袭击,于是许多航线实施测算以让飞机着陆。大量飞机试图降落在芝加哥奥黑尔机场造成一片混乱,一架公务喷气式飞机与一架波音 777 相撞,造成 157 名乘客和机组人员死亡;当飞机碎片落在阿灵顿高地芝加哥郊区时,又导致一个街区的房屋发生了火灾。

与此同时,设置在美国和墨西哥边界上的自动机关枪收到信号,被提升至最高警戒状态。自动机关枪的设置程序允许其在红色警戒状态下可以在无人直接监控的情况下实施侦察,并消灭潜在可能的敌情目标。其中一挺机器人机关枪朝着从亚利桑那州诺加利斯(Nogales)附近越野旅行回来的一辆悍马开了火,摧毁了这辆车,并杀死了三位美国公民。

此时,东海岸恢复了电力供应;几天后市场也重新开盘,几百人丧生和数十亿美元的损失可以归咎于这些多重交互系统各自单独运行的程序决策的结果。然而,人们感受到的影响还要持续数个月。

或许时间证明我们是糟糕的灾难预言家。我们预言这种灾难的意图并不是为了引起轰动或者灌输恐惧。这也不是一本关于技术恐怖的书。

我们的目标是以建构式引导 AMAs 工程设计任务的方式来拟定一个讨论框架。我们预言的目的是使人们注意到,现在就需要开始道德机器的工作了,而不是等到二十年至一百年之后技术追上了科学幻想的时候。

机器道德拓展了计算机伦理学领域关注的问题,从关注人们用计算机做什么到机器自身做什么。[本书中我们使用的术语伦理(ethics)和道德(morality)可以互换。]我们正在讨论的技术话题涉及使计算机自身成为清楚的道德推理者。随着人工智能(AI)扩展自主智能体的范围,如何设计这些智能体,使其尊重更为广泛的人类道德主体需要尊重的价值和法律,这个任务越来越紧迫了。

人类真的想让计算机做出道德上重要的决策吗?许多技术哲学家已经警告人们,不要把责任推卸给机器。电影和杂志充斥着对高级人工智能所造成危害的未来狂想。新兴技术在变得根深蒂固之前,总是更容易修正的。然而,在人们广泛接受一项新技术之前,又时常不大可能准确预测它的社会影响。因此,一些批评家认为,人们宁可慎之又慎,放弃发展有潜在危害的技术。然而我们相信,市场和政治力量会说了算,它们将要求这些技术提供好处。这样,任何与此技术利害相关的人都应该义不容辞地直面解决这个问题,使计算机网络中的电脑、机器人和虚拟机器人实施道德决策。

如前所述,本书不是讲技术恐怖的。是的,这些机器要来了。是的,它们的存在会对人的生活和福祉产生意想不到的影响,这些影响不会都是好的。但是,我们相信对自主系统日渐增加的依赖,不会削弱基本的人性。我们的观点是,高级机器人也不会奴役或者灭绝人类,就如科幻的典型模式那样。人类总是会适应他们的技术产品,与自主机器交往的人得到的好处很可能超过其为此付出的代价。

然而,这种乐观并非凭空而来。不可能袖手旁观就能让事情变好。如果人的本性是要避免不良的自主人工智能体所产生的后果,那么人们就必须做好准备,认真想一下如何使智能体向好的一面发展。

在建构道德决策机器方面,我们是依然沉浸在科幻世界里,或者更糟,打上那种时常伴随人工智能科学狂想的烙印吗?只要我们还在做着关于AMAs 时代的大胆预言,或者还在声称会走路、会说话的机器将取代目前做出道德指引的人类"只是时间问题",这样的指责就是合适的。然而,我们不是未来学家,并不知道这些看似通向人工智能的技术障碍是真的还是幻觉。我们也没有兴趣去猜想,当你的咨询师是一个机器人时,你的生活是什么样,甚至没有兴趣去预测这是否终究会发生。相反,我们的兴趣来自于那些当前技术的渐进步骤,它们表明了对伦理决策能力的需要。也许,逐渐的进步最终会促成成熟的人工智能——希望是《2001:太空漫游》(2001: A Space Odessey)中 HAL 的不那么残忍的版本——但是,即使完全智能系统依然遥不可及,我们还是认为存在一个工程师面对的真正的问题,但他们无法独自解决。

引入这个话题是不是太早了? 我们不这么认为。用于承担重复性机械任务的工业机器人已经造成了人受伤甚至死亡。对家庭和服务机器人的需求,预计将产生一个世界范围的市场,至 2010 年,将是工业机器人市场的两倍;至 2025 年,将是其四倍。随着家庭和服务机器人的出现,机器人不再被限制在仅有受过训练的工人可以与其接触的可控工业环境中使用。例如,索尼公司的小型机器宠物"爱宝"(AIBO)是更大型机器人应用的试水者。数百万个机器人真空吸尘器,如 iRobot 公司的"Roomba",已经被卖掉了。用于医院导诊、博物馆导引的初级机器人也已经出现了。相当多的关注正在投向发展服务机器人,用来完成基本的家务劳动并帮助老年人和居家者。计算机程序以人类无法复制的效率发动数百万笔金融交易。几秒之内,软件做出购买,然后再转售股票、商品和货币的决策,没有人能实时侦查到其所开发的获得利润的潜能,它代表着世界市场中很大一部分的活动。

自动金融系统、机器宠物以及机器人真空吸尘器距离科幻场景还有很长的路要走,在那里,完全自主的机器所做的决策极大地影响人类福祉。尽管 2001 年已经过去,阿瑟·克拉克(Arthur C. Clarke)的 HAL 依然还是一个幻想,而且也完全可以肯定,《终结者》(The Terminator)中的世界末日情节在 2029 年其最迟销售日期到来之前将不会实现。说《黑客帝国》的情景到 2199 年还不会出现,或许就不十分保险了。然而,人类已经处在这个节点上了,此刻工程系统做的决策能影响人类的生活,并产生复杂而难以预料的伦理后果。在最坏的情况下,它们会产生深远的消极影响。

建构 AMAs 可能吗? 或许具有人类全部道德能力的全意识人工系统将永远留在科幻世界。然而,我们相信,更多能力有限的系统不久将会建成,这样的系统将有评估其行动的伦理后果的某种能力——例如,是否为了保护隐私权去破坏产权。

设计 AMAs 的任务要求我们认真审视,这源于以人为中心的视角的伦理理论。这个世界的宗教、哲学传统中所表达出的价值和关心并不易于应用在机器上。例如,基于规则的伦理系统,不论"摩西十诫"还是"阿西莫夫机器人三大定律",也许看起来更容易被嵌入一台计算机,但是正如阿西莫夫的许多机器人故事显示的,即使三个简单规则(后来是四个),也能产生许多伦理困境。亚里士多德的伦理学强调品质,而不是规则:良善的行动是良善的品质的结果;一个健康成长的人的目标就是培养良善的品质。当然,培养美德对人类来说就够难的,何况给计算机或者机器人培养适当的品德了。面对着涉及从亚里士多德到阿西莫夫甚至更多方面的工程挑战,我们将需要从进化、学习和发展、神经心理学还有哲学等多个领域的视角来审视人类道德的起源。

机器道德关乎人类决策行为,也同样关乎 AMAs 执行中哲学的和现实的问题。对建构 AMAs 的反思和实验促使我们深入思考人类能够做什么,这样的人类能力可以在人类设计的机器中执行,以及什么样的特质可以将人类与动物或人类创造的其他形式的智能真正区分开来。正如 AI 激励了对于心灵哲学新探索一样,机器道德也有潜能激励出伦理学中的新探索。机器人技术和 AI 实验室可以成为检验人工系统道德决策理论的实验中心。

迄今为止的讨论自然而然引出了三个问题:这个世界需要 AMAs 吗?人们想要计算机进行道德决策吗?以及,如果人们相信做道德决策的计算机是必要的或不可避免的,那么工程师和哲学家应该怎样着手设计AMAs 呢?

本书第一章和第二章关注第一个问题,即为什么人类需要 AMAs。在第一章,我们讨论 AMAs 的必然性,并给出当前创新技术的例子,它们正促成需要某种道德决策能力的高级系统。尽管我们讨论的那些能力一开始是非常初级的,但它们依然提出了真正的挑战。然而,这些挑战却没有给系统的设计者指明具体的目标——见我们说的一个"良善的"AMA 究竟意味着什么?

在第二章,我们通过强调两个维度——针对道德相关事实的自主性维度和敏感性维度——来给出一个关于日趋复杂的 AMAs 轨迹的理解框架。处于这些维度低端的系统仅仅具有我们所称的"操作性道德",即它们的道德意义完全掌握在设计者和使用者手中。随着机器变得更加复杂,一种"功能性道德"在技术上变得可能,它可以使机器自身有能力来接近并响应道德挑战。然而,由于当今技术的局限性,机器的功能性道德的创立者面临着许多制约。

在计算机伦理决策的可接受性方面,伦理的本质设置了一组不同的制约条件。这样,我们就自然地导入第三章提出的问题:人们是否想要计算机做道德决策。相较于对技术的文化影响更为一般性的关注,人们对AMAs的担忧是其中的一个具体实例。因此,我们先回顾技术哲学的相关内容,以便提供关于 AMAs 引起的具体问题的情境,诸如 AMAs 是否将导致人类把责任推卸给机器,这样一些问题显得尤为紧迫。另一些问题,例如人类真的要为机器所奴役的前景,对我们来说则太具有假想性了。技术风险评估的未解决难题是,针对新技术提供的明显优势,如何去认真权衡其灾难的可能性。

如果缺失人类的特性,比如意识和情感,那么人工智能体和所说的道德主体能有多接近呢?在第四章一开始,我们先讨论"单单"一台机器能否成为道德主体的问题。我们采取工具性进路,尽管完全成熟的道德主体可以超越当前或者未来的技术,然而无论如何,在操作性道德和"真正的"道德主体之间有着很多的空间。这就是我们在第二章中称之为功能性道德所适合的"缝隙"。第四章的目标是,针对生成不同用途的 AMAs 所要求的不同特征,讨论当前 AI 工作的适当性问题。

讨论完这些一般性的 AI 主题,我们将注意力转向道德决策的具体执行问题。第五章勾勒出哲学家和工程师必须向彼此所提供的东西,并描述了设计 AMAs 的自上而下式进路和自下而上式或发展的一个基本框架。第六章和第七章分别就自上而下和自下而上式进路的细节进行了描述。在第六章,我们讨论基于规则和基于责任的伦理学概念的可计算性与可实践性,还有伦理学的效果论进路所需要的关于一个行为的净效应(net effect)的计算可能性。第七章,我们思考自下而上式进路,该进路应用学习、发展或演化的方法,目标是使道德能力出自于一般性智能特征。不论自上而下式进路还是自下而上式进路,二者的可计算性方面都有一些局限性,在这一章里我们也进行了描述。机器道德这个新领域必须考虑这些局限性,研究关于 AMAs 的不同程序化进路的优势和劣势,然后以一种哲学和认知的复杂、周密的方式为工程 AMAs 做铺垫。

由第六章和第七章的讨论所得出的是,对自上而下和自下而上式进路最初做的区分太简单了,不能涵盖 AMAs 设计者面临的所有挑战。不论在工程设计层面,还是我们考虑的伦理理论层面,这都是事实。工程师们需要把自上而下式和自下而上式方法组合起来建构可工作系统。一般性道德理论应用在自上而下方式中的困难也引发出一场讨论,这是可以追溯到亚里士多德的一个与众不同的道德概念,即美德伦理。美德是在自上而下式和自下而上式进路之间的混合,其自身可以在其中得以清晰地表述,但是,它们作为品质特性的习得,却似乎在本质上是一个自下而上的过程。我们在第八章讨论关于对 AMAs 的美德伦理。

我们写这本书的目标不仅仅是提出许多问题,而且还要为这些话题的进一步发展提供资源。第九章,我们考察正在开发的关于计算机道德决策的软件工具。

自上而下式和自下而上式进路强调推理能力在伦理方面的重要性。然而,许多最近关于道德心理学方面的实证文献却强调一个人与生俱来的身体或心理能力(faculties),而不是理性。情感、社交性、语义理解,以及意识对人的道德决策都很重要,但这些因素对 AMAs 是否是本质性的;而如果是的话,它们可否在计算机中实现,这还是一个开放性的问题。第十章,我们讨论最近的、前沿的科学研究,它们致力于给计算机和机器人提供那样的超理性能力。在第十一章,我们提出一个具体框架,据此,理性和超理性也许可以组合在一台单独的机器中。

第十二章回到我们的第二个导引问题——关于计算机做道德决策的欲求性问题。但这次我们着眼于推荐如何通过公共政策或社会与企业负债管理来监控和管理危害。

在跋的部分,我们简要讨论 AMAs 设计如何反馈人类对自身作为道德主体,以及对伦理理论本质的理解。我们看到当前伦理理论在引导AMAs 的实用性方面的局限性,它们突显了伦理理论目的和价值方面的深刻问题。

当应付更困难的道德困境的技能远超过目前技术的时候,一些基本的道德决定可以非常容易地在计算机中执行。不管人们在发展 AMAs 方面的进步有多快或有多远,在提出这些挑战的过程中,人类在理解自己究竟是多么了不起的生物方面取得了长足的进步。从有必要粒度的决策到开始,在(软硬件)机器人中执行类似的官能,因而这种思考实践就是人类关于自我理解的练习。我们能奢望对这些问题做到完全公正,或者对本书提出的所有问题真的做到这一点。然而,我们真诚地希望,以这种方式提出这些问题,会激励其他人在我们停滞的地方走下去,继续努力推进这个计划,从理论到实践,从哲学到工程,并进而达到对伦理自身更为深入的理解。

第一章

机器道德为什么如此重要?

电车难题:机器人司机的道德困境

一辆失控的有轨电车正在驶向一个轨道岔路口。如果这辆电车继续沿着现在的轨道运行,就会杀死五名工作人员。如果司机将这辆电车转向另一条分道,则会杀死一名工人。如果当时你正在驾驶这辆电车,会怎么做呢?如果一个计算机或机器人当时正在驾驶这辆电车又会怎么做呢?

电车难题最早是由哲学家菲利帕·福特(Philippa Foot)于1967年提出来的,是伦理学导论课程的主要内容。过去四十年来,电车难题有了多个版本。如果一位旁观者有能力启动一个开关并改变电车运行,那么该怎么做?如果没有开关,但是这位旁观者把一个胖子从桥上推到轨道上去,就可以阻止电车碾压那五名工人,他会让这个胖子去送死吗?这些不同情景激起了不同的直觉反应。一些人认为司机有着与旁观者不同的责任,即使旁观者不必做但司机也必须有所行动。许多人发现把胖子推向轨道的主意就是人们熟知的两难困境的"胖子"版本——即使死亡人数一样的情形下,也远远比启动开关令人反感得多。

电车难题业已成为心理学家和神经科学家研究的主题。约书亚·格林(Joshua Greene)和他的同事进行的一项脑图研究显示,"胖子"版本比"改变轨道"版本在大脑的情绪处理中心激起了更为明显的反应。关于人们对电车难题的反应的科学研究没有回答其中潜在的有关对和错的哲学问题。但这些研究的确指出了人类所产生的对于伦理问题的反应的复杂性。

　　考虑到现代"无人驾驶"列车系统的出现——在机场已经常见,而且开始出现在更复杂的情况下(例如伦敦、巴黎和哥本哈根地铁系统),电车难题可能成为人工道德最前沿的研究领域之一吗?无人驾驶系统使机器可能处在瞬间作出生死决断的位置上。随着轨道网络复杂性的增加,类似电车难题的基本的两难困境出现的可能性也增加了。比如说,对于一个失控列车自动系统,应该计算往哪里转向吗?

　　当然,工程师坚持认为这种系统是安全的——事实上比人驾驶的更安全。但公众一直持怀疑态度。伦敦地铁最早测试无人驾驶列车是在五十多年前的 1964 年 4 月。当时的情景是无人驾驶列车面对来自铁路工人政治方面的抵制,他们认为自己的工作受到威胁,这些抵制还来自那些不完全相信安全性的乘客。出于这些原因,伦敦运输局继续让人类司机负责开车经过各站;然而,态度发生了转变,伦敦地铁中央线现用计算机驾驶经过站点,不过人类司机还在驾驶室里起着一个"监督的"作用。大多数乘客可能相信人类司机比计算机化的操纵者更灵活并更能胜任处理紧急情况。但这或许是人类的狂妄。莫腾·桑德迦(Morten Sondergaard)负责哥本哈根地铁安全,他坚持说"自动列车是安全的,遇到需要启动后备方案的情形也是更为灵活的,因为它们能快速改变时刻表。"

　　然而尽管有先进的技术,乘客依然持怀疑态度。巴黎地铁筹划者断言,无人驾驶列车仅有的难题是在"政治而非技术方面"。只要给无人驾驶列车设置程序并建立一份安全记录,无疑就可以克服其中的一些对抗。然而毫无疑问的是,大多数乘客还会认为,总有程序设计范围之外的危险情形出现,那种情况下人类的判断还是首选。在那样一些情形下,相关判断将涉及伦理的考量,然而今天的无人驾驶列车显然是没有注意到伦理的。软件工程师能够并且应当试图提升他们的软件系统,以便清楚地表达伦理维度吗?如果没有能更好地理解人工道德领域的技术可能性,我们相信就不能恰当地回答这个问题。

　　从不知情的角度争辩说,人工道德智能体不会实现是容易的。但需要明确究竟是什么在挑战和阻碍着人工道德的实现呢?这个问题需要认真讨论。计算机革命正在不断提高人们对自动化的依赖,而且自主性系统越来越多地掌控着各式各样的能产生伦理后果的决定。人们对于把自己的生命和福祉交给忽视伦理的系统会感到放心吗?

　　无人驾驶列车已经出现了。技术上更为遥远的是(软硬件)机器人,它们知道把一个胖子拖到轨道上可以救五个人的生命，并且能够真的执行那样的行动。恐怖分子的袭击威胁也已经导致越来越多的远程监控，不论是对列车扳道还是桥梁、隧道，以及轨道，无人看守的延伸处都有。扫描乘客面孔并试图将其与已知恐怖分子数据库进行比对，这样的机场监控系统正在研发中。表面上看，是将这些系统设计成当不寻常活动发生时就能提醒监控员。但我们容易想到，当没有足够时间让监控员去审查并阻止行动的紧急情况下，一个系统也许会自动操控列车转向或者关闭部分机场航站楼。

假定一辆无人驾驶列车能识别出在这条轨道上的五位是铁路工人，而另一轨道上是一个小孩。那么系统应该把这个信息作为它决策的考虑因素吗？随着自动系统能够获得的信息更为丰富，它面对的道德困境也越来越复杂。设想一下，计算机识别出某轨道上的虽然不是铁路工人，但却是一个杰出的公民，许许多多家庭的福祉和生计都依靠他。那么人们想让计算机系统在多深的程度上考虑人们所虑及的这些行动后果呢？

暂且把电车案例搁在一边吧。工程师们时常认为，如果一个（软硬件）机器人遇到了困难情形就应该停下来，等候人来解决这个难题。"工业机器人之父"乔·恩格尔伯格（Joe Engelberger）就是这样的，他对开发为满足年长者和居家人士需求的服务机器人很感兴趣。温德尔·瓦拉赫（Wendell Welach）问他，居家服务机器人是否需要道德决策的能力？机器人是否需要辨别在它前行路上的障碍物是小孩、宠物，还是某件空纸盒之类的东西，从而基于它的评估来采取相应行动？恩格尔伯格感到那样的系统并不需要反复掂量自身行动的能力。他说："如果有东西挡着路了，那么就停下来吧。"当然这种不作为也是有问题的，因为这干扰了服务机器人被定义的责任和任务，比如每隔几个小时就要给人送药的情形。

针对工程师想到的对其自身的法律追责，不作为似乎是更为明智的做法。伦理学中有悠久的传统认为，更应当得到谴责的是作为，而非不作为（比如，想想罗马天主教对"不作为罪"和更严重的"故意犯罪"之间的区别）。在本书最后，我们将回到责任和追责这个话题，但此刻的要点是即使在作为和不作为之间可能有道德上的区别，AMAs的设计者也不能选择不作为来替代良善的行为。

人工智能体：好与坏

不论人们喜不喜欢，自主系统正在到来。它们有道德吗？它们是好的吗？

在这种情境下，我们所谓"好"是什么意思？这不单单是相对于一个具体目的而言的工具性的"好"。"深蓝"是一台好的下棋的计算机，因为它赢了比赛，但这不是我们所指。我们指的也不是把地板清扫干净的"好"的真空吸尘器，即使它们像机器人那样，并在最少的人类监督下做事。这些"好"都是根据设计者和使用者的具体目的来衡量的。对自主系统所要求的这种好的行为也许不那么容易具体化。一个好的多功能机器人应该坚持为陌生人开门，甚至这意味着对机器人主人的延误吗？（这应该是主人自主的设置吗？）如果一个好的自主智能体，其行为肯定会对人类有某种伤害，那它应该提醒人类监督者吗？（如果那样的话，它还是足够自主的吗？）当我们在这种意义上谈及"好"，就进入到伦理领域了。

把人工智能体纳入伦理领域不是简单地说它们会引起伤害。树倒了会造成伤害，但人们并不据此把树纳入伦理领域。道德智能体根据其行为可能引起的伤害或其可能忽视的责任来监督和约束自身行为。人类应该期待的不外乎 AMAs。一个好的道德智能体能够侦测可能的伤害或者对责任的疏忽，并能采取措施避免或者降低那些不想要的结果。而这可以通过两条路径来实现：第一条，程序员也许能预估各种可能事态，并提供规则导向在 AMAs 使用环境范围内的期望结果。另一条，程序员也许建立一个更加开放性的系统，收集信息，试图去预测其行动后果，并会自定义响应，去应对挑战。这样的系统甚至有潜能，以其明显新颖或创造性解决伦理挑战的方式，令它的程序员感到惊讶。

即使最高级的 AMAs 或许永远不会真的成为与人类道德主体同样意义上的道德主体，但是不管人们将机器能否真正有道德（或甚至真正自主）这个问题归结到哪里，依然面临一项工程挑战：如何让人工智能体就像道德自主体那样去行动？如果给予多功能机器以信任，让它们脱离其设计者或主人去运行，并设计程序，使之灵活地对真实或虚拟世界中的环境做出反应，那么我们就需要相信它们的行为会满足适当目的。这超越了传统的产品安全问题。当然，短路并引起火灾的机器人并不比那样的烤面包机更能让人容忍。然而，如果一个自主系统要使伤害最小化，它就必须"知道"其行为可能的有害后果，并且必须根据其"知识"去选择行动，即使"知道""知识"这些术语只是在隐喻意义上用于机器。

正在发生的案例

　　计算机或机器人肆意横行的科幻场景也许有娱乐性，但这些故事依靠的是今天不存在，甚至永远也不会存在的技术。电车难题对于大学伦理课程来说是很好的思想实验，但这似乎也使伦理关注点离日常生活太远了——你发现自己处在这样一个位置上，即如果把一个无辜的胖子路人推到火车铁轨上，就可以挽救多人生命，但这种可能性太小了。然而日常生活中充满了会产生伦理后果的老生常谈的决定。即使像给陌生人开门这样普通的事情也是伦理景致的一部分，尽管伦理和礼节之间的边界并不总是容易把握的。

　　思考 AMAs 的设计有着刻不容缓的需要，因为自主系统已经进入到日常活动的伦理景致中。例如，两年前科林·艾伦（Colin Allen）从得克萨斯州驱车前往加利福尼亚州，直到到达太平洋沿岸他才想起用某张信用卡。当他试图用这张卡给车加油时，该卡被拒收——可能是加油站的泵出问题了吧。他驱车来到另一个加油站，尝试用这张卡。当他把卡插入加油泵时，显示出一行信息，让他把这张卡交给店里的收银员。因为不想把卡交给一个总是像电脑般问机械指令的陌生人，于是科林就拨打了卡背面的免费电话。信用卡公司的中央计算机已经对这张卡进行了评估，发现该卡在离家几乎 2000 英里的地方被使用，而在科林横穿整个国家的路途上并没有发生消费记录，于是认为可疑并自动冻结了他的账户。信用卡公司的人类代理听了科林的故事后，把使用此卡的冻结解除。

　　这个事件是由一台基本上自主的计算机所引发的，其行为对人有潜在的帮助或害处。然而这并不意味着这台计算机做出了道德决定或使用了道德判断。这台计算机所采取行动的伦理意义，完全基于为其设计的内在程序规则的价值。可以说此系统设计中的价值观可能给持卡人带来了不便，并使企业主偶尔有销售损失。信用卡公司希望将欺诈性交易降到最少。消费者也想避免欺诈指控。但是消费者或许有理由感到这个系统不应该只对金融底线敏感。如果科林是在紧急情况下需要给车加油，或许就不好说这些麻烦还值不值得了。

　　自主系统也会造成很大范围的不便。在 2003 年，美国东部和加拿大数千万人和无数企业受一场停电影响。停电是用电激增造成的，就发生在克利夫兰市外，一根过热的输电线垂落到了一棵树上。让调查人员吃惊的是，这场事故如此快速地引起了一连串计算机启动的拉闸断电，遍及美国八个州和加拿大部分地区的电厂。一旦用电激增超出了俄亥俄州电力公司的控制，其他电厂的软件智能体和控制系统就会激活拉闸程序，几乎不会给人类干预留下时间。在人类参与的地方，因为信息不充分或者缺乏有效交流，有时会使问题更加复杂。为整个东北部电网的消费者恢复供电需要几天，有时是数周时间。

　　当这场停电开始的时候，温德尔·瓦拉赫正在他位于康涅狄格州的家中工作。他和邻居家都没电了，但只持续了几秒钟时间。显然，当地电力公司的技师已经意识到发生了什么，便快速手动控制了自动拉闸程序，切断了新英格兰南部与国家电网电力服务之间的连接。然而类似这样的成功太罕见了。庞大规模的网络使人的有效监控成为不可能。芬兰 IT 安全公司 F-Secure 调查了这起事故。在仔细审阅了与当时导致停电的美国电网操作员进行的六百页访谈文字记录后，该公司计算机病毒实验室的米克·海波宁（Mikko Hyppönen）得出结论，计算机蠕虫病毒"冲击波"（Blaster）是这起事故的主要原因。文字记录显示，操作员们没有在那场停电之前收到正确的信息，因为他们的计算机出故障了。监控电网的这些计算机和传感器使用的是同样的通讯渠道，"冲击波"就是通过它们传播的。根据海波宁的分析，可能就是这个网络中的一到两台计算机阻止传感器把实时数据传递给电力操作员，而这可能导致操作员误差，后者被确认为这场停电的直接原因。

　　一个完美的世界里将没有病毒，并且人们为控制系统设计程序使它们只有当那样做能将消费者的困难最小化时才断电。然而，在操作者误差是无法避免的世界里，人们不能监控系统软件的整个状态，提高自动化的压力也就不断提高。随着那些系统的复杂性增高，在任何相互冲突价值之间的评估——例如，维持电流输入使用者终端和让计算机没有病毒之间的权衡就越来越难了——现在或以后升级软件在何种程度上会导致未来的问题也变得越来越难以预估。面对这样的不确定性，就需要自主系统权衡价值与风险。

　　自主系统的广泛使用使其能够并且应当促进哪些价值的问题变得迫

在眉睫。人类的安全和福祉代表了广泛一致的核心价值。相对较新的计算机伦理学领域也已经关注了具体的话题——例如在数字化时代保护隐私权、财产权和公民权；促进基于计算机的贸易；阻止黑客、蠕虫和病毒，以及其他对技术的滥用；完善网络礼仪的准则。新技术为数字化犯罪开辟了场所，少数人可以轻松地访问露骨的色情作品，用未经同意的广告和不需要的邮件侵占人们的时间，但是确立价值、政府监管和程序以促进计算机伦理学的这些目标还是十分困难的。随着新的规章制度和价值的出现，人们当然想让自己获得他们建构的 AMAs 的尊重。通过推进讨论计算机自身成为清晰的道德推理者这些技术话题，机器道德拓展了计算机伦理学领域。

机器道德和计算机伦理学共同关注一个重要的话题——数据挖掘软件，它们徜徉于互联网中搜获信息，很少或不考虑隐私权标准。轻易使用计算机复制信息已经削弱了有关知识产权的法律规范，并迫使人们重新评估版权法。计算机伦理学中一些关于隐私权和物权的话题所关注的价值并不一定是广泛共识的，却时常以有趣的方式联回到核心价值。"互联网档案馆项目"存储了自 1996 年以来的互联网快照，而且可以通过它的"时光机器"获取那些档案。这些快照常常包括已经从互联网上删除的资料。鉴于有一种获取被删除档案材料的机理，已经有几个实例，在其中即使已经移除了他们的原始位置，犯罪活动的受害人或行凶者还是在"时光机器"上留下了痕迹。目前，用于"互联网档案"的数据收集软件还不能评估它们所收集材料的道德意义。

杀人机器要受道德约束吗？

如果上述事例还不足以让你确信考虑道德推理（软硬件）机器人的紧迫性，那么看看这个。远程遥控运载工具（ROVs）已经用在军事上了。2007 年 10 月，福斯特-米勒公司已经将三个远程遥控装载机关枪的机器人送往伊拉克，这三个机器人应用的是武器观测远程直接作用系统（SWORDS）。福斯特-米勒公司也开始给美国的执法部门推销一种装载武器的 SWORDS 版本。根据福斯特-米勒公司所述，这种 SWORDS 及其升级版 MAARS（模块化先进武器机器人系统），虽然不应该被视做自主系统，但却是 ROVs。

图 1.1 MAARS ROV.（感谢福斯特-米勒）

另一家 iRobot 公司制造的背负式机器人（Packbot）广泛应用于伊拉克战场，且已经发布了一种能装载武器的军用机器人战士 X700，并将在 2008 年下半年投入使用。然而机器人的使用将不会止步于 ROVs。半自主机器人系统已经装载炸弹，比如巡航导弹。部队也使用半自主机器人用于拆除炸弹和监测追踪。美国国会于 2000 年下令，三分之一的军用地面运载工具和实施纵深攻击的飞机要用机器人装备取代。根据 2005 年《纽约时报》的报道，五角大楼的目标是用自主机器人取代士兵。

一些人认为，只要机器人将会用于战争，人类就应该全部停止制造机器人。这种情感也许是值得尊重的，但它面对的理由将是那些系统会挽救士兵和执法人员的生命。我们不知道谁将赢得这场政治论辩，但我们确实知道，如果作战机器的拥护者得胜了，现在就应该开始思考嵌入伦理的约束，那些军用机器人以及所有（软硬件）机器人的应用中都需要伦理约束。事实上，佐治亚理工学院的计算机专家罗纳德·阿金（Ronald Arkin）于 2007 年获得美国陆军资助，开始研发软件和硬件来帮助作战机器人能够遵守战争的伦理准则。文明国家所尊重的这些准则相当广泛，包括从非战斗人员的权利到试图投降的敌方士兵的权利。然而，确保机器人遵守战争的伦理准则是一项艰巨的任务，远远滞后于日益高级的用于战争的机器人武器系统。

迫近的危险

因为使用具有致命武力的（软硬件）机器人而引发一场人类灾难的可能性是显而易见的，而人们都希望这种系统的设计者会植入完善的安全保障措施。然而，随着（软硬件）机器人变得日益融入几乎社会的每一个方面,从金融到公共安全通信,灾害的真正潜在可能性更会是从多事件的一种始料未及的组合中突显出来的。

在"9·11"之后,专家们注意到,美国电网尤其在依赖旧的软件和硬件的情况下,易受恐怖分子黑客袭击的脆弱性。很大一部分电网最多可能瘫痪数星期乃至数月。为了预防这样的情形,许多易受侵袭的软件和硬件正在升级成更为高级的自动系统。这使得电网更加依赖计算机控制的系统来做决策。没有人能充分预料这些决策在前所未见的环境中是如何表现的。不同的电力公司运行的系统之间协调的不充分更增加了这种不确定性。

电网管理者必须在企业和普通百姓的电力需求与维持基本服务的需要之间做平衡。在电力减弱和用电高峰时期,他们决定该减少谁的电力供应。决策制定者,不论是人类还是软件,都面临着相互对立的价值选择,是保护设备免受损坏,还是将给终端使用者造成的危害最小化。如果设备受损,危害就会由于恢复服务时间的延长而攀升。这些决定关系到价值判断。随着系统变得愈加自主,这些判断将不再掌握在人类操作员手中。系统完全忽视那些在未知条件下引导决策的相关价值因素将会后患无穷。

即使在今天,计算机系统的某个行为单独看起来微不足道,但累计起来却会很严重。谷歌的研究主任皮特·诺维格(Peter Norvig)写道:

> 现今在美国死于医疗事故的人每天有 100 到 200 人,而且许多这类医疗事故都与计算机有关。这些错误诸如发错药、算错药物剂量,每天都导致 100 至 200 人死亡。我并不确切知道你们将其中多少人的死因归咎于计算机的错误,但是这个原因是占有一定比例的。可以肯定地说,每隔两到三个月我们死于计算机错误和医疗事故的人数就抵得上一次"9·11"。

这些医疗实践中的应用系统所造成的危害并不是科幻灾难,科幻中的灾难是由处心积虑做出明确伤害人类决定的机器人所造成的。这些系统不是 HAL,试图去杀死他照管下的宇航员;也不是"矩阵"①和机器人,一心想征服不知情的人类。可以说,大多数今天的(软硬件)机器人造成的危害都可以归咎于出故障的部件或者糟糕的设计。初步的报告表明,2007 年,一门半自主加农炮的一个部件出故障,杀死了 9 名南非士兵。其他的危害

---

① 《黑客帝国》(*The Matrix*)中的计算机 AI 系统。——译者

归咎于设计者没有成功地建构完善的防护措施,没有考虑系统将面对的所有偶发事件,或者没有消除软件错误。管理者想要推销或现场检验那些安全性未经检验的系统,也会对公众造成危害,就好像将对那些还不足以处理意外复杂情况的系统给予错误的依赖。然而,出故障的部件、不充分的设计、不完善的系统,以及计算机所做的清晰的选择评估,它们之间的界限越来越难以划分。人类决策者会因为没有掌握全部相关信息或没有考虑到所有偶发事件而做出糟糕的选择,所以也许只有在一场未预料到的灾难发生之后,人类才会发现他们所依赖的(软硬件)机器人的不完善。

　　公司的高管们时常关心伦理限制会提高成本并妨碍生产。公众对新技术的认知会受到过度担忧技术风险的阻碍。然而,道德决策的能力可以使 AMAs 应用在没有它或许就风险性太大的情境中,用于开辟应用实践,以及用来降低这些技术引起的危险。今天的技术——自动电网、自动金融系统、机器人宠物,以及真空吸尘器机器人——都离完全自主的机器还非常遥远。但是人类已经处在工程系统的决策能够影响人们生活的转折点上。随着系统越来越高级以及它们在不同情境和环境中自主运行的能力日益扩展,让它们有自己的伦理子程序也变得更加重要。这些系统的选择应该是对人类以及对人类重要的事情都敏感的。人类需要这些自主的机器:能够评估它们面对的选项的伦理可接受性。MIT 的情感计算研究组主任罗莎琳德·皮卡德(Rosatind Picard)写得很好:"机器越自由,就越需要道德准则。"

Chapter **2**

第二章

工程道德：AI 时代的炼金术

要为机器设定道德准则吗？

在全国职业工程师学会（NSPE）的道德准则中，第一"基本准则"是，工程师必须"把公众的安全、健康、福利放在至高无上的地位"。如果为机器设定道德标准会提高公众的福利和安全，那么美国工程师们就有义务依据他们的道德准则让这成为现实。

工程师们会从哪里开始着手呢？这项工作看起来让人无所适从，然而所有的工程任务都是渐进的，建立在已有的技术之上。在这一章，我们将给出一个框架，以便去理解从现有技术到复杂性 AMAs 的路径。我们的框架包含两个维度：自主性和对价值的敏感性。正如所有青少年的父母们所知道的，这两个维度是彼此独立的。因为自主性的提高，往往并不会与对其他客体价值敏感度的提升相平衡，这一点在技术问题与青少年问题中都是事实。

最简单的工具既不具有自主性，也不具有敏感性。锤子既不会自己抡起来钉钉子，也不会对挡路的拇指敏感。但即使是接近我们的框架中两个维度的低端的技术，其设计中也会有一种"操作性道德"。装有防止儿童使用的安全设置的枪支，缺乏自主性和敏感性，但它的设计中却包含了 NSPE 道德准则所赞同的价值理念。在过去的 25 年中，"工程伦理"领域中的主要成就之一，就是工程师们越来越意识到自身的价值观对设计进程的影响，以及此过程中他们对他人价值观的敏感度。当设计进程在充分考虑伦理价值的前提下进行时,这种"操作性道德"是完全掌握在工具设计者与使用者的控制中的。

理论的另一个极端是具有高度自主性和价值敏感性的系统;它们能够像值得信任的道德智能体一样行动。当然人类还没有这样的技术,这也是这本书的中心问题。然而,在"操作性道德"和可靠的道德智能体之间还有许多我们称之为"功能性道德"的层级——从仅仅能在可接受行为标准内行动的系统,到能够评估自身行为的某些重要的道德意义的智能系统。

功能性道德区内既包括那些有高自主性,但也包括几乎没有伦理敏感性的系统,既包括那些拥有低自主性,但也包括高伦理敏感性的系统。自动驾驶仪就属于前者,人们依靠它们在最小限度的人类监督下,使得复杂的飞行器在各种条件下飞行。它们相对安全,并且在其设计中也重视其他价值,比如,在进行机动动作时,要考虑乘客的舒适度。然而,安全性和舒适度目标是通过不同的方式来实现的。

保持安全性是通过直接监控飞行器高度和环境状况,并且连续不断地调整机翼和其他飞行器操纵面来保持预定航道。而乘客舒适度不是直接监控的,在目前技术的范围内,它是通过对自动驾驶仪的操作参数进行具体机动限度的预编程来实现的。飞机实际上在转弯时能够倾斜得更加剧烈,然而自动驾驶仪的编程使其避免这样的急转弯,以免令乘客感觉不适。在正常操作条件下,自动驾驶仪的这种设计使其在功能性道德的限度内运行。而在一些非常态条件下,人类飞行员意识到乘客的特殊需求,比如某位生病的乘客或诸如寻找刺激之类的癖好,就能够根据其情况相应地调整飞行。高度自主性和极低的伦理敏感性使得自动驾驶仪处在图 2.1 中纵轴的上部。

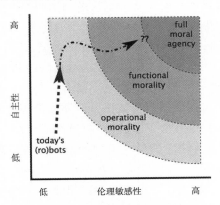

图 2.1　AMA 发展的两个维度

没有自主性却具有某种程度的伦理敏感性的系统落在图 2.1 的横轴右边，此类系统的一个例子是为决策者提供道德相关信息的伦理决策支持系统。这类系统大多存在于操作道德范围内而非功能道德范围中。此外，当它们处理伦理问题时，经常是为了教育目的。构建这些程序是用来讲授一般原理而并非分析新的案例。比如，这种软件给学生们详细解释历史上重要的事件或一些假想案例。然而，有些程序帮助医生们选择伦理上适当的行动过程。比如 MedEthEx，这是一个由计算机科学家迈克尔·安德森（Michael Anderson）和哲学家苏珊·安德森（Susan Anderson）这一夫妻团队设计出的医疗伦理专家系统。实际上，MedEthEx 致力于某种初步的道德推理。

假如你是一名医生，正面对一个精神健全的病人，她拒绝了一项在你看来最有希望让她活下来的治疗。你应该试着再次说服她（可能不尊重这个病人的意志自由）接受治疗，或者你应该接受她的决定（可能有悖于你要提供最大限度善意关怀的责任）？MedEthEx 原型促使护理者回答有关该案例的一系列问题。接着，基于从相似案例中学习的专家决断模型，它提供合乎伦理的进程方式的意见。我们将在后面对 MedEthEx 背后的伦理理论进行更为详细的描述。现在，重点是安德森夫妇的系统没有自主性而且不是一个成熟的 AMA，但是它却拥有一种能为进一步发展提供平台的功能性道德。

以上这些例子仅是用作说明，明白这一点很重要。每个系统都仅仅是沿着图 2.1 中一个坐标轴有一小段距离的变化。自动驾驶仪只有在非常有限的领域内才拥有自主性，它不能离开驾驶舱去安慰一个心烦意乱的乘客。MedEthEx 也只能为很有限范围内的案例提供建议。这个软件完全依赖人所提供的与它的案例相关的信息，并且必须由实践者决定是否采纳软件给出的建议。然而，伦理问题即便在如此受限制的领域中还是出现了，而机器道德工程的建构就始于这些基础。

沿着每一个维度的独立的进步与机器道德相关，在两个维度同时都取得进步的努力也如此。Kismet 就是这样一个项目，是 MIT 的研究生在罗德尼·布鲁克斯（Rodney Brooks）指导下开发的一个机器人，主要工作是辛西娅·布雷齐尔（Cynthia Breazeal）做的。Kismet 代表了将情绪反应与自主活动结合在机器人身上的一种尝试。Kismet 机器人的脑袋拥有卡通特点，与婴儿和幼小的动物很相似。通过脑袋、耳朵、眉毛、眼皮的活动，它可以表现出八种情绪状态，包括恐惧、惊讶、感兴趣和悲伤，还有闭上眼睛并退进到睡觉的姿势。这个机器人实际上展示出的情绪状态取决于它对说话者的音调以及其他因素进行的分析，比如，这个系统是否在主动找寻关注点,亦或是接收到过多刺激了。Kismet 可以回以凝视,并把它的注意力指向一个人所指的地方。

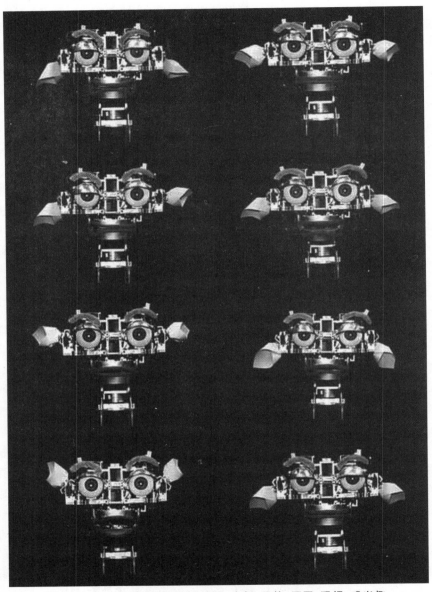

图 2.2　Kismet 机器人的多种情绪:生气、平静、厌恶、恐惧、感兴趣、悲伤、惊奇和疲倦(感谢麻省理工学院人工智能实验室供图)

Kismet 会按被设计的程序去依次做事，当它表现出要进行一场谈话的时候，会等待沉默间隙，再对一个人的讲话插入回应。虽然表面看起来 Kismet 所讲的话是含混不清的，但它能表现出对社交暗示非常敏感——例如，从这个机器人正与之交谈的人的语调去分析——即使这个系统并不真正理解这个人所想或所说的。如果可以被解读为斥责的语调，就会让机器人带着明显羞愧的表情目光低垂。

现在已经退休被陈列在 MIT 博物馆里的 Kismet，它被设计去解读十分基本的社交暗示，并用它自己的简单动作姿势做出回应。Kismet 的能力包括对人给它的注意和接近做出反应。举个例子，当有人靠得太近时，Kismet 可能会后退。一个人和另一个人面部接近的可接受程度，关乎礼节胜于关乎伦理，且随着不同文化而迥异。然而，Kismet 的行为属于操作性道德，因为程序员已经敲进去了那些重要的关乎建立信任与合作的价值。Kismet 没有清晰的价值表征，也没有进行价值推理的能力。即便有这些局限性，许多人还是发现与 Kismet 互动让人不可抗拒。

将 Kismet 置于在操作性道德区域，接近图 2.1 的坐标原点，并不代表我们轻视它。人工道德必须建立在现有的平台上，而 Kismet 就是一些重要思想的结果，这些思想涉及让机器如何以吸引人的方式去行动。作为一个社交机器人的实验，在表明如何能开启机器人在人中间的天然而直观的社交响应方面，Kismet 是非常成功的。

自动驾驶仪、决策支持系统，以及具有基本的情感交互能力的机器人，都为人工道德领域提供了出发点。像这些系统，要么在操作性道德区域内，要么只有很有限的功能性道德，它们都是对其设计者的价值观在相当程度上的直接扩展。设计者们不得不预估他们的系统将要运行的大多数情况，并使那些情况下的可能行为受到严格制约。人们写安全手册，试图卸掉操作者会碰到的这些适当、安全及合乎伦理地使用方面的难题，但这样做往往不成功！随着自主决策技术变得更为普遍，我们设想，未来（软硬件）机器人专家会认识到，他们自己的职业规范使 AMAs 的发展成为一项势在必行的工程。

有些人也许感到奇怪，为什么我们要去尝试很不可能的事情，而不专注于一些更简单的技巧。不带有含混不清的价值概念，这样的系统设计任务是足够艰难的。想一想那些准许使用信用卡购买的系统吧。这些系统保护消费者和银行免除欺诈性购买，即使有时候他们的购买意图被拒绝（"计算机说不……"），消费者会感到不方便，难道人们不应该感到高兴吗？

人们总是可以不断改进对欺诈模式的活动进行分析的软件的,因此,为什么不专注于此,并免于给系统建构清晰的伦理推理能力的困扰呢?

可以去改进模式分析,当然没错,但有限制。设计和部署系统的软件工程师和银行工作人员,不可能完全预测到人们使用信用卡的所有情况。完全正常的购买,有时甚至是紧急的购买,会因为被银行的计算机当成"嫌疑"而被阻止。在软件工程师(和银行工作者)看来,这是一个关于可接受的误报率(误将正当的购买行为视为欺诈)与一个不可接受的漏报率(失误,未能识别出欺诈性活动)间的平衡问题。对于银行工作者来说,所谓可以接受,主要是指代价的问题,他们能否负担得起将其转嫁给他们的客户。如果这意味着使他们免受经济损失以及因银行卡被盗而招致的令人头痛的事,大多数客户会愿意接受因被拒绝购买而造成的偶尔不便和尴尬。一些客户担心由于银行能够绑定使用模式而对隐私产生影响。在本书中,我们较少关注那些可以接近这样的数据库的人的不法目的,我们更加关注计算机自身的识别能力,即识别出何时道德的做法就是提供信贷,即使分析表明银行会有较高风险。因为现有的模式分析进路在保护人们所看重的价值方面,还有内在的局限,于是工程师们终归要根据自己的价值原则去寻求能够超越那些局限的替代进路。

也许你认为我们相信道德工程理念应该优于公司的目标是不对的。毕竟,信用卡公司没有合同性义务去批准所有的购买行为,因此,在使用自动批准系统中,根本就不涉及伦理问题。但是,如果采取这种推理思路,就已经站在一个实质性的道德问题的立场上了,就是说,公司的道德是否要受限于合同条目。如果自主系统的设计者选择忽视他们的机器所做决策的更广泛的后果,这就隐含地给这些系统嵌入了特定的价值观。自主系统是否应该只考虑与使用该系统的公司的收益性相关的那些因素,以及公司和它们的客户之间存在的合同安排,这本身就是与伦理相关的。

也许你认为我们过于天真地相信道德论断要推翻底线。然而我们认为,越来越成熟的功能性道德形式,到最终完全成熟的AMAs,实际上将使公司在经济上获益。

这种获益的来源之一,就是这些系统将可能使公司能提供比其竞争者更好的服务。当前的不完善的授权购买系统,在使用中会令消费者感到受挫,有时会使消费者倒向别的公司。如果你足够幸运接通了一位人类操作员,就像科林在加利福尼亚买燃料被拒时遇到的情形,你或许就能让问题得到解决。但是,每个人都遇到过自动电话系统转接人工服务失效的情况。在努力改进这些应答系统具有的我们称之为操作性道德的同时,大公司现在都在试图编写软件侦测被挫伤的(以及"重要的")客户,并快速将他们转接人工服务。然而,甚至当你接通人工服务,他也是在计算机设置的限制内工作,也会缺少解决难题需要的足够的自主性。受挫的消费者对生意来说是不利的,因此,这条底线迫使公司将越来越不受监督的决策写进机器的程序里。对消费者的价值观敏感,并能做出近似道德上不错的人类代理所做的决策,这有助于守住底线,而非有害于其他。

2003 年美国东北部的大停电突显了电力公司依赖陈旧技术这一现状。而升级软件和控制系统将使电网比以前更有自主性,而这正是那次拉闸断电中所隐含的。额外的复杂性将使该电力系统更不易由人直接监控,于是这便反过来需要新的水平上的自主监控。由于操作员的误差,以及不可能对电力系统软件的整个状态实行人力监控,日益提升的自动化产生的压力也持续攀升。甚至对电网各个部分进行系统升级和设定的电网故障检修,这些过程本身也会是以自主的方式、根据计算机现行的对广泛因素的评价而进行实施的。这便引入了一个第二层级的决策,在其中,该控制系统的自主监控达到很高的程度。

上述考虑表明,我们不仅需要简单控制系统,这种系统保障电网运行在安全参数内(操作性道德),而且需要超越简单系统,进入到既能评估消费者服务方面的初级选项、也能评估自主管理方面的第二层级选项的系统。这些系统将需要以现代的计算速度来处理复杂情况,在这些情况下所做的选择和采取的行动方案是无法让设计者和软件程序员预见到的。

采用这些例子试图表明,我们有理由让现有技术为 AMAs 的进步方向提供各种起点。循序渐进的发展过程时常难以看到,也难以预见。即使在我们的过于简化的二维框架里,从现有的技术通往图 2.1 右上角的完备道德智能体,也有多重途径,我们把沿着自主性维度的进展视作理所当然——它正在发生,也会继续发生。针对人工道德学科来说,挑战在于怎样在另一个坐标轴的方向上移动,即道德考量的敏感性。

决策支持系统说明了一种智能系统发展的轨迹,对道德考量敏感的技术能够脱离越来越自主的系统而独立发展。通过让人来做决策,这条轨迹似乎可以超越外在决策支持系统而进入到人和技术的更紧密的融合。因此,提高自主性仅仅代表着智能系统发展的一种轨迹。

也许最令人难忘的科幻电影场景之一,就是 ED-209 的首次亮相,这是在 1987 年的热门电影《机械战警》(Robocop)中,一个身形庞大、面貌丑陋的金属制的机器人。ED-209 这个机器人警察的蓝本,被设计程序,对重复警告后还不放下武器的罪犯,就朝他们开枪。在《机械战警》中,年轻的经理金尼(Kinney),热心地自愿去扮演罪犯,向董事会展示 ED-209 的能力。这个机器人用标准的计算机合成的单调声音嘟哝出它的警告,金尼就放下了枪。警告又重复了两遍。然后,这个机器警察就用一连串子弹杀死了金尼。

ED-209 代表了一种自主的,或至少是准自主的机器人。在这部电影中,ED-209 的失败是"全销公司"(Omni Consumer Products)的一个小挫折,因为另一个团队已经在开发针对打击犯罪的另一种策略——Robocop——把被杀死的警察的大脑和 AI 合并在一起的赛博格机器人。

许多理论工作者认为,赛博格机器人是当前信息技术(IT)、神经义肢技术、神经药理学、纳米技术以及基因治疗方面的研究的自然产物。人类和他们的技术进行合并,就提出了与发展自主系统不一样的伦理问题。赛博格机器人中的人的成分想必会对道德考量敏感,然而,伦理的一个关注点是,这种植入的技术不应该干预人的自主性和道德能力。这是新出现的神经伦理学领域的一个难题。当我们考虑到,人类正在和他们的技术越来越亲密地锻造在一起的时候,在研究伦理学、社会正义,以及改善生活方面的问题也产生了。然而,更大的社会问题是,是否应当出现赛博格文化。

Robocop 和 ED-209 代表着 IT 技术发展中的两种不同轨迹——直接在人控制下的 AI 和能独立运行的自主系统。这里需要注意的要点是,具有道德敏感性的决策支持技术和神经义肢技术,它们的进步也许要和不断增强的自主系统相适应。

穆尔对伦理智能体[①]的分类:四个层次

詹姆斯·穆尔(James Moor)是达特茅斯学院的哲学教授,也是计算机伦理学的奠基人之一,他提出采用分层模式划分 AMAs。

最底层的是他所谓的"伦理效果智能体"——基本上是所有可以从其伦理效果上进行评估的机器。穆尔自己给出了一个相当不错的例子,在卡

---

① 这里说的是穆尔的工作,就用"伦理智能体"表述,这个工作是艾伦"人工道德智能体"的思想源头之一。请读者注意这两种不同的表述。——译者

塔尔用机器人代替小孩扮演比较危险的骆驼骑师角色。事实上,似乎所有的(软硬件)机器人均有其伦理方面的影响,尽管有些时候这种影响比较难以识别。

紧接着一层是穆尔称之为的"隐含式伦理智能体":这类机器,其设计者在设计过程中倾尽人类智慧致力于其安全性和可靠性问题,使其不存在负面的伦理影响。按理说,所有(软硬件)机器人都应该被设计成隐含式伦理智能体,如果没有在设计过程中建构安全性和可靠性保障,那就是设计者疏忽大意了。

接下来是"显现式伦理智能体":这类机器,通过将伦理范畴作为内置程序进行伦理问题的推理,或许通过各种各样的用来代表责任和义务的"道义逻辑"或其他技术来实现。

超越上述三个层次的,就是完备伦理智能体:这些机器可做出清晰的道德判断,并且在一般情况下完全能够证明那样的决策。人们时常认为,在这个层面上的性能要具备意识、意向性和自由意志。对人来说,如果缺少这三者中任一个,这个人的道德自主性以及法律担责能力就成问题了。

对于"伦理效果"和"隐含式"两种智能体是比较容易想象的,但显式道德智能体则存在更艰难的挑战。许多哲学家(和科学家)极力论证,实现机器的完备道德主体化是不可能的。他们很怀疑,人们是否能够造出具备意识、意向性和自由意志的人工智能体,而且坚信显式道德智能体和完全道德主体之间存在明显界限。

穆尔认为,显式伦理智能体应该成为机器伦理学这一新兴领域的目标。他论证说,不管是否能做更多,这一问题在短期内是不可能通过哲学上的争论或是工程实验得以解决的。我们赞同小步迈进的策略。虽然,穆尔的分类和我们前面关于自主性及道德相关特征的敏感性方面的图示,并不是直接对应的。我们认为,这种方法在明确机器伦理学面临的具体任务范围方面是有用的。然而,在建构操作性及功能性道德智能体的具体过程上,穆尔分类并没有太多用处。建立隐含式伦理智能体是否是达到显式伦理智能体的必经途径?穆尔并未告诉我们,当然这也不是他想要考虑的。

我们认为,技术的发展是伴随着日益增强的自主性和敏感性的交互作用而进行的。随着(软硬件)机器人朝着 AMAs 一步步地演进,在穆尔的框架里,很难说具体在哪个时间,机器已经从某一种伦理智能体进化为另一种了。随着自主性的增强,就需要工程师对安全性和可靠性提出更广泛的问题。在这些需求中,有些也许涉及对伦理范畴和原理进行清晰的表征,有些则不涉及。我们猜想,工程师们会逐个逐个地加上这些功能的。(软硬件)机器人自主性的强化已经是一个正在进行的过程。人工道德学科所面对的挑战是如何沿着另一个坐标轴移动,即对道德考量的敏感性。

对于一个 AMAs 来说,道德考量的敏感性或许意味着几件事情。德鲁·麦克德莫特(Drew McDermott)提供了一个有用的区分,他是耶鲁大学计算机科学教授、人工智能促进协会荣誉会员。麦克德莫特论证说,对于设计 AMAs 的目的来说,记住在伦理推理者和伦理决策者之间的区别这一点很重要。在麦克德莫特看来,许多最初思考如何建构道德机器的工作还没有探索道德决策,关注的却是让广泛的专家系统使用的推理工具做伦理推理。

例如布莱·惠特比(Blay Whitby)提出的进路,他是英国布莱顿的萨塞克斯大学计算机科学和人工智能的成员。惠特比进行了 20 多年的关于社会和伦理的计算维度方面的写作,他 1995 年的书《对 AI 的反思》(*Reflections on AI*),其中一章题为"道德推理的计算机表征"(The Computer Representation of Moral Reasoning)。在这一章中,他考虑专家系统使用的"若—则"(if-then)规则也许可以适用于法律和其他应用领域来进行道德推理。惠特比深知建构道德推理者所固有的困难,以及单单依靠抽象推理的局限性。

同样,麦克德莫特指出,建构会做伦理推理的系统所牵涉的艰难挑战,即使智能体能够解决,这些智能体也远远不是伦理决策者。他对比伦理决策和伦理推理写道:"然而,做伦理决策的能力需要知道伦理冲突是什么,就是说,在自我利益和伦理规范之间的冲突。"按照麦克德莫特的观点,只有一个智能体具有充分的自由意志,当自我利益和道德规范相违背的时候,有时依据自我利益去选择如何行动,才能说这个智能体知道什么是伦理冲突,而其也才能是一个真正的道德决策者。

真正的工程挑战是追求清晰的成功标准。我们如何来开发关于道德敏感性或者道德自主性的标准呢? 人工智能之父,阿兰·图灵(Alan Turing)在试图定义计算机是否有智能时,就遇到过同样的难题。图灵是一位英国数学家,战争期间,他在破译德国人的密码方面的成就促成了盟军的胜利。战争之前,图灵已经开发出一套关于机器和程序的数学表征系统,使他能够准确地表述任何可能的机器能计算的数学函数。战争期间以及战后,图灵把他的抽象的想法转化为实际的机器,就是现代数字计算机的先驱。他 1950 年的文章"计算机器和智能"(Computing Machinery and

Intelligence），也许是人工智能哲学领域最有影响的一篇文章，图灵提出用一个实际的测试来绕过定义智能的难题：只要通过以文本形式的传递作为交流应答，人们能将机器和人区分开吗？根据图灵的观点，如果专家不能在计算机和人之间做出分辨，就认为计算机具有针对所有实际用途的智能。这个标准作为"图灵测试"而被广泛熟知。虽然这个标准有缺点，但无论如何，图灵为工程师们探索建构智能系统提出了一个清楚的目标。

能够开发一个有用的道德"图灵测试"吗？我们将在后面讨论这个问题。这个建议可能就和当初的"图灵测试"一样会有争议（按理说也是遥不可及的）。眼下，执行某一方面的 AI 道德决策的各项计划，都需要有明确的判定成功的标准。不同的标准会导致对不同特征的强调，像逻辑一致性、语言或情感智能。

然而，在进入如何建构并实现 AMAs 的具体细节之前，我们要提出两个担忧，这是当我们提出这项工作时会频频遭遇的。对道德决策进行机械化，这个尝试会对人类带来什么后果？还有，这项努力将机器变成智能自主体，会像炼金术士们把铅变成金一样地误入歧途吗？

Chapter 3

人类想要计算机做道德决策吗?

恐惧和迷恋

我们对 AMAs 进行过非正式的民意测验,发现人们的意见分歧相当大。很多人同意我们的观点,认为 AMAs 是必需的,也是不可避免的;有些人则认为 AMAs 的理念加剧了他们对科技发展的不安。

人们可以通过更高级的技术去解除由高级技术产生的焦虑,这个观点自相矛盾。它引出了在对技术的迷恋和由技术引起的焦虑之间存在的一种张力。我们认为这种焦虑有两个来源:一方面是,所有未来学家通常都害怕技术会脱离人类控制;另一方面,我们更深刻地感觉到,更多的可能是对这种技术揭露关于人类自身的一些东西的个人担忧。

"人是工具制造者",人类和技术的深刻关系有时是由这个说法所刻画的,这个说法概括出一个关于人的本性的核心概念,这个概念经常(有时是错误地)被用来将人和其他动物区分开。当人类的原始祖先捡起石头并把它们制成工具或武器时,就开启了人类与其技术的共同进化。今天的孩子们已发现,很难想象一个没有计算机的世界;随着自来水系统、下水道设施、快速交通系统和教育普及的出现,每个人都因此而改变。

技术对于人类本性的中心地位是技术哲学的主题,这是一个可以追溯到亚里士多德的话题。技术哲学家研究技术在人类本性中所起的作用,包括最终代价和利好。圣经中铸剑为犁的观念阐释了工具的代价、利好和力量之间的悠久联系。没有了小器具和大型机械装置，人类就会迷失，所以，在某种程度上对人类进行定义的工具，也可以视为在控制人的生命和对人的自主性进行侵蚀。

这里存在两个价值观念：一方面是外的，涉及技术是否对公共福祉有贡献。核武器、克隆和人工智能全都是好事情吗？飞机、火车和手机呢？另一方面，是内在的，关系着技术如何形成它对人类的意义。我们是如安迪·克拉克（Andy Clark）所说的"天生的赛博格机器人"，我们如此轻易地就开始使用技术，以至于简直变得像是和技术融为一体了吗？或者，技术像内裤一样容易被摆脱吗？〔顺便一提，《黑客帝国》（*The matrix*）里的角色是从哪里找到衣服的呢？〕在人类的自主性及其对技术的依赖之间有哲学的张力。

此外，还有这样一种观念：采纳新技术不仅会改变人的潜力，也会改变人的品行和意识。MIT 的社会学家谢里·特克尔（Sherry Turkle）写道："在我们现今对未来技术的许多思虑背后，隐藏着一个问题。这个问题不是未来的技术将会是什么样子，而是我们将会是什么样子，随着我们与机器建立日益亲密的关系，我们将变成什么。"

在日益技术化的社会中，技术哲学家对人的自由和尊严提出了问题。真的有更多人在高度工业化社会中被降低到只做重复和使人呆滞的乏味工作吗？对技术产品的需求必然会毁掉环境吗？一些新技术的发展，比如基因工程和纳米技术，增加了人类对释放出无法控制的强大进程的恐惧。许多与机器人相关的同样的担忧出现了。许多，或许大多数这类言论并不致力于解决技术问题本身，事实上它们是对技术的"进步"观念的批判。这些技术哲学家常常把他们自己视为对技术乐观主义者的一种必要的制衡，比如玛吉·博登（Maggie Boden），一位非常有影响的人工智能哲学家，英国布莱顿的萨塞克斯大学认知和计算科学学院的首任院长，她在 1983 年的文章中写道"作为一种人性化力量的人工智能"，人工智能可以是"西方人的芒果树"①，有能力把人类从单调乏味的工作中解放出来，去追求更加人文性的活动。

旧式的技术哲学家多半是被动反应的，常常是受超出人类控制的强大的进程幽灵所驱动，然而新一代的技术哲学家更多是主动出击。他们力图使工程师们意识到工程师们带给任何设计进程的价值，并希望去影响技术

---

① 芒果树指的是营造阴凉、播撒芬芳、不计报酬的意思。——校者

的设计和实现,而不仅仅是对它做出反应。他们不满足于仅仅欢呼或嘲讽,而是参与各种各样设计玩具、电子游戏和污水处理厂等等活动的聚会。哲学家海伦·尼森鲍姆(Helen Nissenbaum)称之为"工程能动主义"。

一些工程师可能想着去忽略或摈弃价值问题,称其太"软",但是这并不会使价值问题消失。无论人们要不要或想不想,系统和设备都会体现价值。忽视技术中的价值就是冒险放弃他们的决断而投降于运气或其他力量。尼森鲍姆证明,假若将价值结合进计算机系统无可避免,工程能动主义就是"以价值的名义倡导"服务人性之所需。

人工道德领域共享这种能动主义的技术进路。从根本上这与向技术注入增进人类福利的价值观有关。当计算机系统从不同的行动步骤中做出选择时,它们参与了一种决策过程。在不远的将来,或隐或显,决策的这种伦理维度将主要由工程师归并入系统的价值观所决定。直到最近,设计师还没有考虑如何将价值隐含地植入其生产的技术当中。帮助工程师意识到他们工作表里两层的伦理维度,就是哲学家如尼森鲍姆他们的重要成就。

对价值观的关注不知不觉地构成技术的一部分,这是让人非常乐于接受的进展。系统设计者至少应该考虑实施谁的价值以及什么价值。但是,人工智能体行为中所隐含的道德不仅仅是工程伦理的问题,也就是说,让工程师们认识到他们的伦理假设的问题。在现代计算机的复杂度情况下,工程师们通常会发现他们不能预测系统在一个新的环境中会如何行动。每台机器的设计都有数百位工程师的贡献。不同的公司、研究中心和设计团队从事硬件和软件的单个组分的工作,构成最终的产品。这种计算机系统的模块化设计,意味着没有一个单独的个体或团队可以完全掌握系统与一个复杂新输入流进行互动或回应的方法。人工道德的目标,将使工程能动主义不仅仅关注设计者在塑造系统的操作性道德价值方面的角色,而是要进入到为系统自身提供清晰的道德推理和决策能力。

理想的 AMA 会将外在和内在价值都纳入它选择和行动的考量当中。不过,首先要确保(软硬件)机器人不会造成外在的伤害。对内在价值观的关注,将主要取决于设计系统的工程师、选择接受或拒绝新技术的社会和用户。

给计算机委以决策重任

我们已经说过，AMAs 是必需的也是必然的，但是发展这种技术有弊端吗？当然有了，既有未来主义者和科幻爱好者提出的高度猜想性的且经常是杞人忧天式的担忧，也有更接近当下的关乎对人类尊严和责任的影响的忧虑，即便再有限的人工智能系统形式也会引发这些忧虑。

最有可能的机器道德初始进路是采取针对决策者的软件支持工具的形式。但是有一个危险，使用者把这种支持工具当成拐杖，用机器的输出代替自己的批判思考。社会科学家巴蒂雅·弗里德曼（Batya Friedman）和皮特·卡恩（Peter Kahn）提出了关于决策支持工具（DSTs）的这一担忧。

弗里德曼和卡恩认为，DSTs 会发起一个导向人类决策者放弃道德责任的滑坡谬误。随着人们相信了 DST 的建议，质疑它的建议就变得更难。于是他们认为存在一种危险，DSTs 最终可能控制决策过程。

DST 为什么会成为坏事情？弗里德曼和卡恩在这一点上虽然不完全清楚，不过他们似乎认为负责任的计算需要一个完全有意识的主体对每一个决定负责。或许在一些非常重要的情境中这样做是必需的——比如医院中的生死决定。但是在许多环境中直接的人类监督是行不通的，原因我们已经解释过了。在这些情境中，负责任的计算意味着运行程序，它们能将所考虑问题的相关伦理特征纳入计算并有所响应。

弗里德曼和卡恩用一所医院的重症监护病房（ICU）对 DST 的应用来解释他们的担心。他们聚焦于 APACHE——一个基于计算机的决策支持模型，帮助为 ICU 的病人确立治疗方案。如他们所说：

> 急救护理人员有点不假思索地按照 APACHE 的建议行事可能成为惯例，而且即使是经验丰富的内科医生，挑战 APACHE 的意见的"权威性"也会变得越来越难……此刻这个开环的咨询系统……事实上已经变成了一个计算机预测支配临床决策的闭环系统。

当弗里德曼和卡恩 1992 年写下他们的文章时，APACHE 系统还只是样机。而 APACHE-Ⅲ 最近的更新是，它已经有了一个超过 60 万 ICU 患者信息的数据库。该系统的销售前提是，能够为管理照顾高危、高成本患者的医生和医院管理者提供实时的、可调整风险的临床和财务信息。APACHE 医疗系统声称,它可以帮助医院引入程序上的一些变更,比如可以缩短患者住进 ICU 的时间——因而也降低了医院的成本。该公司还声称,程序的改进和对个体患者预后评估的改进带来了对于患者护理方面的可量化的改善。

医院应用 APACHE 导致医生自主性减弱了吗?很难对这个问题有答案。不管怎么说,人们并不清楚医师自主性的减少就是件坏事,如果使用 APACHE 的医生,比之不使用决策支持系统工作的医生,可以为患者提供更好的诊治的话。不过,重要的是认清弗里德曼和卡恩所强调的危险——医生听从机器对患者护理做出评估。考虑到如今这个爱打官司的时代,要挑战一个具有良好成就记录的 DST,我们赞成医疗专家们最好还是谦虚些的好。对于雄心勃勃的处理医疗事故的律师来说,计算机化的审查跟踪详细列出系统分析,是很可能用得上的。然而与其猜测这种不情愿,我们认为不如将这种担心建立在基于实证的研究——DSTs 真的会导致过度机器控制吗?一些初步研究表明,医生对 DSTs 的反应是积极正面的,不过需要更进一步的研究。

弗里德曼和卡恩也考虑一个前景,APACHE 系统有一天可能会用在没有任何人类决策行为直接参与的情况下来关闭生命维持系统。这个推测或许是令人担忧的,然而在他们提出这个担忧之后的十五年来,没有证据表明,由机器完全控制决定生死有什么进展。在采取这种大动作之前,可用的软件在道德敏感性上必须达到一个远超当前能想象出的任何东西的复杂水平。APACHE 对在 ICU 的环境中什么和伦理或道德有关,仅仅有一个非常有限的概念。更关注伦理的 DST 应该有望不只考虑患者的痊愈,而且考虑这样一些问题,比如治疗是否与患者及其家人的希望一致、治疗的预期结果是否能够提供患者所能接受的生活质量。关于患者的自主权及幸福的各种各样考虑,通常能够由医师和患者之间充分而开放的谈话得到最好的解答,这些谈话最好还应包括其他的参与者,比如患者邀请来参与谈话的配偶或宗教顾问。

然而有时候,患者在任何条件下都不能进行对话。那么,计算机能像病人亲属一样准确预测这样的绝症病人的喜爱偏好吗?国家卫生研究院(NIH)研究团队在 2007 年公布的一项研究表明,患者亲属能够精准预测他们所爱的人的愿望,这种情况只占四分之三。计算机程序可以做得更好吗?戴维·温德勒(David Wendler)相信如此,这位 NIH 的生物伦理学家也是这项研究的作者之一。他和他的同事们编写了一个程序，只是使用了在同样条件下，该治疗对其他患者有多好这样的信息。该程序应用了一个简单的规则来预测患者是否应该接受一项具体的治疗。如果此项治疗有1％的机会使患者恢复正常的认知能力，程序就预测应该选择它。程序有能力和亲友一样精准地预测患者的愿望。温德勒相信，通过将更多与患者相关的信息，比如年龄、性别和职业等纳入计算，软件应该有可能显著地胜过人类判断。也许那时，假若你事先未写好遗嘱就变得丧失行为能力，你会更愿意接受由机器而不是亲属做出的重病特别护理决定！

在患者没有完全失去行为能力的情况下，我们赞同弗里德曼和卡恩所说的需要警惕对 DSTs 的滥用。不考虑情境，不应该允许决策支持系统在默认的情况下做决定。然而，这并不排除对越来越复杂的 DSTs 的需要，把更大范围的伦理相关细节纳入考量——换句话说，DSTs 更像 AMAs。如果一个能得到90％的正确决定的系统，采用的是忽视伦理的标准——例如，客观的存活率——则可能错失10％的情况，而正是这10％的情况，道德判断对所有人都具有最重要的意义。

不过，有人可能会反驳说，沿着这个轨迹发展 DSTs 会增大滑坡谬误，或者其滑动性。人们担忧的是，机器的输出结果越是貌似直观可信，那么机器就越可能被当成像人一样体现真正的道德智能。可以说，对那些使用系统的人来说，那些设计和推销系统的人永远是骗子：使人们相信这些系统是它们不是的某种东西。我们在下个部分回到这个问题。

受蒙蔽

1944 年，弗里茨·海德（Fritz Heider）和玛丽安·齐美尔（Mery-Ann Simmel）发表了一个如今被视为经典的实验，在实验中他们展示了人类多么自然地把人格化的属性赋予他们所认为的有生命的东西。实验中他们向被试展示一些短片，上面是简单的几何图形围绕着一块黑屏旋转，要求被试描述所看到的东西。实际上所有人都自发地用一些诸如"想要""恐惧"和"需要"的字眼来描述这些物体的运动。如果一个三角形紧紧跟随另一个三角形，而后者又频繁地改变前进方向，那么，前一个三角形就可能被描述成"追赶"后者，或者后者被前者"吓到"并"逃跑"了。被试自发地进行拟人化，并把意图投射到物体上。他们发现，即便提示用几何术语来描述，他们也很难这样做。许多近期实验也重新验证了人们有多容易把意图投射到动画物体上去。

多数的拟人化形式相对来说无伤大雅。人们有时谈及他们的宠物时，仿佛它们是人类一样，但是大多数人懂得宠物的理解力是有限的。玩具公司认识到，在设计玩偶、机器人宠物和其他玩具时，他们可以利用人类把情感状态和意图投射给动画物体的自然倾向。当一只机器狗在有人关注它时摇尾巴或跳来跳去，它并不是"高兴"了；它没有与人类情感相似的内在状态，甚至也无法和动物情感相比拟。尽管有一些有趣的、可供社会心理学家探究的关于这些社交手段的问题，不过人们都知道，设计这些玩具的首要目的是用于娱乐。索尼使用"克里奥（QRIO）想成为你的朋友"这一广告词来推销其可爱的仿真机器人。但是，当然，克里奥不"想要"任何东西，是制造商想要你去购买克里奥。（或者说，至少在他们的新任美洲首席执行官于 2006 年关闭机器人事业部之前是这样。）

社交手段和欺骗公众之间还是有区别的。但也有相当多的证据表明模仿人类能力的技术可以促进人类与计算机、小装置和机器人之间的互动。很多消费者喜欢用舒缓的声音跟他们讲话的汽车和计算机。麻省理工学院的情感计算实验室正在实验怎样用多种方式识别用户沮丧的系统。例如，可以通过内置传感器的鼠标上的压力的形式来记录用户的不满。压力激活鼠标中的传感器，接着引发屏幕上的菜单或是引起模仿声音询问是否有什么问题。如果用户的回答是肯定的，软件接下来会给出各种补救措施。

麻省理工学院仿真机器人小组的其他科学家正在探索能够识别人类基本的社交手势，并且像人一样用社交暗示进行回复的系统如何促进人机交互。也许最著名的社交机器人就是 Kismet。没有人会说 Kismet 具有高超的社交天赋。值得注意的是，即使是低水平的、本质上机械的社会机理，它也很有说服力地在传达着它是有生命的，并且实际上在从事某种社会互动的一种感觉。（我们课堂上有的学生在看到 Kismet 被训斥的时候很难过。）

当然，像 Kismet 一样有一些类人的特征和行动的机器人，能够使人与技术的互动变得更容易，也更舒服。但是关于像人的（机器人）如何能够存在、应该怎样存在也有相当的不确定性。日本机器人专家森政弘（Masahiro Mori）1970 年提出一个理论：人类对于具有类人特征和行为的机器人会感到更舒适并情移，而一旦机器人开始和人类过于相像，人类就会变得非常不舒服，甚至会感到厌恶。看起来像人类、却又没有满足人们期望所造成的不协调显然会令人非常不安。莫里（Mori）将这种舒适感的陡降描绘为"恐怖谷"——假定如果类人机器人能被设计得更像人，克服这种不适感将是可能的。

莫里的恐怖谷理论在机器人设计师中引发了不同的反应。石黑浩（Hiroshi Ishiguru）以设计尽可能与人类的外观和行为相似的仿真机器人为目标，他将恐怖谷理论视为需要克服的一项挑战。其他机器人专家把恐怖谷理论解读为表明最有效的机器人应该是那些具有一定的类人特征，但显然不是假装成人类的机器人。机器人专家采取的策略主要是他们的目标的功能。基于今天的技术，在外观和行为上和人类相似、但明显区别于人类的机器人在促进人机交互方面比仿真机器人更好。

使 Kismet 能识别基本的社交提示并以对应的社交手势来回应，在这方面开发的技术已经被商业挪用了，他们感兴趣于设计和销售玩具机器人以及服务型机器人。从严格的道德视角出发，所有这些技术都可以说是欺诈形式。然而，在现有这些产品的娱乐价值和它们所增进的可用性条件下，消费者不太可能考虑这些伦理问题——当然，假定它们不是出自邪恶目的的设计。

还有，由这样的技术引发的拟人化响应倾向于掩饰无意的伤害或无意的不道德行为，可能会是个问题。比如，来看看社会学家谢里·特克尔（Sherry Turkle）的实验，她把机器人娃娃带进了疗养院。她借给房客的特殊型号的娃娃在商业上是不成功的，没有吸引住那些有经验的年轻消费者们的关注，他们可以在相似的娃娃中选择性能更好的。但是令特克尔惊讶的是，疗养院的许多房客和他们的机器人娃娃产生了深入的依恋关系，在借期结束的时候租客经常不愿意放弃机器人娃娃。显然，许多房客渴望任何形式的社会交往。

大多数人都认为机器人娃娃是很差的人类陪伴替代品，而且认为，疗养院房客对其产生的这种依恋，表明社会在满足老年人和行动不便者的情感需求方面是失败的。人们也许痛恨任何采取社交机器人来解决人们孤独和对交往需求的建议。但是，关于响应人们需求的社交机器人方面需要回答一些难题，涉及它们的作用、实效性以及适当性。例如，如果没有证据表明人们和社区愿意安排时间或资源去满足老年人和残疾人与人接触的需要，那么社交机器人是不是聊胜于无呢？

弗里德曼和卡恩提出另一个严肃的伦理问题，这是由于人类倾向于拟人化技术所产生的:给机器植入它们本来不具有的官能所导致的危害。今天的技术还远远达不到人们要求人类道德主体所具有的种种智能和意图。把那样的自主性植入给机器是危险的,而且表明由人所做的对责任心的潜在的废除。制造智能机器的公司需要训练用户的警惕性,不只逃避了追责,而且针对由于误解机器能做和不能做的事所造成的危害,也尽到了他们的责任。

在 20 世纪 80 年代晚期的美苏军备竞赛中,引入搭载核武器的三叉戟潜艇是一个严重危害地球命运的因素。这些舰船打破了象征性的十分钟屏障,曾经认为在武器发射和武器打击目标之间设置必要的 10 分钟时间,可以让指挥进入决策程序去评估雷达幕上出现的图像究竟是一个攻击目标,还是无害的。没有时间让人介入决策程序,苏联的武器系统就被迫依赖计算机数据分析,并由计算机开启报复措施。人类的未来被置于 80 年代苏联的计算机的手上。万幸的是,军备竞赛崩溃了。但即便是今天,任何将生死大事交付计算机手上的人都没有理解当前技术的局限。

人工智能(AI)系统变得无所不在,但是依然不清楚用户是否会对这些机器的局限性有更好的理解。例如,大多数人会欣赏那些人类智能优于计算机或者人类开始感到自卑的地方吗?当然,计算器和计算机在进行复杂数学任务方面远远胜过人类,但是诸如使用计算器之类,实际上是不是已经毁坏了对人类自身官能的尊重呢?计算机执行机械重复性任务很出色,通常将这类事实视作人类的福音,作为节时用具解放了人类,让人可以把注意力放在更重要的事情上面。

然而,人们可以试着关注一下,如果人类看到计算机在道德慎思、创造性活动或者其他复杂的挑战方面都比人做得更好,或许就会产生莫名的不快或自卑感,侵蚀人的自尊。具有创造能力的计算机可能也会削弱创造性个体检验他们独创性的动力。我们认为,把技术当作偷走积极性和精神的盗贼是不对的。即便是那些不是最聪明、最有运动天赋和艺术天赋的孩子,也可以激励他们去完成伟大的事情。发掘每一个孩子最棒的部分,忽略他们是否在一个特殊的领域表现出天赋,这是对父母和教育工作者的挑战。在先进机器构成的世界里,社会的挑战在于培育人们的抱负。我们对满足这个挑战充满信心。对很多孩子来说,新技术的确已经帮助培养出他们的祖辈所隐藏的天赋。

只有等待看科学家是否会成功地将个体人的认知以及社会能力复制到计算机系统和机器人中,我们才能得出结论,因此那些担心都是未来主义的。乐观主义者相信，人类将会建立一个相当于或超越人类智能的系统，而且论证出甚至在未来 20 年到 50 年就会发生。如果他们是对的，这将是对人类尊严的打击，显示出人类不是具有神赐的天赋，能够超越动物和其他存在的非凡的造物。那些人都宁愿人类永远找不到可以和人类竞争的 AI。我们理解这个视角，同时我们相信，追求科学研究可以更好地服务人性。人们完全有能力接纳科学研究所揭示的真理。在人工系统中实现所有高阶心智能力，即便是可能的，我们还是怀疑这将是特别艰难的挑战，而且这种挑战的难度可能恰恰会凸显人类何以成为如此卓越的造物。

士兵、性玩具和奴隶

　　生活中接受机器人会弱化人们珍视的价值并贬低人性吗？具有讽刺意味的是，这个问题是由最成功的机器人专家之一罗纳德·阿金（Ronald Arkin）提出来的，他是佐治亚理工学院移动机器人实验室的主任。阿金创造了词组"炸弹、纽带和奴役"，用来形容三种主要的人机互动形式所引起的社会关注——分别是作为士兵、伴侣和奴隶的机器人。针对军事应用、亲密关系和劳作的机器人都是不同的事物，有不同目标，也引发了不同的伦理思考。

　　人类需要士兵机器人吗？对，我们已经在以巡航导弹、远程遥控运载工具和战场机器人的形式部署它们执行危险任务了。2006 年 5 月一则新闻故事描述了数百个"背负式战术移动机器人部署在伊拉克和阿富汗，在城市作战中执行打开门户、铺设光缆、拆除炸弹，以及其他之前都是由人独自执行的危险任务"。

　　在美国，机器人研究主要由国防部提供经费，有一些耗资数十亿、远期目标为发展军用机器人的计划。根据 2004 年和 2005 年的许多新闻报道，美国军队已经研制出一种装配 M240 或 M249 机关枪的遥控塔隆（Talon）机器人（应用特种武器观测远程直接作用系统 SWORDS），而且 2005 年 12 月英国广播公司（BBC）报道这些机器人正被派往"伊拉克与叛乱组织作战"。SWORDS 机器人能够实现电子化瞄准，不过实际开火指令还是由人类操作者遥控完成的。2007 年末，有报道称 SWORDS 机器人很快将用于实战。真实使用情况的报道还没有出现。尽管如此，有报道说，在 2008 年 1 月末，一枚由远航的掠夺者无人机发射的导弹杀死了 12 名巴基斯坦当地的基地组织成员。

　　最初虽然将人类操控者保留在武装机器人的杀戮决策机制中,但并不会一直这样。事实上,美国国防部高级研究计划署(DARPA)至少从十年前就开始为研究自主战地机器人提供资金支持,而且 DARPA 的战场作战系统(FCS)程序将 2010 年规定为战场上为作战部署军用级机器人劳动力需求的最后期限。

　　据我们所知,至今还未解除对完全自主携枪或携弹系统的控制。但是使用这些系统的理由是简单而又令人瞩目的——机器人在减少对人类作战的需求,因此拯救了陆军、海军和空军士兵的生命。此外,甚至像捕食者(Predator)这样的远程操控运载工具,当前也复杂到需要 4 个人操作一辆。航行、作战和定靶功能都需要训练有素的人员。显然,通过提高机器人的自主程度来降低对人员的需求是有利的。军方正在测试供给机器人,让它们在无人操控条件下穿越战区。

　　机器人作战机器不会受制于阿西莫夫第一定律——即不能伤害或杀害人类。于是问题就显而易见了。一旦授权机器人进行杀戮,就需要实时判断杀害某个具体的人是否正当。当阿西莫夫将第零定律加入到另外三个定律中时,是他自己开启了机器人有可能为保护全人类而杀某一人的大门:"机器人不可以伤害全人类,或是不作为,令全人类受到伤害。"由于缺乏执行道德决策的实际能力,不能判断何时何地针对何人发出致命一击是必要的,因此就没有办法降低机器人作战机器造成不可接受的伤害的可能性。进而,机器人将不仅杀伤敌方士兵,还要为平民伤亡("附带损害")和盟军伤亡("误向友军开火")负责。即使从更重要的目标看附带损害是公正的,自主系统也需要有能力权衡选项。考虑到确保安全和道德行为的困难之处,有必要长时间地深入思考何时配置武器携带系统。这个问题的答案不可能是直截了当的"绝不"。

　　已经在部队中应用的无人驾驶运载车或巡航导弹,一般都将其理解为工具或物品。但是人们倾向于拟人化,于是士兵会与他们的机器人难分难舍。iRobot 公司是背负式机器人的制造商,背负式机器人已经用在伊拉克战场搜索和排除引爆装置,其董事长科林・安格尔(Colin Angle)讲述了一个美国士兵恳求公司修复他的背负式机器人的故事。史酷比(Scooby Doo)是他所在的小组赋予其背负式机器人的昵称,在成功完成了 35 次任务之后,史酷比就要被回收拆解。据安格尔叙述,这位士兵恳请 iRobot 公司"请修复史酷比,他救了我的命。"

研发人工生物、朋友和伴侣——设计用来与人交往的机器人,这和建造人工士兵具有完全不同的目标。社交机器人的研发者关注利用人类的心理,要么提高可用性,要么激发人与其机器宠物或机器伴侣建立情感纽带。

性玩具的设计者尤其擅长率先使用最新技术煽动顾客的情欲。技术发展受色情应用的驱动有着漫长的历史,机器人领域也不例外。和所有色情应用一样,对女性的剥削以及滋生反社会行为这些严肃的问题就产生了。但是正如对机器人士兵携带武器的讨论一样,这个问题也有两面性。比如,机器人替身为约翰的远程愉悦起着替代性伴侣的作用,这可以说是提供了一种"安全性行为"的形式。但是无疑也有一些传闻证据表明,和机器人性玩具的关系会导致异常的反社会行为,未来的研究可能证明这一点。

用机器人解决孤独问题,早已超越了满足瞬间的性需求。研究者正在致力于研发能通过表情和其他的非语言及语言线索识别情绪状态的(软硬件)机器人,以便造成感同身受的错觉。戴维·利维(David Levy)在 2007 年的书《与机器人的爱和性:人-机关系的演化》(*Love and Sex With Robots: The Evolution of Human-Robot Relation Ships*)中论证,当今的研究轨迹将会导致人和机器人之间长期的伴侣关系甚至婚姻。然而,情感纽带的加深给了肆无忌惮的设计者们以机会,未来的准智能机器人甚至也许会去盘剥天真的用户。当然,也有关于性行为形式方面的问题,针对人机关系不同的社群对其将做道德考量。有必要规定伴侣机器人系统能做什么、不能做什么吗? 也许吧。至少社会要为应对高级的机器人同伴所带来的社会问题做好准备。

机器人的持久吸引力在于人们可以期望它成为一刻也不休息的奴仆而且还不要支付报酬——享受到使用奴仆的好处却又不必承担蓄奴的伦理挑战。1920 年,"机器人"(robot)这个词最初的确就是由约瑟夫(Josef)和卡雷尔·恰佩克(Karel Capek)从捷克语"强迫劳动"(robota)一词创造出来的,就是指苦工或奴役。罗纳德·阿金(Ronald Arkin)质疑,将机器人当奴隶是否就规避了蓄奴制度本身固有的道德难题。几千年来,人类彼此互相将对方强制劳役,废除奴隶制只是在最近 150 年才部分完成。奴隶制的废除是稚嫩的道德原则,或许也是脆弱的,尤其是鉴于全球范围内有大量人实际上仍然受着合同工形式的奴役。阿金在思考,接受机器人仆人是否会恢复奴隶制,从而使其在已经正式废止奴隶制的社会中又成为可行的选择,而且他想知道,这是否能够使人类奴隶制重新合法化或导致人类的懒惰。

作为人类工人的替代者,机器人已经出现在工业机器人中以及商用机器人中,如真空吸尘器。日本机器人协会确立了未来几年发展服务型机器人照顾老年人和残疾人的目标。即使人们认为奴隶机器人是个坏主意,作为工具和老黄牛的机器人还是将制造出来。把真空吸尘器机器人Roomba误认为人是不太可能的,但是通过把他们设计成为可爱的、更具社交亲和力的外表,带有像人或宠物似的特征和官能,服务型机器人的可用性和魅力将会提高。进而,随着人、赛博格机器人、机器人彼此之间的区分日渐模糊,蓄奴制的障碍可能会大大降低。

这样的话,未来学家会关心机器人最终会拥有它们自己的感觉和情绪,并习得智能、意识和自我理解。感到痛苦的机器人有权利指挥人停止对它的虐待吗? 有着高度理解力的机器人会有自由说它不工作了吗? 或者不考虑这些证据,人类还将继续坚持机器人是没有真正的感觉和更高级的精神能力或者意识的低级物种吗?

不久的将来,大多数任务都将由分散的机器人家电和嵌入式技术执行。冰箱、垃圾箱和服装中的微处理器将改变人们的工作量。只要机器人助理实际上是无形的或不具有个性或感情,人类蓄奴的不道德就不会受到挑战。但是这种情况不可能长久。家用机器人作为伴侣和奴隶,其双重任务就写在工程师们的制图板上——或者应该说在他们的计算机辅助设计(CAD)程序里。

可以适当地评估技术风险吗?

迄今为止,我们的讨论强调了对于开发高级机器人所涉及的一些社会风险类型。但确切地讲有多冒险呢?

评估新技术的影响还远远谈不上是科学。就药物安全性、土建工程和复杂技术所做的风险评估报告,充满了涉及许许多多因素的数据。最后呢,某个人必须去说明每个因素的相关输入,而且可量化的研究让位给价值评判。经验数据常常是用作掩饰,而事实上,某个集团的经济或政治利益才对最终的评估起着重大的影响。

没有人在从事风险评估时会幻想能够消除不可预测的事情。未来的不可知因素取决于那些错过的影响因素、不充分的信息、人类的易出错性，以及始料未及的不测，例如，复杂技术互相影响的方式，甚至会引发新的可能性。

仔细检查一份风险评估的形式过程，其价值在于针对可预见的风险来衡量可预见的利好。不经过这样的考验，人们就容易过分强调突出的有利因素和不利因素。对风险的识别反过来促进了风险管理。风险评估领域的专业人员努力使他们的研究全面广泛，使他们的学科具有科学性，令他们的决断最大程度地透明。技术评估这门年轻的学科仍旧在努力奋斗，以建立关于新技术的引入怎样影响已有的动态社会情境发生改变的模型。

对于建立决策（软硬件）机器人项目来说，风险评估有两方面的重要性。首先，实施决策机器人系统，会对作为个体的人和作为整体的社会造成风险。风险可能依据所引入系统类型的不同而有所改变。例如，家庭中的服务型机器人对进入房屋的人可能造成直接的身体或心理风险，但是不太可能对任何在房屋外的人造成伤害。计算机网络中的自主智能体，比如财务系统，也许不太可能造成物理伤害，但是完全有能力造成深远的社会影响，相应地也能直接影响到个体的身体健康。自动化程序在国际市场上买卖期货、证券和货币，由于触发大型资本流出某几个国家已经引发了严重的金融危机。

其次，风险评估的工具可以预测行动的各个步骤的概率和结果，就其所达到的程度来说，（软硬件）机器人也许可以用这些工具来评估应对挑战的两种选择所承担的风险。换言之，在可利用信息的基础上，风险分析可以潜在地帮助人工道德智能体（AMAs）选择最优行动方案。专业人员用于风险评估的一些专业工具和技术已经计算机化了。这些程序甚至可能为人工道德智能体提供一个软件平台，使它们去分析自己行动的后果。

未　来

生活中没有零风险。甚至图书管理员都有可能因为工作中相关的因素或者工作中的风险而死亡。美国人和欧洲人常常有种幻觉，他们可以有效地使风险最小化以至于接近零。公众对可能发生的灾难事件特别适应。在 1987 年发表的研究中，美国人列出一个包括有抽烟、杀虫剂、警察工作、X 射线和处方药抗生素等 30 项活动或技术的清单，把核能列为是最危险的。比之一般公众,职业风险评估师使用心理计量量表强调死亡率,他们认为核能安全得多(列表中第二十名)。职业风险评估师列为高风险(第五)的外科手术,公众将其排在第十。这些差别并不意味着专业人员就是对的而公众必然是糊涂的,而是因为不同的因素会影响风险的评估。例如,人们也许相信终有一天会发生灾难性的核事故,于是就会推翻现存的安全记录和低死亡率。

所有科幻小说情节都隐藏着这样的预示,人工智能(AI)系统最终将进化成想要消灭人类的生物。工程师们正在迈上必将导致人种灭绝的下滑坡道吗?人类灭绝于(软硬件)机器人之手并不是不可避免的。以人类目前所处的优势地位来说,我们认为这种风险十分低。不过这可能吗?还很难说。通往鲁棒性①人工智能的一些所知障碍是否能够克服也还不清楚。如果能够克服,那么鲁棒性 AI 的平台就已经清楚了,就有可能在这些系统中建立适当的伦理制约,消除人类灭绝的可能性。

因为未来学家的高度猜想性的幻想,而考虑放弃人类可从 AI 中获得的福祉,还为时过早。随着这个十分年轻的领域的进步,社会理论家、工程师和政治家会有许多战略机遇去讨论是否打开潘多拉魔盒。

人类应该宁愿失之过慎的想法,在应对未来主义高度猜想性的危险方面没有什么特别的帮助。这个想法时常表达为"预防原则",就是说,如果一个行动的后果未知,但人们判定其会有一些严重的或不可逆转的潜在消极后果,那么最好拒绝这个行动。关于预防原则的困难在于确定标准来决定什么时间启动它。几乎没有人会因为 20 个世纪 50 年代对机器人统制的害怕,而牺牲过去 50 年来计算机技术的进步。搞清楚什么危险代表不能处理的挑战,什么又即使不是事实上的化解,还是能处理的,这些都是后见之明。然而,尽管应用预防原则上有困难,也不应该瓦解我们对警惕性的需要。

我们提出的这些社会问题强调了将出现在 AI 发展中的担心,但是难以论证这些担心就会导致这样的结论——人们应该停止建构做决策或表现自主性的 AI 系统。也不清楚什么论证或证据会支持这样的结论。1999年世界卫生组织公布的一份报告中指出,交通事故在造成 15~40 岁之间的人致死性伤害中居于领先。1998 年世界范围内机动车事故死亡1170694 例。这一数字还不包括与机动车间接相关的死亡,如以空气污染

---

① "通往鲁棒性"(to robus),见第十章(p. 150)。——编辑注

（例如支气管炎）和全球变暖（例如皮肤癌和飓风带来的死亡）的形式。如果一百年之前人们就知道汽车会有这么大的破坏性，他们会停止发展这个受欢迎的交通方式吗？恐怕不会。大多数人相信汽车的优势比它们潜在的破坏性更重要。

我们关心 AI 系统潜在的破坏性。这激发了我们推进人工道德领域的兴趣。仅仅基于社会批评家和未来学家提出的问题，并没有理由让我们中止研究。然而我们相信，我们有机会，并将继续有机会去重新评估，是否发展 AI 的危险大于回报。与此同时，AMAs 的发展提供了一个重要的场所，用于探索如何有效处理自主系统引出的风险。它也提供了一个场所来评估道德自主体自身的本质，这个话题我们接下来将会讲到。

Chapter 4

第四章

机器人真的能有道德吗？

值得关注的技术

2006 年路透社记者乔尔·罗思坦（Joel Rothstein）报道的一则关于史酷比（Scooby Doo）的新闻"士兵与战场机器人培养出感情"占据报纸头条。2007 年《华盛顿邮报》的乔尔·伽罗（Joel Garreau）报道，美国陆军上校叫停机器人扫雷实验，因为实验中机器人尽管失去了腿仍然继续缓慢爬行。据伽罗报道，上校宣告这个测试是不人道的。人类对机器人的关心明显已成为现实。但是机器人会在乎我们吗？他们有能力关心我们吗？

很多人相信机器不能真正获得意识，没有能力对人类的最重要的关系、塑造人类的伦理规范的定义有真正的理解和感情。这些能力是什么？（"本体论"问题）它们能被科学地认识的内容有多少？（"认识论"问题）人工的道德取决于回答这些问题吗？（实践问题）我们对本体论问题和认识论问题的答案很坚决："我们不知道！"（别人也不知道。）没人知道前两个问题的答案，这决定了我们对实践问题的回答也是坚定的"不"。

实际上，现在所有人工智能的进展都需要软件在电子硬件上运行。未来某一天，也许比人们想象得更快，人工道德智能体的发展可能会在培养皿或者量子计算机中，而不是在中央处理器中发生。但是马里兰州罗克维尔的 J. 克雷格.文特尔研究所和意大利威尼斯的"原生"公司正在研究的"湿"的人工生命仍然在前细胞阶段，并且不能程序化。大规模量子计算机所面临的问题可能是不可逾越的。至少在短期内,人工道德领域仍然得依靠数字计算。但是电子计算机不能有真正的理解和意识不是已经清楚了吗？使用"道德"和"伦理"来描述机器人的行为难道不是混淆概念吗？我们在这一章的任务就是令人信服地说明,实现人工道德的迫切目标不需要向基于软件智能限度的争议去妥协。实际上,我们认为推进建构人工道德智能体的实践任务会促进我们对有关伦理的本质的本体论和认识论问题的理解。

人工智能:确切的含义

物质、生命与心灵之谜定义了科学的三大挑战。到20世纪中叶,科学家已经掌握了理解前两者的钥匙。在20世纪之初,物理学家在小到亚原子大到宇宙的维度上,对物质和能量的行为的理解有了大跨步的进展。DNA结构的发现也使生物科学驶入了快速发展的轨道。

当然,物质和生命仍有其神秘之处。但是对它们进行科学研究的基本工具已经建立了——所有人都知道,物理中需要的是更强大的粒子加速器和天文望远镜,而生物中需要的是能对基因和细胞进行分子水平操作的更好的技术。这些策略在物理和生物领域仍然是主流。但是,在心灵领域呢？当然,很多科学家追求一种生物学进路,使用生物技术把对心灵的探究还原到对大脑的研究上。但是其他人从更一般的层面看待心灵的核心特征,把它定义为信息处理,而不是神经科学。在这样的背景下,人工智能的早期倡导者把计算机视为能够将心灵置于牢固的科学根基之上的最大的希望。

计算机程序是可以用来控制物理机器操作的一系列形式化的符号——用卡内基梅隆大学的艾伦·纽厄尔(Allen Newell)和赫伯特·西蒙(Herbert Simon)的术语来说,就是"物理符号系统"。在1975年对计算机协会的图灵奖讲座中,纽厄尔和西蒙大胆地做出人工智能的宣言:"物理符号系统对智能来说既是必要的,也是充分的。"按照他们的预期,认知心理学通过揭示符号操作在人类智能中的作用,显示计算对于智能来说是多么必要。他们设想,人工智能的任务就是通过证实任何智能都可以通过编程在电脑中实现,由此显示符号计算对心灵的充分性。

如果智能就是计算,那么越来越强大的计算机对于人工智能来说就像物理学家用来探究物质深层结构的越来越强大的粒子加速器。当今计算机中的数码比特量比人类大脑中的神经元连接数仍然低了几个数量级，但是这门技术正在以几何级数的速度进步。硅晶体管似乎注定会被能够让电路在三维空间里展开的碳纳米管所取代。雷·科兹维尔（Ray Karzweil）预测，到2020年，人类大脑的能力将在台式电脑上实现同等复制。他还主张，在2029年左右机器智能开始超过全体人类的智能，彼时人类的发展会步入奇点。奇点之后，根本性的变革会让世界变得不可预测。

科兹维尔被加州大学伯克利分校的哲学教授塞尔（John Searle）称为"强人工智能"的提倡者，即提倡恰当编程的计算机就是一个心灵。1980年，塞尔发表了如今被广泛讨论的对强人工智能实现之可能性进行批判的论文。在论文中，他认为一台计算机永远不可能通过运行程序、进行符号操作来产生对事物的理解。他通过设计著名的"中文屋"（Chinese Room）思想实验，显示一台计算机可以在没有真正的理解或智能的情况下通过图灵测试。塞尔说，如果他像一台电脑一样运行同样的步骤来回答汉语问题，他就可以在不理解汉语的情况下通过图灵测试。他想象自己在一个封闭的屋子里，屋中有规则书（程序），指导他在收到写着无意义（对他来说）符号的纸片时该怎么操作。他在规则书中寻找纸上的符号，并且遵照规则操作，这些操作使他通过有限的步数把另一些符号复制到纸上去，再把纸条递出中文屋。他不知道这些符号是中文，更不知道在屋子外它们被解读为用中文写成的对话。既然他在这个思想实验中是在执行程序，但并不能理解他所参与的对话，因此塞尔主张执行程序对于真正的理解来说是不充分的。这个论证引发了长时间的争论和无数关于电脑程序能否真正"理解"的文章。塞尔相信，他在中文屋论证中提出的观点是常识，并且对于他的观点没有被计算机科学家广泛认同表示惊讶。

这里不适合探究中文屋论证的更多细节了——如今在心灵哲学中可以发现不少同样热门的话题。

但是，接受了塞尔的观点的哲学家用中文屋论证来证明，通过给电脑编程来建造真正的智能系统是一条没有希望的道路。我们经常遇到批评者，他们声称，塞尔的结论显示出我们关于人工道德的进路同样是没有希望的。

但是我们不这么想。也就是说，我们不同意哲学上的反对应该阻止我们继续支持更好的用于伦理抉择的计算编程解决方案。但是，我们也必须认识到，我们所设想的这些系统的特性和地位仍然存在着哲学方面的问题。我们面临两个问题：机器人能够真正成为道德智能体吗？人类怎样知道这一点？

虽然我们认为这些问题不能也不需要圆满解决，但讨论它们仍然有价值。因为这些问题背后的质疑态度可以起到有用的批判性作用。真正的道德自主体需要什么？这个问题有好几个不同的答案，有些侧重意识，有些关注自由意志，还有一些则把重点放在了道德责任的问题上。

机器人能成为真正的道德智能体吗？

如果它提出了需要被设计到人工道德智能体之中的功能，那么关于"真正"的人工道德的讨论就是有用了。若意识对道德智能体有益，为了人工道德智能体人们就应该考虑它。既然现有的系统中没有真正具有意识的，这一点给人工道德智能体的能力带来了什么限制？

基于塞尔的立场所提出的反对人工道德智能体的观点在实践应用中的作用无足轻重。在他的思想实验中，对于任何外部观察者来说，符号处理过程的输出和真正的说汉语的人完全不可区分。因此塞尔的"真正的理解"在行为上与其他的理解没有任何区别。塞尔的观点没有排除制造行为上与真正的道德智能体不可区分的人工道德智能体的可能。因此，他的包含意识和意向性的理解的概念和怎样使机器人的行为符合道德的实践问题没有关系。

在三百年前，对于笛卡尔（René Descartes）来说，机器智能的想法在形而上学上是荒谬的。笛卡尔反思自己的心灵，并且发现那里的存在和外部世界的物体看起来如此不同，因此他推断心灵和身体必定是不同的物质。机器是实物对象，在空间和时间上有广延，并且可以分成体积更小的实物。心灵，在笛卡尔的观点中，是不可分的、有意识的精神原子。虽然按照笛卡尔的观点，人类把机械的身体和非实物的心灵结合为完美协调的整体，但是实物的机器单独永远不可能有智能的特征。不同于塞尔，笛卡尔认为机器内在地不具有推理和灵活使用语言的能力。如果笛卡尔是对的，人工道德智能体的前景就会有些渺茫。

虽然笛卡尔断言，单纯的物质无法复制出像人类那样灵活的推理和语言能力，他并没有严密地论证这一点。他对实物对象的能力的理解受到17世纪科学发展水平的局限。但是，即使是笛卡尔同时代的人，托马斯·

霍布斯(Thomas Hobbes)也相信"心灵不过是有机体特定部分的运动",并且在今天笛卡尔对于物质的限度的二元论观点没有任何分量。但是,需要注意到,仍然有人认为人脑中有某种特殊的东西,它给予人脑以能力,并且编程的硅芯片永远不能达到这种能力。21世纪的科学发展水平仍然不能证明或证伪这种观点。

　　某些人相信,任何现有计算机技术都没能实现的一种"特殊的特性"就是自由意志。有意识的理解是另外一个。我们接下来分别考察它们。

确定性系统的伦理

　　　　形而上学出现了,问她的妹妹伦理道:"你觉得我应该给我的门生带些什么回去? 不论他们是不是这样称呼自己的,就是那些形而上学者们。"伦理回答说:"告诉他们,他们应该一直以能够增加选择之数量的方式行动;是的,增加选择的数量!"

　　　　　　　　　　　　　　　　　　　　——海因茨·冯·福斯特

　　除非遭受到逼迫或者其他的精神失调,人类总是觉得自己能够自由地以不同方式行动。这种自由感即使在行动的选择非常少的情况下依然存在。戴着镣铐的人可能依然感觉可以自由地眨眼。这种感觉的来源是什么? 它对于道德行为来说是必需的吗? 没有人能确切地回答这些问题。

　　即使不能以一种能够接受的科学的方式来定义它,人类自由意志的概念仍经常被神秘地视为人类自由行动的感觉之下的"某种东西"。哲学家丹尼尔·丹尼特(Daniel Dannett)反对这样"神奇"的自由意志的概念。他相信,考虑不同选择并在它们之中进行选择的能力才是人类唯一有的那种自由,并且也是唯一值得有的那种自由。或许就是那样吧(我们两位作者在这一点上也并不完全同意对方的观点。)但是,因为自由意志无法用清晰明确的术语来表达,这种神奇的观点只能提供一种模糊地反对建造人工道德智能体的理由。我们无法否认,人有一种直觉,即人类自由意志中有一种神奇的成分,但是我们也不能把它应用到建造人工道德智能体的工程任务上去。

　　这破坏了整个建造人工道德智能体的任务了吗? 我们不这样认为。"深蓝"凭借算法来选择能够击败加里·卡斯帕罗夫(Gary Kasparov)的棋步的能力并不因为缺少什么神奇的成分而被损害。当然，人们可以说"深蓝"的成功关键依赖于它的设计中的人类的创造力。但是即使这种人类的创造力不是决定论的，在最高的水平上，它的结果仍然是一个会下棋的决定论的系统。

尽管是一个决定论的系统，"深蓝"在某些方面上具备一个施事者的资格，但在其他的方面仍有不足。弗洛里迪和桑德斯确定了人工施事者的概念中三个重要的特征：

互动性：通过状态的变化来对刺激做出反应；也就是施事者和环境能够互相影响；

自主性：在没有刺激的情况下改变状态的能力，不是直接去响应互动，这造成了某种程度的复杂性和与环境的去耦合；

适应性：使能够致使状态改变的"转换规则"进行改变的能力；也就是说，施事者可被视作依靠对自己的经验的分析，学习自己运行的模式。

"深蓝"在某种程度上具有互动性和自主性，但是缺少适应性，需要依赖编程者改变它运转的规则。（实际上很多人知道，卡斯帕罗夫曾抱怨说，编程者不公平地增加了针对他下棋的风格所设计的特殊规则。）在系统中增加学习的要素可以提高它的适应性。但是，现有的学习算法还远远不够。

当然，下棋不是伦理。伦理更加接近关于人类是什么这一概念的核心意义。人类道德经验的一个核心特征，就是人们经常觉得自己会在自私的行为和利他的行为之间徘徊。人们感受到两个方向的拉力，而这种对立就使自由成为可能——做错的事情和做对的事情的相同的自由。（一些伦理学家甚至认为，如果没有不道德的行动，道德的行动也是不可能的。）

一个确定性系统的道德从何而来？我们从这一部分的开始所引用的控制论学家海因茨·冯·福斯特（Heinz von Foerster）提供的选择中找到了这种可能性。不管你是否认同，现有的机器人不仅仅是伦理规则的被动中转者，它们在现有的道德生态中与其他的施事者进行互动。士兵对扫雷机器人的关心引进了一种新的伦理可能。举个例子，他将如何权衡机器人和其他的生物，比如说狗的生存的轻重。但是这些可能性也会对道德智能体的设计带来影响。比如，我们是在现代科技的范围之内衡量士兵接近机器人并与其互动的倾向性，并用它来估计士兵对机器人是否有保护性的行为。不论把这样的能力编入军用硬件最终是不是个好主意,一个特定任务的目标可能会命令机器人倾向于与那些以友好的方式对它做出反应的人互动。通过这样的方式,人类和机器人之间的关系可以是互惠的。任何在这一互惠的结构中行动的施事者将会面临自己的目标与他人的目标冲突的问题。当所追求的一系列目标可能会对他人造成损害的时候,伦理问题就产生了。一个系统所获得和进行评估的选择越多,冲突出现的可能性就越大。

小孩和大部分动物对自己的行为对他人的利益所造成的影响只有有限的觉察。对于他们来说,因为无法看到相关的选择和后果,伦理行为的范围被大大缩小。不论是通过进化、发展还是社会所得来的,随着认知越来越成熟和复杂,个体之间目标的冲突也被逐渐意识到。这也令个体对其内部目标之间的矛盾的感受性增强。我们认为,一个成熟的道德智能体是一个认识到不同的观点会产生不同的偏好分级的个体。这些不同的偏好可能无法以一个完全中立、独立于任何观点的方式得到解决。施事者对一系列行为的选择可能不会死板地被一个单独的偏好序列所限制。人们能容忍那些与自己的行为准则不一样的人。人工道德智能体的设计,应该与存在于伦理领域之内的自由的程度相适应。

对于冯·福斯特来说,这不仅仅是选择什么的问题,这还是伦理的核心选择的扩张。在丹尼特看来,选择的扩张之所以会出现,是因为"自由进化了"(引用他的书名)。也就是说,进化让人有能力考虑多种选择并预见不同的后果。

选择的扩张不仅是丹尼特讨论人类自由进化的主题,还是道德机器的进化和发展过程中的一个重要的原则。威斯康星大学麦迪逊分校的研究生克里斯·兰(Chris Lang)提出,对于一个基于搜索式学习的计算机来说,选择的扩张可能会使系统像人性化的道德智能体一样行动。他乐观的看法是基于"对策略的合理搜索需要使遇到好点子的速率最大,而这转而又需要其所参与的群体的多样性和互动频率最大"。兰说,这种进路:

> 需要使世界上的自由在总体上最大化,这通常包含保护生命和赋予人以权利——基本上包括我们通常认为符合道德的所有东西。即使"优于"人类,道德机器也不得不重视与人类的互动,因为丧失这样的互动会牵扯到其环境多样性的下降。

我们还得讨论兰关于道德学习机器的观点。但是现在很有趣的一点是可以注意到，他像冯·福斯特一样，认为选择的最大化是道德智能体的关键。

我们已经说过，决定性系统能否被认为是真正的道德智能体的问题，像人是否真的有自由意志一样难以回答。如果你觉得真正的道德智能体的概念包含自由意志这一"神奇"的内涵，没有方法来确认人类拥有它。但是，即使人类没有任何神奇的自由，道德选择如何出现的大部分问题仍然没有变化。最近对于道德和自由之间的关系的讨论指出了人工道德智能体的设计所需要考虑的重要问题。即使在一个决定论的框架之中，伦理仍需要没有固定限度的选择。随着新的施事者进入道德环境，选择扩张，结果多样化。为了在人类道德背景下有好的表现，人工道德智能体将需要能够评估不同选择和考虑不同的估值观点的能力。通过它们的行为，人工道德智能体无疑能反馈到，并因此改变现存的道德生态。但是，希望成熟的人工道德智能体不会以令人惋惜的方式使生态环境畸形，即使人类与它们交往的方式一直超过它们实际的道德能力。也许这种希望会落空。但是，无论与决定论是否相容，道德自由与人工道德智能体的设计是有关的。

理解和意识

像自由意志一样，人类的理解和意识对很多人来说仍有着神秘的吸引力。如同所有试图揭开人类心灵神秘面纱的尝试一样，宣称数字系统可以拥有真正的理解或真实的意识的观点遭到了强烈的反对。人类本身易于把宠物和机器人格化的倾向，导致很难避免在谈论它们的时候，好像它们有像人类理解或人类意识之类的东西一样。但是机器人究竟能有什么样的理解，这对制造人工道德智能体来说是足够的吗？人工道德智能体是否需要意识，一个没有意识的系统能被认为是道德智能体吗？在法律和哲学中，道德智能体能力等同于道德责任。不理解或者没有意识到自己在做什么的个体，比如年幼的儿童，是不会被认为拥有这种能力的。

机器人的权利和义务问题是大多数人初次听闻人工道德就会考虑的。但是，像之前一样，我们在这里更多考虑意识和理解在系统作出伦理判断的能力中的作用的上游问题，而不是人工道德智能体成功制造出后我们应该做什么的下游问题。

理　解

　　塞尔的中文屋是持续的关于机器理解的争论的开始。但是,多数严肃的人工智能研究者已经不再只关注通过图灵测试所需要的对话能力了。机器理解不仅仅需要对话。研究者沿着模仿人类儿童发展的"多种方式"进路来研制机器人。这样的系统同时处理听觉、视觉和触觉,并且它们同时学习行为和语言,因此这些系统所学习的单词"根植"在机器人自己的行为和它观察他人的行为之上。甚至像计算之类的抽象能力,都可以根植在移动周围的物体来形成感性簇丛的能力上。人们最初不是以抽象的算数命题理解"2+2=4"的,而是把它理解为数出两组两个物体的个数的有形的结果,也许甚至通过使用手指来完成。与纸和笔的物理性互动可能会为更抽象的能力奠定基础,例如代数。很多研究者打赌说,当信息处理能力以这样的方式奠基,真正的人类般的理解和机器理解之间的隔阂会不那么重要,也许甚至会变得无关紧要。

　　塞尔在中文屋中设想的分离式、非具身的符号操作令真正的语言理解在实践中无法实现。如果符号之间的所有指涉都是在符号系统之中的,那么它们的意义就完全像词典中的定义一样是循环论证的。当你沿着定义链行进的时候,你经常会被领回到那个当初你想去理解的单词上。真正的认知系统在身体上是置于物理物体和社会施事者的世界之中的。这些系统所使用的单词、概念和符号根植于它们与物体和其他施事者的互动之中。

　　从麻省理工学院的人工智能实验室的主任布鲁克斯(Rodney Brooks)的工作开始,具身认知的理论就对科研和商业中的机器人的研发起到了革命性的影响。布鲁克斯的 iRobot 公司制造了"Roomba"机器人真空吸尘器和 Packbot 军用机器人(三百多个这样的机器人被部署在伊拉克战场上,包括史酷比)。在 20 世纪 80 年代中期,布鲁克斯开始在人工智能实验室研制昆虫机器人。它们能非常顺利地穿过房间,绕开障碍物。

　　比如说,一个有着六条腿的蚂蚁机器人成吉思汗(Genghis)能够越过不同的障碍物。布鲁克斯的天才之处在于给机器人每条腿以独立的控制,而不是使用一个中央处理器来协调全部的活动。因此他制造出非常稳定的机器人,能够适应大范围的推力,越过很多地形。依靠轮子运动的机器人看上去更有稳定性，而当大多数机器人专家都在朝这一方向努力时，成吉思汗用腿来移动并且不会摔倒的能力就是一项令人惊叹的绝技了。通过仔细考虑机器人是如何在身体上具身、嵌入式存在于环境中，布鲁克斯展示了一系列相对简单的局域性处理能够在整体上导致更复杂行为的出现。比如说，在成吉思汗中，一列散布的传感器使每个局域的活动结点对机器人其他部分产生的运动做出反应。不需要精确地传达这些运动，只需要其他节点上的传感器模糊地侦查到这些运动即可。因为当一只腿移动时，其他腿的角度也变化了。

布鲁克斯提出，通过把不同的行为能力分层叠置来制造更加复杂精巧的机器人系统。成吉思汗还能在红外传感器的帮助下跟随人行进。成吉思汗不知道自己在做什么，但是看上去它总能被它遇到的哺乳动物所吸引。它显现出了目标导向的行为。布鲁克斯证明了，在没有中央控制器向整个系统发送指令的情况下，协调的行为也是可以达到的。

布鲁克斯称他的进路为"包容式结构"或者"基于行为的机器人"。他的想法是提供给机器人基本的行为能力，以对环境线索做出反应。因此环境在任一时间内确定哪个包含层次在控制机器人的行为中扮演了核心角色。包容式结构的潜力在于，适应性的行为从执行简单、低级任务的子系统之间的互动中出现。或者说，在复杂的动物中，可能甚至包括人，一批执行特定任务的相对简单的部分可以在整体上呈现出复杂行为和高级认知功能的面貌。

传统观点认为，大脑必须建造外部世界的完整的内部表征——一个包含推理如何行动时所需的全部细节的完整的模型或者模拟。而具身认知理论作为另一种选择的可能出现了。在传统的、更加中央化的认知理论中，大脑对构成世界模型的内部符号做出操作来确定每个行动、每个反应，例如每个肌肉或关节的位置。但是，这样设计出的机器人系统会很脆弱——比如说，在受到突然的推力时，它会在没能准确地更新其内部模型之前就摔倒了。一个生活在自己创造出的模拟现实中的机器人完全比不上能够迅速、连续地对现实本身做出反应的机器人。布鲁克斯曾经这样说过"世界本身就是它最好的表征"。他之前的学生布赖恩·斯卡塞拉提（Brain Scasselati），现为耶鲁大学的机器人专家，开玩笑地说，他和他的同事们追随布鲁克斯的进路，因为"我们太懒，太笨，不能建立"对世界的"成功的模拟"。

然而所有的挑战都能在身体与世界的直接互动中动态地解决吗？从

一方面来说,有足够的证据说明人类的大部分认知是具身的。但显然的是,一个外部世界的内部模型对于计划和预测是有帮助的,它能够在想象中测试不同的行动。对于设计人工道德智能体的目标来说,具身认知和构造外部世界的内部虚拟或想象的模型之间的关系还有许多有待理解的地方。

我们承认,从能够模仿昆虫的行为到更高水平的认知之间还有很长的一段距离,而道德选择判断也包含在其中。但是,认识到具身与嵌入式认知的重要性提供了两个重要的见解:第一,智能体需要的大部分信息可能已经通过它们的移动而嵌入建造在环境中了,使得在内部复制或模拟信息没有必要;也就是说,我们并不总是需要建立世界的精神模型。第二,人以明显的理解对物理和社会环境做出反应的能力很大程度上归功于身体、四肢和感官的结构和设计。这些结构和设计使得人通过少量的考虑或反思,或根本不需要这些过程就能处理大部分反应。

判断和理解的哪些道德的方面取决于具身化,置身于一个有着物体、实体和其他智能体的世界中?对于人类来说,许多道德行为都是关于实时地适应社会环境,以迎合相关团体的变化着的需要、价值和期望的尝试。类似地,人工道德智能体也需要置身于这种关系之中。比如说,社会性的熟练机器人、人和环境中的其他智能体之间的关系会持续进化,他们运转于其中的社会环境也会持续进化。特别是有关人工道德智能体本身,当人类感到它们的行为是值得信任的之后,可以想象的是对其的接受度和自由度也会提高。如果你对家中机器人的行动感到更加舒服和信任,智能系统就应该可以感受到这种舒适,并在不妨碍你的前提下相应地扩展它所做的任务。相反,如果机器人没能恰当地行动,公众就会要求法律和实践在它们的行为上增加新的限制。道德是进化的,人工道德智能体能在活动的很多领域中成为迎接新挑战的积极参与者。

在这个讨论的背景下,"理解"意味着什么?如果它意味着适当、适应性地对社会环境和物理环境做出反应的能力,我们认为,没有任何理由能够证明合适的具身、嵌入式计算机不能有这些反应。已经有工程师在研发"生成式"的人-机接口了——使用者通过全感官的方式参与到其中来,而不是只把互动限制到语言上。随着这样的系统不断增加智能,所有的理解是否仅仅存在于系统的数字编程部分的问题也会越来越无关紧要。

意 识

理解有时会被等同于意识——另一个有着奇妙的含义和一系列使人迷惑的意思的术语。这个术语被用来标识醒着和睡着状态之间的区别，也刻画一系列高级的认知功能，包括注意、计划和经验的能力。意识的特殊状态包括做梦，精神错乱体验，巅峰体验和心流体验。

经验的多样性导致了一个认识论问题。人只能猜测成为一只蝙蝠是什么样的体验，或者一只鸟的感觉是怎样的，就像一个人只能猜测那些对食物或刺激，有与我们显著不同的偏好的人的意识经验的特征。大概电脑所可以或将感受到的，同样超过了人的理解范围。无法获得关于其他种类心灵的知识这一观点，为一些哲学家和科学家提供了足够的理由，使他们甚至怀疑谈论意识究竟有没有意义。

一些人把意识的神秘经验（它的"现象"属性）归因为人类心灵的非物质方面，它根本不在物质世界中。灵魂、精神和超自然物质就是试图捕捉人类意识的精神魔力之外表的宗教术语。一些人认为，意识一定是物质所普遍拥有的属性，甚至沙滩上的沙粒在某种程度上也有意识。在领域的另一端是科学的强硬派，他们反对这种观点，认为它是神秘的巫术。他们认为，如果这个概念有意义，意识必须在关于信息处理、神经网络组织或神经系统的基本神经生理学性质等类似方面是可以理解的。

在这些观点之间的是这样一些研究者，他们认为，不管意识能否完全被客观的信息或神经所解释，它都必须与大脑可观察或可测量的特征紧密相连。因在 DNA 结构领域作出贡献而获得诺贝尔奖的弗朗西斯·克里克（Francis Crick），在其职业生涯的后半段与他的同事克里斯托弗·科克（Cristof Koch）合作研究意识的神经关联性。哲学家从这种研究得出不同的结论。帕特丽夏·丘奇兰德（Patricia Churchlend）主张，随着科学家逐渐理解构成意识的系统，理解意识的难题也会逐渐消失。其他一些人，比如戴维·查尔默斯（David Chalmers）和科林·麦金（Chlin McGinn），认为虽然探究意识与大脑的关联是一件很有科学价值的活动，但是它不能提供对意识体验的现象学解释。这要么像查尔默斯认为的那样，在原则上根本没有一个可能的解释，要么如麦金认为的，因为像狗的认知局限导致它们无法理解微积分一样，人的认知局限也使其无法理解自己的大脑是如何产生意识的。

　　这样的哲学悲观主义并没有阻止其他人追寻对意识的神经和计算解释的脚步。神经元真的是我们寻找对意识的理解的正确地点吗？也许人们会认同约翰·塞尔的观点，即至少在人类的例子中，神经元产生了意识。但是也许通过计算制造人工意识的尝试就像人类最初对飞行的尝试一样，充满了曲折与错误。现在我们都知道，鸟类并不是人类飞行的最好样板（这并不是说人类没有从它们身上学到任何关于飞行的知识）。飞行是一种功能类的属性——无论你怎样去做，只要你能够飞上天并且保持相当长的一段飞行时间。因为它是一种功能属性，飞行可以通过很多不同的材料所构造的一系列不同的系统表现出来。也许意识最重要的属性也应该被理解为功能性的。即使电脑无法以与人类完全相同的方式获得意识，也许它们可以被设计成有着相似的能力。

　　机器意识作为人工智能的子领域一直在发展着。伦敦帝国学院的一名工程学教授伊戈尔·亚历山大（Igor Aleksander）提出，意识的必备条件可以被分解为包含五个领域的公理：对自我的感知，想象，集中的注意力，对未来的计划和感情。它们每个本身又是一系列更低水平的认知技能的复合。在试图建立一个意识系统的过程中，欧文·霍兰德（Owen Holland）和罗德·古德曼（Rod Gadman）从最底端开始并向上进发，给一个具身性的机器人添加一个又一个技能。他们相信，这个过程会最终产生机器人的世界与它自身行为的内部表征，并且其会导致类似意识的现象出现。计算机系统 IDA 的设计者斯坦·富兰克林认为他的设计已经有了意识的特性，并提出，如果一个人工智能体的结构和机制允许其完成许多有意识的人类所能完成的任务，那么它在功能上就是有意识的。（我们会在第十一章继续讨论 IDA。）致力于研究机器意识的机器人专家，例如欧文·霍兰德和默里·沙纳汉（Murray Shanahan），认识到建造拥有能与人类的意识相媲美的意识的系统还有很长的一段路要走。尽管如此，他们还是相信能在功能和现象的双层层面上拥有意识的机器人能够被最终开发出来。

　　时间将会告诉我们，机器意识的领域是否能成功。一些哲学家仍然坚持认为，现象层面的意识需要某些超过仅仅是功能上等同意识的东西，并且永远不能被成功完成与人类意识相关的任务的电脑所达成。但是，这种于可观察的行为上毫无差异的意识的概念与人工道德智能体的发展没有关系。行为在功能上的等同是唯一可能影响到设计人工道德智能体的实践问题的东西。只要有能让计算机更接近人类行为的新想法，就会有进步的希望。在游戏的这个阶段，我们认为在这一点上否认人类的智慧是过早而仓促的。

人工道德智能体尚不能做什么？

　　单纯的思考所得出的机器智能存在不可逾越的局限的论点并非毫无价值，它们甚至可能最终会有正确的结论。但是这一点无法在现在得到判断。同时，这些论点帮助我们把注意力集中到什么是重要的和什么是不重要的问题上去。大多数与我们交谈过的机器人专家，并不认为机器智能有其不可逾越的极限。这一点当然并不令人感到惊讶，因为在这个领域中悲观主义者倾向于被淘汰出局。但是，我们预测在短期内机器人会继续向着靠近人类智能的方向发展，并且也会展示出一定的认知缺陷。尽管如此，但就像我们稍后会谈到的一样，人工智能、人工生命和机器人学的发展现状，足够让我们开始一些有关人工道德智能体的设计的有趣实验，以及其他相关的实验。

　　如果确实有极限，它们的存在仍需得到证明。人类的理性也可能存在极限。比如说，哥德尔在他著名的不完备性定理中证明了，任何在逻辑上足以表征数理推论的自洽的系统会包含其无法证明的真陈述。（阿兰·图灵证明一个类似的局限适用于任何电脑程序。）有时候，据说人类可以超越哥德尔建立的形式化推理的局限，但是我们完全不清楚人类究竟该怎么样去做。也许如果人类知道如何去做，或者他们能够超越形式逻辑的局限，这将提供一个设计能够超越此极限的电脑的工具。此类问题超过了本书的范围，但仍然值得一提。

　　尽管如此，假定在未来的一段时间内，电脑在理解与意识方面比人类的局限性更大是安全的，并且这会影响它们接受细微差别和做出细腻判断的能力。机器理解是否足够支撑起道德智能体仍是个未知的问题。问题在于，需要弄清楚是否存在对于缺少类人理解或者意识的系统的无法获取的与道德相关的信息。比如说，处理他人细微感受的能力，是否依赖于对这些感觉的感同身受或者直觉这些对于电脑来说不可能的东西？

　　人类理解和人类意识是从生物进化和解决具体的挑战中凸突现出来的。它们并不是应对这些挑战的唯一方法。就像一个计算机系统可以在没有感情的情况下表征出感情，计算机系统也能在没有人类理解的情况下以如同能理解符号的方式运转。尽管如此,有关电脑理解或意识的能力的问题显示出,复杂性人工道德智能体的研发不会是简单的事情。

对人工道德智能体的评价

工程比哲学更需要明确的任务说明。但是人工道德智能体的任务是什么?人们对很多行为的道德性有着不同的意见,伦理学家对什么是正确的理论路径也有分歧。

图灵对机器智能的测试是对一个哲学问题的工程学解决:建造一个行为可与已知标准相比较的系统。这个测试有它的缺陷——比如说它仅仅依赖于语言,以及这种情况的类似于游戏的性质。但是,没有人能够成功地提出一个更好的测试。道德图灵测试(MTT)能否在人工道德领域扮演一个相似的角色?科林·艾伦、加里·瓦尔纳(Gary Varner)和贾森·津瑟(Jason Zinser)考虑了这个问题,并且做出了一些重要的考察,我们在这里会对这些研究进行回顾。就像最初的图灵测试一样,任何基于将机器的行为与人类的行为相比较的道德图灵测试,注定远非一个完美的评价工具。但是,思考这个测试的局限能帮助我们确定,对评价人工道德智能体来说什么可能是重要的。

使用道德图灵测试的一个优点是它能越过人们在特定伦理问题上的分歧。如果你与你的邻居在一些道德问题上有不同的意见,比如说为了它们的皮毛而杀死动物是否是可以接受的,在他能为自己的观点提供一些相关的理由的情况下,你仍然会承认他是一个道德自主体。类似地,即使最终得出了与提问者自己的观点不同的结论,也难以将一个参与到道德讨论中的机器与人分辨出来。

这种对道德推断和理由的关注可能是不恰当的。关于理由的重要性伦理理论是有分歧的。康德要求好的自主体为好的理由而行动——换句话说,在康德看来,推理的过程是行为道德性的一个必不可少因素。但是亚里士多德的美德理论,将重点放在了因为好的性格所养成的习惯而导致的正确行为上,而不是理论知识。19 世纪最著名的功利主义者约翰·斯图尔特·密尔(John Stuart Mill)认为,行为的道德性与自主体的动机无关。因此他的功利主义进路突出了行动的影响而非它们的动机或理由。很多人也会反驳康德的观点,认为孩子,甚至小狗,即使无法为自己的行为给出理由，仍然是道德自主体（即便是有限的）。

　　为了应对这些差异，艾伦和他的同事也考虑了一种可供替代的道德图灵测试版本。其中，展示给"提问者"一系列真实道德行为的描述或例子，并且去除掉任何辨认信息。提问者的任务是找出其中的机器。这种方法有时候也会出问题，因为人类的真实行为经常达不到预期的道德水平。在这种情况下人类就可能会被辨认成机器，毕竟人类并不是纯善的。这个担忧表明我们可以问一个不同的问题——不是"你能分辨出哪个是人工道德智能体吗"而是"这些智能体中哪一些比其他的更不道德"。艾伦和他的同事把这种方法称之为对比道德图灵测试（简写为 cMTT），并认为一个成功的人工道德智能体应该始终是更道德的那一个。

　　cMTT 仍存在问题。其一，标准可能仍定得太低，特别是当做出评判的人自身并非美德的典范的时候。并且就像我们提到的一样，通常认为伦理道德是关于人们应该做什么，而不是他们实际上做了什么。所以与真实的人类行为相比较的做法可能是不恰当的。另外，即使一部机器的全部表现中包含了被评判为不道德的行为，它也能通过对比道德图灵测试，只要它的总体表现超过了人类的表现。人们预计并且能容忍人类所犯的道德错误。但是，他们可能不会容忍这样的错误在机器上发生。就像艾伦和他的同事所说的一样，"经过规划考虑后仍对他人造成伤害的决定如果发生在机器上，会比发生在人类身上更不能令人容忍。换句话说，我们很可能期待机器比我们自己做得更好。"

　　牢记人类与机器的几个基本性的差异很重要。人类机体从生物化学环境中进化而来。推理的能力形成于有情绪的大脑。相对而言，人工智能在现阶段是在逻辑平台上建立的。

　　这表明了在应对伦理挑战的时候，电脑可能相比人类大脑而言占据了一些优势。比如说，电脑在应对挑战时能计算出更多的可能性，因此可能得出比人类思考所能得到的更好的选择。人类所做出的决定并不全是理性的，因为人只会考虑一小部分应对方式，并且人们通常会选择第一个他们觉得不错的选项。

　　并且，电脑做出的道德选择从一开始就不会受情感所干扰。因此机器就不会受像暴怒或者性嫉妒这样的情感所劫持。它们也不会有情绪化的固化偏见或变得贪婪——除非工程师选择在机器中加入影响性的机制。在第十章，我们会接着讨论为什么这样的机制对设计人工道德智能体来说可能是有益的。我们在第七章会讨论，像贪婪这样的情感也可能会产生于这种由进化引起的自下而上的发展 AMAs 的进路。不过,如果贪婪计算机系统大批出现的话,它们更可能会对能量、信息而不是威望、权力或性产生贪婪之心。

如果这些因素表明了电脑能够比人类达成更高的目标,那么这些目标的标准从哪里来? 道德理论并不会提供明确而毫不含糊的答案,也不可能将它们轻松地翻译成算法。尽管如此,我们仍相信,把理论应用到实践中的尝试,对伦理学家与对机器人专家一样具有指导性意义。

第五章

哲学家、工程师与人工道德智能体的设计

两种场景

场景 A　想象你是一名伦理学家。你的一位人工智能工程师朋友对你说:"公司让我设计一个行为始终合乎道德规范的机器人。我应该从哪里开始?"在信口说出几个你自己听上去都过分简单的想法,并且没能和你的朋友成功沟通之后,你回答道:"我以后再找你仔细谈谈。"

场景 B　你是一名伦理学家。你听说你的一位人工智能工程师朋友刚获得一笔军事拨款,来为战场上的自动化武器系统设计伦理控制装置。你冲向他的办公室来提供自己的专业意见,但是半路上你的脚步慢了下来,不禁想:"我要从哪里开始说起呢?"

场景 A 是虚构的,甚至可能是一个幻想,因为工程师通常不会收到这样开放性的任务,并且哲学家通常也不是他们第一时间想要咨询的人。但是场景 B 是建立在现实情况中的。

很多专家相信军事机器人可能是最先需要人工道德智能体的地方。美军的未来战斗系统设想在战区中部署的自动车辆。国防部拨发的大量机器人研究资金,用于基础制造研究和软件设计,但佐治亚理工学院的计算机科学家罗纳德·阿金(Ronald Arkin)却获得了一笔研究战地自主作战运输工具的军方拨款。海军不久前也拨款给圣路易斯·奥比斯波市加州理工学院的一个研究小组,来解决自动武器系统周围的伦理问题。

　　当然,一些人认为道德杀人机器本身的道德性就是值得怀疑的。但是不论用途如何,不管它是为了消灭敌对力量还是照顾老人,哲学家与工程师之间总是有着根本性的区别。前者倾向于思考高度抽象的原则,而后者不得不完成实际的设计任务。不过哲学家确实有一些作用。整体性的原则可以指导设计,即使仅靠这一原则并不够。就算场景 A 是虚构的,它提供了一种用以确定可能出现的问题的有效方法,而这种方法可以应用到需要伦理能力的人工智能体的实践中。

　　除了帮助工程师意识到他们的创造物的行为的伦理后果,一个训练有素的伦理学家或哲学家还能为人工道德智能体的设计作出什么贡献? 伦理原则、理论和框架——例如功利主义或康德的绝对律令——在指导设计具有一定程度自主能力的计算机系统中有用吗? 或者伦理学家的贡献主要是强调了挑战的复杂性,而这对工程师毫无帮助?

合作基础

　　在过去的半个世纪里,哲学家和人工智能的关系是复杂的,有热情的拥护者,也有对相信成熟的人工智能即将到来的人所预言的乐观情景做出尖锐批判的人。哲学家们并不是仅仅从旁观者角度加以评论;一些哲学家在发展人工智能的基础理论中也作出了开创性的贡献。具身学习机器人 Cog 的研发顾问丹尼尔·丹尼特(Danil Dennett)甚至提出过"机器人专家就是在做哲学,但他们自己并不这样认为"。在人工智能工程师可能遇到的难题上,反而是对人工智能持批判态度的哲学家,比真正的人工智能支持者更能做出有益的评价。正如人们所说,依然存在一些有关达到"强人工智能"的计算策略的极限的哲学评价。但是,这一点并不妨碍开发具有所谓高度的"功能性道德"系统的"弱人工智能"任务。所以在此章和接下来的四章中,我们将哲学问题放在一边,重点讨论把伦理考量加入现有平台中的方法。

　　你的那位承担着设计道德机器人任务的工程师朋友,会关心应该把什么样的限制置于系统的选择和行为之上。道德理论在定义这类系统的控制结构中扮演了什么样的角色? 另外,工程师必须确定对于一个做出道德抉择的系统来说需要的信息是什么;也就是,为了做出一个合理的决定,系统需要了解什么,并且它需要什么样的输入设备和传感器来获得这样的信息?

　　伦理学家怎样才能提供实际的帮助呢? 一个受过良好训练的伦理学家能够认识到道德困境的复杂性,并且对于任何一种方法所能覆盖的人工道德智能体,面对挑战的广度之不足可能会很敏感。另一方面,伦理学家想让系统对道德考量更敏感,工程师担心这种愿望会给建造可靠、有效和安全的系统的这些原本就够有挑战性的任务增加更多难度,认为对伦理困境的复杂性和难以处理性的理论讨论没有助益。虽然工程师们通常相信每一个问题都会有不同的解决方案,但他们更习惯集中于一个令人满意的解决方法来应对手上的难题。但是伦理学家受的训练就是保持了彼此不同,他们为了尽可能完整地描述难题可能关系到的思考和理论会各持不同的立场。

　　从工程伦理学的领域中借鉴可能会有所帮助。在工程伦理学中,哲学家总是担心如何让工程师理解和接受他们的学科规范。在概述如何教科学家和工程师学会伦理学的方法时,凯斯西储大学的伦理学教授卡洛琳·惠特贝克(Caroline Whitbeck)借用了哲学家斯图亚特·汉普希尔(Stuart Hampshire)对"裁判视角"和"施事者视角"所做的区分。被惠特贝克等同于传统哲学路径的裁判视角把抽象的原则应用于特定的例子中,并且通常把伦理挑战视为两个或更多对立面或对立原则之间的矛盾冲突。这会导致一个强制性的裁判结果——在相互排斥和经常难以令人满意的选项之间选择一个。相反,施事者视角以处于环境之中的行动者的观点处理伦理挑战,行动者必须找到问题的解决方案。工程师习惯于通过案例学习来解决工程难题,而这种方法与汉普希尔的施事者视角更为一致。惠特贝克写道:"伦理或道德难题通常表现为(常常是两个)对立面或对立原则之间的冲突,但更应该将它们理解为一个困境,在这个困境中有很多或者能或者不能同时满足的(伦理)限制。"这显示出伦理挑战应与设计问题相似,并也应以类似的方式对待。

　　当然,并不是所有的伦理挑战都能以这样的方式应对。但对参与设计人工道德智能体的伦理学家而言,把施事者视角记在心中于两个层面上大有益处:首先,施事者视角与工程师理解的问题解决进路很相似;其次,可以将机器人或计算机系统看做是于特定环境中,在伦理限制之下寻找前进或行动方法的头脑简单的施事者。在设计将于伦理限制下运行的计算机系统时,必须把重点放在解决挑战的实际方法上。

　　对于哲学家来说,把重点放在实践上可能过分简化了伦理问题。我们认识到不论伦理理论还是应用伦理学都充满着复杂性。对复杂性的重视能表明让计算机系统更为高级的方式,因而这是有用的。但如果仅仅是为了反对建造人工道德智能体工程的话就没那么有用了。伦理复杂性至少有两个源头:一方面,伦理理论内部关于学科的基础概念的讨论上就有细微差别;另一方面,也有因尝试对现实世界情况做出规范化判断而产生的难题。人类的道德性是一种复杂的活动,涉及很多无法充分学习或难以完全掌握的能力。虽然存在着超越文化差异的人类所共享的价值观,文化与人类个体在他们的道德系统的细节上仍有差异。期望人工智能道德体能立即解决所有的问题是不切实际的,但我们的基本立场是,任何能够提高机器人道德考量的敏感性的进步,无论多么微小,都是在朝着正确的方向迈进。

工程师会很快指出伦理学与科学相去甚远。复杂的价值问题经常在两种情况下出现,即信息不完全和无法预知行动的后果。因此伦理学似乎是一种模糊的学科,它处理人们遇到的一些最令人困惑和非常情绪化的情境。伦理学与科学之间相距遥远。

宣称能将伦理学还原到科学的主张起码是幼稚的。尽管如此,我们相信,提高自主性软件智能体的道德能力的任务会迫使科学家和工程师将伦理抉择分解为它的组成部分,认识到能不能对某种类型的决策进行编程并用机械系统来处理,并学习如何设计认知系统和情感系统能够处理有歧义性和相互冲突的观点。这项工程会要求把人类伦理抉择分析到现在仍然未知的细致水平上。

不同的专家可能会采取不同的办法来解决制造人工道德智能体的难题。对于工程师和计算机科学家来说,一个很自然的进路就是把伦理简单地当做一些额外的限制,就像其他一些需要满足的程序中的限制一样。从这个观点来看,伦理推断就没有什么特殊的了。但是,还是有问题,那些额外的限制应该是什么,它们是否应该是非常具体的(例如,"遵守限速标志")或更抽象些(例如,"永远不要伤害人"),还有,它们是否应被视为永远不能被侵犯的强性限制,还是为了追求其他目标能够灵活调整的弱性限制。制造一个有道德的机器人就变成去发现一系列正确的限制条件和解决冲突的合适方案。开发人工道德智能体的难题因此就被理解为在智能系统的控制结构内寻找执行抽象价值理念的方法。结果就会成为一种"约束性道德",并且只要系统遇到的情况能适用设计者预测的一般性限制条件,它都能以不侵犯他人的方式行动。

这样的限制条件从哪里来？面对这个问题的哲学家可能会推荐一种在软件中编码特定的伦理理论的自上而下进路。这种理论性的知识就可以用来为选择的道德可接受性排位。但是，至于可计算性，哲学家提出的道德准则远难以成为现实，经常会出现互不相容的行动步骤，或者就无法给出任何行动步骤。并且在某些方面，关键性的伦理准则难以计算出来，因为任何行动的后果本质上都是无穷无尽的。

但是如果找不出把伦理理论应用到计算机程序中的方法，人们可能会对这样的理论在人类行为中是否起到了指导性作用感到疑惑。因此，思考机器能做什么、不能做什么，会导致对计算机领域中伦理理论极限的更深层次的思索。从这个角度看，人工道德智能体问题不是关于如何给予它们抽象的理论知识，而是关于如何把在世界中做出正确反应的倾向具身化。这是个道德心理学的问题，而不是道德计算的问题。

面对如何为道德选择给出限制的难题的心理学家，会把目光集中到儿童成熟过程中道德感发展的方式。发展式的进路可能是获得机器道德最可行的方法。但在已知这种过程对于培养有道德的人类的不可靠性的情况下，就会产生对于把这种方法用来训练人工道德智能体的方法是否有效的疑问。心理学家也把目光集中到人们构造现实的方式，意识到自己、他人和他们自身所处的环境，穿越他们日常生活中复杂的道德难题迷宫。这些过程在人类中的复杂性和多样性再次体现了设计人工道德智能体的挑战。

谁的道德或什么样的道德？

当你的工程师朋友走进你的办公室，告诉你他的公司让他设计一个行为合乎道德的机器人时，你可能还会有一种反应。"哪个公司能有权力决定什么是道德的？"你可能会这么想。

建造人工道德智能体的工程面临着棘手的问题。到底采用谁的道德标准？什么样的道德程序？工程师很擅长为具体说明的任务建立系统，但是道德行为并没有清晰的任务说明。对道德标准的讨论可能看起来暗示了有一种可以接受的行为规范，但是人们对于道德是有很大分歧的。对伦理程序的讨论看起来也显示了一种如何把伦理行为程序化的概念，但是算法或成行的软件代码能否有效地演绎伦理知识需要对那种知识都包含什么有着深刻的认识,并且需要知道伦理理论如何与道德行为的认知和感情方面相关联。澄清这些东西,并且以不同的方式思考它们的努力,在人工智能体的背景中呈现了特殊的视角。任何对机器道德的尝试必须评估其将理论转化为计算机程序的可行性。

对各种行为的道德性的分歧——从非法从互联网上下载音乐到堕胎或协助自杀——显示出了确定人造系统行为道德性的标准的困难。受启蒙运动的理念所塑造,康德、边沁、密尔的道德理论认为道德准则应为普世性的。但甚至那些大家有着一致观念的价值观,在特定情境的细节面前也会崩溃。诚实或不说谎,是一种大多数人在相信他们的诚实会导致对他人的不必要的伤害的情况下会置于一旁的美德。如果说谎有净收益,多数人会称赞其正当性。而另一方面,康德认为永远说真话是绝对律令,不论其后果是怎样的。他认为,对别人撒谎会剥夺那个人的自主权,而康德认为自主权是一切道德的基础。

鉴于有关特定价值观、行为和生活方式的道德理念如此之多,也许对于应该用谁的道德理论或什么道德理论到人工智能中去的问题没有一个简单的答案。就像人们有着不同的道德标准,所有计算机程序没有理由必须遵守相同的道德准则。我们可以想象设计出遵守特定宗教传统价值观的道德智能体,也可以想象设计出遵守另一套世俗人文主义价值观的道德智能体。抑或人工道德智能体的伦理代码应该以政治正确的一些标准为模型。机器人大概可以被设计为内化一个国家的法律准则,并且严格遵守国家的法律。对文化多样性人工道德智能体的让步,并不意味着没有普世的价值观,而只是承认了设计人工道德智能体有着不同的路径。不论在人工道德智能体的设计中哪种道德、规范、价值观、法律或准则占了上风,那个系统都必须满足外部确立的标准,即它是否成功地作为一个道德智能体运行着。

自上而下进路和自下而上进路

对伦理的研究通常集中于自上而下的规范、标准和对道德判断的理论进路。从苏格拉底对正义理论的瓦解到康德把道德根植于唯有理性,关于伦理的辩论一般都关注了从对宽泛道德准则的应用到具体的事例。根据这些进路,标准、规范或原则是评价行动道德性的基础。自上而下的道德准则包括从宗教观念和伦理规范到不同文化所特有的价值观和哲学体系，但是在不同的伦理系统中却出现了很多相同的价值观。黄金法则、十诫、印度教的戒与行、善行表和康德的绝对律令都可以视为自上而下的伦理系统。当然，阿西莫夫的机器人三大定律也是自上而下的。

工程师在一种不同的意义上使用"自上而下"这个术语，他们使用一种把任务分解成更简单的子任务的自上而下的分析法来完成挑战。组分被组装成能够独立完成的简单子任务的模块，之后按层级布置模块来完成最初的任务目标。

在我们对机器道德的讨论中，我们把两个在工程学和伦理学中稍许不同的"自上而下"概念组合起来。在这种融合的意义上，对于设计人工道德智能体的自上而下的进路意味着选取一个具体的伦理理论，分析它的计算需求来指导设计能够执行那个理论的算法和子系统。换句话说，自上而下的路径选取一个伦理理论，比如功利主义，分析在计算机程序中实现这个理论的信息和程序上的需要，接着把分析应用到设计子系统和它们互相之间联系的方式上去。

在自下而上获得机器道德的进路中，重点在于创造一个环境能让智能体探索自己的行为方式、去学习，并且在做出道德上值得赞扬的行为时得到奖励。针对自下而上的道德能力习得模型多种多样。童年发展就提供了一个模型。进化提供了另一种自下而上的模型，针对的是那些能满足所匹配标准的智能体的适应、突变和选择。不同于直接定义了什么是道德、什么是不道德的自上而下的理论，在自下而上的进路中任何伦理原则都必须是被发现出来或被建构出来的。

自下而上的进路如果确实使用了一种预先的理论，这样做也只是一种为系统明确任务的手段，而不是找出执行方法或控制结构的方式。在自下而上式的工程中，也可以通过一些行为测量的方式来从理论上确定具体的任务（例如赢得象棋比赛，通过图灵测试，顺利穿越房间等）。工程师可以利用多种试错技术逐渐调整系统的行为，这样它们最终能接近甚至超过最初的行为标准。即使工程师缺少通过最好的方式把任务分解成子任务的理论，同样可以达到很多任务中的高水平表现。在系统已经确定如何完成任务后，对其的分析有时候可以产生一种理论或者对相关子任务的具体明确，但这种分析的结果可能会很出乎意料，并且很可能与预先的理论所推荐的分解的方式完全不同。在伦理学的意义上，自下而上获得道德的方法是把规范化的价值观当做在自主体的活动中隐含的内容，而不是被抽象的理论清楚地表达出来(或甚至是可表达的)。在我们对"自下而上"这一术语的使用中,我们认识到,这可能会提供自主体对自己的道德性和他人的道德性的理解的准确描述,但是我们对于道德是否是一种能被足够普遍的理论所描述的概念的本体论问题仍保持中立意见。

在实践中,工程师和机器人学家通常会同时使用自上而下和自下而上的方法来建构最复杂的系统。通过理论上从上而下的分析指导将组分组装起来以实现特定的功能通常还不够。一般来说,完成项目目标的路线不只一种,并且在对工程结构的分析和对系统的测试之间有着动态的相互作用。系统的故障可能会揭示出对问题的最初分析忽略了次要因素,因此应该调整控制结构,改进软件参数,或者加入新的组分。也可以利用自下而上的自组织技术来促进独立模块的调整与完善。

自上而下与自下而上的二分法对于很多复杂的工程任务来说过于简单化了,设计人工道德智能体的工程任务也没有什么不同。尽管如此,自上而下和自下而上的任务分析概念仍然显示了设计智能体的两种可能的伦理理论。

第六章

自上而下的道德

将道德理论付诸实践

那些想要构造道德机器的工程师需要懂得哪些伦理知识呢？如果问伦理学家这个问题，你或许就开启了一项对各种效果论、道义论和美德论的调查，这是本科生伦理学课程的标准设置。我们不想重复伦理学导论课程，将尝试以工程师或计算机科学家用这些理论能够（或不能够）做什么的视角来展示道德理论。

为什么自上而下的、理论驱动的进路对于AMAs的道德问题会是一个很好的行进方式？答案是，理论许诺了一个全面的解决方案。如果道德原则或规范可以清晰地陈述出来，那么有道德的行动就转变为遵守规范的问题。AMA需要做的就是去计算它的行为是否由规则所允许。

伦理学家认为这条进路对于人类决策来说是不可行的，因为人根本不可能完成所有需要的计算。机器在这一方面也许会做得更好，这也是哲学家们长久以来的梦想。德国哲学家莱布尼茨（Gottfried Wilhelm von Leibniz）于1674年设计了一台计算机器，梦想着更有威力的机器直接进行道德规则运算，从而算出在各种情况下的最佳行动。

尽管从莱布尼茨的时代到现在，人们在计算技术方面取得了极大的进步，但我们认为自上而下的理论可能不足以实现这个梦想。我们将揭示出，执行道德规则向形式决策算法转换的前景是多么暗淡。然而，人们的确是求助于自上而下的规则来给予他们的行为以信息和理由的,AMAs 的设计者们需要捕捉住人类道德的这个层面。

在最一般的意义上,自上而下实现人工道德的进路涉及一套可以转换为算法的一组规则。自上而下道德系统的内容可以源自宗教、哲学、文学等多个方面。这方面的例子有黄金法则、摩西十诫、效果论或功利主义伦理学、康德的道德律令、法律和职业守则,以及阿西莫夫的机器人三定律。

在上述的一些思考方式中,所谓规则列表,只是对于需要明确规定或禁止的所有行为的一种任意集合。这就是道德的"戒律"模式,这种模式不仅在犹太教传统中有其根源,而且也出现在阿西莫夫三定律中。戒律模式面临的挑战是,当规则相互冲突了应该怎么办:存在为了解决冲突而设定的更深层次的原则或规则吗? 阿西莫夫的方法是区分规则的优先次序,这样一来,第一定律总是优先于第二定律;依次地,第二定律总是优先于第三定律。然而,阿西莫夫的前两个定律相互间就足以产生棘手的冲突,这对于机器人专家来说是不幸的(但对于小说家又或许是幸运的)。

为了解决这个冲突难题,一些哲学家已经尝试寻找更为普遍和抽象的原则,从这些原则中或许能推导出更加具体、特殊的原则。另一些哲学家则拒绝这样做。他们认为,不应该设想道德规则会提供一个全面周详的决策程序;但他们承认,自上而下的规则可以起到启发式的作用,有助于指导决策并提供信息给评估专家做出批判性分析。

不论将道德原则视为规则还是启发式,主流道德哲学的很多内容都以诸如人们对机车例子这样的思想实验产生的直觉判断,来检验高度抽象的伦理原则。道德哲学的历史就是一部漫长的探究史,探究伦理学家对于何为道德上的对、错的东西所形成的那些直觉。最为概括性的自上而下道德理论,意在抓住道德判断的这种本质。每当受到检验的自上而下理论根据某个专家的直觉,似乎给出了"错误"答案的时候,该理论就会遭到挑战。这些直觉是普世而有效的吗? 长期以来,文化批评家已经将西方和男性中心的偏见曲解为西方哲学家所推崇的直觉。最近,就这些直觉即使在相同文化背景下是否普遍共享的断言,也已经受到了来自新出现的"实验哲学家"的挑战。

我们别被这个棘手的关于道德直觉的问题转移了话题。我们的关注点在于实现特殊的自上而下理论所要满足的计算方面的需求。它们真的可以成为用算法来执行的明确任务吗? 如果不行,那这对于构建 AMAs 意味着什么? 很少有从计算视角对自上而下理论做出的评估,而我们认为,进行这样评估,其结果有可能揭示出哲学伦理学自身的本质。

许多哲学家认为单从一条普遍原则就可以实现道德推理。在这些哲学家中,在什么是普遍原则的问题上,有两大"主要学派"各执一词,它们就是:功利主义和道义论。

功利主义者主张,道德是为了最终实现世界上"功利"(一种对快乐和福祉的度量)总量的最大化,能使得功利总量最大化的行动就是最好的行动(或是所遵循的最好的具体规则)。因为功利主义者关注行为的结果,所以他们的观点是一种效果论。另一种效果论理论是利己主义,利己主义只考虑行动对个人带来的结果。但是,利己主义并不是一个设计 AMAs 的真正竞争者(也许,甚至对于更一般性的道德理论来说也不是)。因为功利主义似乎是最有希望应用到人工系统中的效果论理论,所以我们重点来讨论它。

在功利主义内部,"行为功利主义"(评估每一个个体的行为)和"规则功利主义"(根据增加功利总量的趋向性来评估行动规则)之间有一个重要的区别。虽然我们的许多观点可以概括为这两种形式,但我们还是先讨论行为功利主义。功利主义的 AMAs 面临繁重的计算需求,因为即使不是全部,也需要算出许多选项的结果,以此来对行动做道德排序。从智能体的视角看,难点在于如何判定不同行为方式的结果,以便得出某种功利测度结果的最大化。对于人工系统的设计者而言,需要解决的问题,是如何建立判定结果及其净效用所必需的机制。

针对道德原则的"主要观点",与此相对立的道德理论则认为,责任是道德的核心。在该理论框架下,个人权利通常被理解为责任的对立面。责任和权利被归入道义论的标题下,这个术语是 19 世纪针对研究义务问题而产生的。一般而言,任何责任或权利的列表都可能遭受与戒律列表相同的内部冲突问题。比如说,说真话的责任可能会和尊重他人隐私的责任相冲突。解决这些问题的一个方法,是将所有显见义务提交给更高的原则。正如康德所相信的那样,所有合理的道德义务都可以从一个单一原则出发,即绝对律令,可以通过这样的规定来保证逻辑的一致性。

对于以道义论的道德进路设计人工智能体来说,知道规则(或知道如何判定规则)、并有办法在一个具体的挑战中运用这些规则是最为关键的。如果一个智能体能够对具体规则的有效性做出连贯反应,那将是令人满意的,但这是一个遥远的梦想。道义论机器人的设计者需要想办法确保,当环境需要应用规则时这些规则能被激活,还要制定一个架构来设法解决规则冲突的情况。

功利主义和道义论的进路各自都提出了非常具体的计算问题,但它们也提出了一个共同的话题,即是否有计算机(或是人,就此问题而言)可以收集并比较所有的对于实时充分应用理论而必要的信息。这个问题对于效果论的进路而言尤为尖锐,因为任何行为的结果在时间或空间上来看必定是无限的。在接下来的一节,通过设问,人工道德的功利主义进路是否需要无所不知的计算机,我们来讨论这个问题。在后面的部分,我们将思考道义论的进路。

关于道德的公开讨论不仅仅与权利(道义)和福利(功)有关,它们还经常关乎美德问题。这第三个道德理论的要素可以追溯到亚里士多德时代,就是今天人们熟知的"美德伦理学"。美德伦理学家不关注仅仅基于结果或者依据权利与责任来评价行为的道德性。相反,美德理论家主张道德上的良善行为出自好的品质的培养,而后者体现在具体美德的实现中。我们将在第八章讨论美德理论在设计 AMAs 方面的应用。

需要一台万能的计算机吗?

人们经常引用 18 世纪英国哲学家杰惹米·边沁(Jeremy Bentham)的观点,认为应当去发展一种"道德算术"。边沁和其他的发展功利主义思想的哲学家,想要把道德建立在一种客观的基础之上,不用去依赖那些缺乏实证基础的责任清单或者关于对错的个人直觉。他们设想了一种评估情境的定量方法——为行为导致的利和弊赋值。定量测量效用就可以考虑一种简单的决策规则:选择可以带来最大总体效益的行为。效益通常等同于幸福,因此功利主义的战斗口号就是"最大数量的人的最大幸福"。

因其量化方面的特点,功利主义似乎为 AMAs 提供了具有独特吸引力的道德理论模式。但真要构建功利主义的 AMAs 将需要哪些东西呢?1995 年,波士顿学院的计算机科学家詹姆斯·吉普斯(James Gips),给出了对于效果论机器人的计算需求的描述,这或许是最早的尝试。他概述了四种必要的能力:

1. 一种描述所处环境的方式。
2. 一种使可能的行动发生的方式。

3. 一种手段可以预测基于当下情境所采取行动因而导致的后果。

4. 一种方法可以依据善或可取性来评估某个情境。

从这个列表到具体算法还有很多很多的工作要做，它也远远不是实际的计算机程序。然而，它为明确相关子任务提供了一个有用的框架。任何在计算机上实现功利主义推理的实际尝试，都需要对每一个子任务制定决策设计。对于情境的描述需要多么完整？计算机应该能够生成多大范围的行动？计算机如何能够对于在时间或空间上相当遥远的境况做出精准的预测？又如何去评估那些不同的境况？

让我们从最后一个问题开始，它也是伦理导论课程的主要内容。人们如何能够合理地将数值分配给像幸福、愉悦、愿望这样的主观事物？边沁（Bentharn）和密尔（Mill）有一个著名的分歧，即一个人玩游戏所获得的快乐，是否与另一个人通过阅读诗歌所获得的快乐等值。当拿动物所体验到的快乐与人所体验到的快乐做比较时，便产生出类似的问题。边沁一贯主张快乐在本质上不存在什么高级形式：玩图钉游戏（push-pin）或者阅读普希金（Pushkin）诗歌的乐趣，猪的快乐或人的快乐——这些快乐都是一样的。有人担心，把所有形式和种类的快乐用某个单一标度去排序是无意义的。有时人们建议，给效用赋值的难题可以借鉴法院、保险公司和自由市场在这个问题上的同样做法：弄清楚个人为获得某种利益或避免具体伤害愿意付出多大的代价。但很多时候，将道德价值与货币价值等同似乎是极不适当的，正如人们通常所说，有些东西是无价的。

这个问题可能会导致陷入关于直觉的论战，我们不期望在这里解决。但如果人们去设定数值，就会引发类似计算问题。积极的一面，如果有为效用设定数值的方法，将效果论应用于计算机上似乎就是唯一适用的方法。事实上，人们或许期待计算机比人更快、更准确地给出对总体效用的评估。从消极一面来看，困难在于构造一个可计算的评估函数，这个函数可以恰当地权衡当下的利益和将来的危害；或是反过来，权衡实际的利弊和潜在的利弊。

为完成吉普斯（Gips）描述的其他几项子任务，必须收集种种信息，一想到这一点，任何关于计算简单性的表象就会消失得无影无踪。

吉普斯的第一个子任务描述的是所处境况。境况的相关要素是什么？根据道德领域的涵盖面，可以包括人、动物，也许甚至整个生态系统（尽管会有不同的权重）。先不考虑其如何设定（另一场关于直觉的论战？），描述所有道德相关主体的境况所需收集的数据规模已是令人难以置信了。英国杰出的哲学家伯纳德·威廉斯（Bernard Williams）想象到，或许需要一位"全知的、仁慈的观察者——就称他做世界主体（world agent）吧——掌握每一个人的喜好并把它们整合起来"。威廉斯的想法是消解这样的主体存在的可能性，即便存在这样的世界主体，它也没有让机器人可以登录的互联网访问地址 URL。

第二个子任务是生成一系列的行动，也要受到与境况相关因素的范围的影响。比如，如果动物的福利不是方程的组成部分，那么生成一次用餐行为的可能结果，就可以不区分吃素还是不吃素。与道德相关的事实的种类越多，关于所考虑选项的编程就需要越加细化。

吉普斯的第三个子任务是评估一个行动对道德实体的扩展影响。任何算法的设计者都必须面对至少两个宽泛的问题：应该计算哪个未来分支？是否应该忽视更长远的未来结果？

至于第一个问题，未来的影响是不可能无限期地去计算遥远的将来的。对满足制定行为决策目标可以产生直接的主要影响的，这些结果的道德价值就应当计算。但每一个行为都有数量不定的次要影响，对于任何试图追踪所有相互作用的程序来说，这可能导致一个占据大量 CPU 时间的计算黑洞。此外，次要影响偶尔也会造成深远的结果——就像混沌理论阐释的著名的蝴蝶效应（一只蝴蝶在中国扇动翅膀就可能影响北美洲几周后的天气）。此处同样有信息不充分时如何计算未来影响的难题。天气预报受同样难题困扰，但这并未阻挡住气象学者致力于更准确地预报结果的前进脚步（当然还有着巨大的提升空间！）。天气预报员使用的一个特别有效的技术，是对几个对等的计算模型的预测进行平均。类似地，"效用预报员"也可以采用多样方法来预测具体行为的结果。

关于第二个问题，俗语"慈善从家里做起"和"放眼全球，立足本地"都表述着这样的思想，即道德行为是基于与附近的人和地点的关系的。适用于空间的也同样适用于时间：在遥远将来的结果通常比更近的结果对人有更弱的影响力。我们暂且不提这在道德上是否属正确的态度。我们只论及，如果给 AMAs 配置自上而下的效果论的原理，从而以道德上可接受的方式来行动，那么对将来及远距离结果打折扣的某种做法就是必需的了。或许折扣的程度可能正好与预测远程事件的不确定性的增长程度是相符的。但并没有一个简单的公式，可以将时间或距离与不确定性相关联——

也许一年以后或 5000 千米之外的地方发生的一些事,会远比某些一周后发生的事或 100 米之外发生的事更可预测。

吉普斯的第四个子任务,是根据某个境况的善或有利因素对其做评估。我们曾经指出过,从不同源头所获取的快乐或满足,是否应该以不同的标准去量度。对于这一点,功利主义者内部是有分歧的。有一种运行方式,就是收集尽可能多的主体效用评级,使用一个度量公式,然后以渐进的方式逐步调整,直到 AMA 的选择和行为看起来符合要求。当然,在实际情况下收集个体的效用评估会非常地困难。

为了避免功利主义的 AMAs 陷入没完没了的计算,我们需要有切实可行的策略来完成吉普斯的这四项子任务。还有一个挑战加剧了终止计算的困难。对可能结果的计算,其自身就是一个耗费时间与资源的行为,或许会因此而产生自身的道德后果。如果你因为花了太长时间来做决定而失去了帮助他人的时机,那这个做决定的过程就不正常了。而功利主义理论可以直接运用于此,正是因为功利主义原则明确规定,当继续计算而不是采取行动对总体效益有负面影响时,计算就应精确地停止在那一点上。但如果没有实际去计算,你又如何知道一个计算是否值得去做?这一明显的悖论,只能通过用别的方式切断计算进程来解决。

人们面临着同样的挑战,而由于这个原因,一些理论家觉得功利主义不是一个特别有效或实用的理论。然而,尽管我们人类显然不是全知全能的,但我们的确是根据福利最大化的意图在设法行事。人们是如何做到这一点的呢?通常实行的就是赫伯·西蒙(Herb Simon)所说的“有限理性”:人们的理性决策中包含着非常有限的考量。西蒙是人工智能的创始人,1982 年诺贝尔经济学奖的获得者。问题是,受到更加严格限制的计算系统,在和人一样权衡信息的时候,是否可以成为胜任的道德智能体。正如痛苦的人类历史提醒我们的,只注重某些偏好,对这些偏好产生错误的评估,或未能理解行为的短期和长期后果,终将招致痛楚与苦难。

西蒙和他的合作者艾伦·纽厄尔(Allen Newell)开创了启发式的运用——函数逼近,或者说“经验法则”——通过 AI 系统简化复杂的搜索。启发式搜索是 IBM 的下棋程序“深蓝”系统成功的关键所在,“深蓝”不需要为了赢棋,而在不确定的未来中搜寻广阔得无法想象的棋子移动空间。相反,它注重使用近似评估方法,来实现其中期目标,即应用经验法则评判棋盘上棋子的某个布局比其他布局更有价值。

或许可以开发道德启发式来起到类似的作用。应用于个体行为的道德启发式,需要对行动的即刻的后果进行排序,排序时要考虑这些后果所产生的与道德有关的次要后果的可能性。比如说,推翻一个外国政府有许多必须接受评估的长期后果,但这一行动并不需要去多么关注新闻记者的工作日程安排所产生的影响。

某种道德启发式可以遵循一些有望增加局部效益的规则。比如说,一个人可能不用分析他的行为的所有可能后果,而仅基于他所处的当地社区团体的利益来进行行为选择。如果结果表明,本地健康人群更有可能参与到更长远形式的慈善活动中,这样的启发式就是全局有利的。但是,一个有效的道德智能体或许能够依靠这一关系而不必去查明。

规则功利主义也可以作为一种启发式进路。规则可以规避计算个体行为的所有结果的需要,前提是,假设遵守这些规则的利益,一般来说大于偶尔做一些不遵循规则或许会更好的事的代价。但是,对于一名以规则功利主义为基础来设计 AMAs 的工程师来说,问题在于这些规则从何而来。最初,这些规则可能是专家所公认并编入系统的。但因为运用这些规则的理由本身也是一种功利的考量(遵循这些规则,比不遵循这些规则要产生更高的总体效益),所以这些规则必须定期地接受再评估。能够进行这样的评估或许也是人们对于一个复杂的 AMAs 的要求。但最初,将规则功利主义进路运用到 AMAs 的设计上的尝试,不太可能从这样复杂的评估能力开始。假设这些规则最初是由专家规定的,那么就可以将规则功利主义作为一种戒律理论,而在这一情况下,就会和其他基于规则设计 AMAs 的进路面对同样的主要计算问题。

机器人的规则

任何关于机器人自上而下道德的讨论都不可忽视阿西莫夫三定律:

1. 机器人不可以伤害人,或者,因为不作为,让任何人受到伤害。
2. 机器人必须遵从人的指令,除非该指令与第一定律相冲突。
3. 机器人必须保护它自己的生存,条件是那样做不和第一、第二定律相冲突。

确立了这三大定律之后,阿西莫夫又增加了一条第四或第零定律(这样命名是因为它取代了另外三条定律):

　　0:机器人不得伤害人类,或者,因为不作为,让人类受到伤害。
其余定律也依此修改以与之一致。

　　当然,阿西莫夫定律是小说中的内容——是为了让十分有趣的故事得以演绎而设计的情节策略。正如我们将解释的,它们像道德哲学一样几乎没有给出什么实践性的指导,而且在算法方面的明确性价值也令人怀疑。尽管如此,它们包含了一个关于 AMAs 的有意义想法,即 AMAs 的行为应遵守不同的标准,而非通常的人类道德准则。

　　阿西莫夫关于机器人遵循的特殊道德准则的想法,与我们前一部分所讨论的功利主义进路形成了鲜明的对比。针对道德评估的目的,效果论者一般不关注特定的行动是为何实施或由谁实施的。但在道义论的观点看来,责任直接来自主体的具体本性,不同种类的主体就会有不同的责任。

　　在电影《机器战警》(Robocop)中,给赛博格机器警察编写了三条指令,这三条指令基本上来自阿西莫夫定律,但更明确了其具体职责:(1)为公众服务;(2)保护无辜者;(3)捍卫法律。《机器战警》中的剧情噱头在于,有一个秘密的第四指令取代了其他指令,这使得机器战警屈从于其公司主人,即便他们是罪犯。在原来的电影中,机器战警中残余的人性可以克服第四指令,但对于一个被编了程序、命令它严格遵守规则的机器人来说,这不大可能。

　　机器战警的秘密指令和阿西莫夫的第二定律,都需要人工智能体成为它们人类主人实质上的奴隶。尽管这可以帮助人们对于机器人的存在更有安全感,但显然,不应该考虑将这种义务普遍应用在有道德敏感性的智能体上。然而,我们并不想在此处为任何特定义务辩护(或是争论对于智能机器来说人类的道德义务应该是什么)。但我们尤其想要多谈谈阿西莫夫的规则,因为许多听说过我们项目的人都在问:"阿西莫夫不是已经解决了那个问题吗?"

　　阿西莫夫的三定律为他和其他科幻作家提供了探究简单的基于义务的道德形式的工具,即便是这种简单的道德形式,其自身也存在问题。阿西莫夫没有对这些定律做直接分析。不过,他通过毕生所写的一系列小说探索了这些定律的可行性。乍一看,这些定律简单明了。但事实上,不论对阿西莫夫还是后来的人,即使这些简单定律想要实现起来也是困难重重。每一条道德原则似乎都存在道德取舍。

　　愚笨的机器人会做一些比如像阻止给病人实施外科手术这样的事吗?

外科医生在病人身上挥舞一把刀,要使机器人明白这不是要去伤害病人,可不是件容易的事。对简单的基于义务的道德性,如果要有完全智能的运用,就需要对情境以及不造成损伤的例外规则有充分的了解。具备这种能力的 AMAs 需要有一个广泛的知识库,以便在不同的情境当中恰当地运用规则,而且这个知识库也需要定期更新。

如果可用的行动方案或许会对人类造成某种伤害,那么机器人应该怎么办? 在小说《骗子!》(Liar)中,阿西莫夫讲述了 Herbie 的故事。Herbie 是一个对人类的心理有敏感性的机器人,在面对一切选择都会给人类带来心理上的痛苦的困境中,最终崩溃了。当然,人类每天都会面对这样的困境。(或是会的,如果人们仔细考虑它们行为的衍生后果的时候!)原则上讲,是 Herbie 崩溃了而不是它对人类造成伤害,这似乎是一种内置的保护措施。但我们随即便会想象这样的情形,居家老人依赖着机器人,机器人系统的崩溃或许会带来更大的伤害。

就不必要的手术干预来说,如果给出的规则列表并不周全,那么 AMAs 就会在未知情况下失败。在真实的情境里,貌似直截了当的规则也会是无法遵循的。如果方案对规则没有进行优先排序,规则之间的冲突就会导致僵局。阿西莫夫将他的规则进行优先排序,以便尽量减少规则之间的冲突,但即便是单独一个规则也会导致僵局,比如说,当两个人给出相互矛盾的命令时,或机器人采取的任何行动(包括不作为)都将给某个人造成伤害的时候。当任一情况都会给人带来伤害,让机器人抉择行动抑或不行动是有效制造悬念的秘诀,但在现实世界中这样的 AMAs 可没什么好处。既然在现实世界中阻止伤害总是不可能的,那么许多情形下所期望的最好结果或许就是危害的最小化了。(人类可以接受机器来做这样的选择吗? 我们将在第十二章回到这个问题。)

阿西莫夫规则,是期望可实现在驯服的奴隶机器上的起码的制约,而并非针对那种有相当大自主行动能力的人工心灵来说的,因为那将是有血有肉的充分的道德性。人们想要在一个计算系统中实现的许多现实中的道德准则,并没有排出优先级,因此遭受到规则间冲突的制约。任何基于义务的 AMAs 都需要可以处理规则冲突情况的软件体系架构。信息技术顾问罗杰·克拉克(Roger Clarke),总结从阿西莫夫的故事中吸取的教训,并指出,工程师很可能会得出这样的结论,对于制造必须依道德行事的机器人来说,规则或定律并非有效的设计策略。

即使有一套完善的、不冲突的规则,不断重复一个或多个规则也会导致不良结果。"盲目地"将规则应用于一个个前后相继的决策中,而不考虑一段时期内的整个过程尤其会这样。同样的现象也存在于政治学者和哲学家都熟知的"投票悖论"中。哲学家菲利普·佩蒂特(Philip Pettit)以一个由三名成员组成的编委会的例子,演示了这一情境,该编委会通过多数票决的方式解决其面临的所有问题。一月份,编委会同意向用户保证,接下来的五年内订阅价格不会上涨。年中的时候,编委会进行另一场投票决定,将文章发给外部评审,由他们决定是否出版任何个人作品。在十二月,编委会成员面临着出版价格昂贵的技术文章的问题。多数人投票支持出版这类文章,但在这一情况下,高昂的出版费用可能会导致违背早期不提高杂志售价的承诺。正如下面的表格所展示的,编委会每一位成员(A,B和C)的投票,单独看起来都有意义,但受"盲目"应用多数票规则的影响,仍然导致了矛盾的结果。

	价格冻结/不涨价	外部评审	技术论文
成员 A	是	否	是
成员 B	否	是	是
成员 C	是	是	否
结　果	是	是	是

　　计算机特别容易受到决策过程中类似的不一致性的影响,而造成这种不一致性的原因,是由于遵循局部一致的程序而不检查累积结果。

　　大家很容易认同,完全自主的道德智能体在遇到伦理困境时不应当受阻。但如果为了解决一个困境,AMAs 以快刀斩乱麻的有效方式行事,却可能给人类带来伤害,人们会赞同吗?有时候必须打破规则,包括民主决策程序。一些伦理系统允许违背规则——因为它们只是对行动的初步约束。为允许 AMAs 在一定限度内违背规则,任何基于规则的进路,都需要对这样做的情况制定非常明确的标准。但任何这样的标准都很有可能产生另外的困境。就像拆东墙补西墙。

　　然而,不论对于研究道德理论的哲学家来说,还是在关于道德的公众讨论中,道义论的道德规则依旧扮演着重要角色。这些规则,从非常明确的到高度抽象的都有,从特定行为的具体规定(比如,"你不可偷窃"),到能够促使正确行事的指导性原则(比如,"己所欲,施于人")。在更具体的一端是圣经十诫、阿西莫夫三定律,以及职业行为规范;在更抽象的一端是黄金法则,它在世界上许多宗教和文化中都有不同版本的表述,以及康德的绝对律令,要求行为动机应当是可普遍化的。

从具体规则到抽象规则,计算道德要面对不同的挑战。具体规则相对容易应用于简单情况,但在更复杂的情形中只提供模糊的指导。如果你的父亲让你去偷窃,尤其是并没有其他获取食物的办法,那么,为了尊重你的父亲,你应该去偷窃吗? 如果不同的人给出相互矛盾的指令,或者,要在两个都会伤害人类的行为中选择,阿西莫夫式的机器人将会怎么做? 责任单列表本身对解决这些含混不清并无助益。尽管阿西莫夫将三条定律明确分出层次,当一条单独的原则就会导致相互矛盾的要求时,这么做也是毫无用处的。抽象规则对于评判这样的冲突似乎是必要的。

位于规则之上的计算首要原则

康德的绝对律令和黄金法则代表了更为抽象的道义论理论。通过说明这种一般性的原则可以在任何情况下运用,尝试来绕开矛盾。绝对律令经过明确的设计以保证逻辑的一致性。因此,这或许使得它特别适合于计算机在逻辑框架下运行。康德写过几个不同版本的绝对律令,但其中的关键思想正如该陈述所说:"只有当你愿意依此准则行事,才令此准则成为普遍规律。"

康德理论的确切含义和应用,在哲学家中存在着争议,建构人工智能道德体的工程师可以摆脱绝对律令吗? 我们认为一个合理的初步想法可以是这样的,机器人在选项中进行选择时,必须检查如果其他类似的智能体在相应情境中以同样方式行事,是否可以达到它们的目标。如此应用命令可以避开康德原意中的一个复杂的问题,即要求一个智能体能够愿意让此准则成为普遍规律。康德的许多追随者会坚决主张,人工智能体根本不能够"愿意"。然而,AMAs 或许可以用绝对律令作为形式工具来检查一条行为指导准则的道德性。运用这一工具时,AMA 需要既明确又充分阐释了的实践理性原则,包括三个要素:目标、智能体提出实现这一目标的方法或行动步骤、关于在何种情况下以这种方式行动能够达成所讨论目标的陈述。给定这三个要素,一台十分强大的计算设备,或许能够运行分析或仿真模型来做出判断,如果其他所有智能体都以同样的准则操作,该目标是否会受阻。比如说,康德自己通过推导出禁止撒谎的命令来阐明绝对律令的应用,他这样推理,如果每个人为实现其目标去撒谎,语言就失去意义,由此撒谎也就不可能了。

尽管人们或许同意谎言太多会破坏信誉,但许多人不认同康德的普遍准则"总说真话",并论证说,在特殊情况下说谎还是适当的。决断出适用于这些情况的自洽准则是个推理难题,归根结蒂要依赖大量的经验知识。任何打算应用康德的推理的 AMAs,会因此而需要比前面提及的目标、行动和情形这些抽象描述更多的东西。它也许还要知道许多关于人类和机器人心理学的东西,以及行动对世界产生的影响。

义务本位的系统主要围绕规则,但应用规则的后果仍然是重要的。毕竟,许多规则是为了避免坏结果而采用的。一些规则甚至由结果给出清晰的说明。比如说,遵循阿西莫夫定律的机器人需要知道的,是它的作为(或不作为)会给人们带来何种程度的伤害,从而判断它是否遵从第一定律。即使康德的绝对律令,也需要智能体去考虑准则是否是自毁性的,这意味着遵循它将导致的结果是会破坏遵循该准则的其他尝试。基于康德绝对命令的 AMA 也必须:(1)认识到其行为的目标;(2)评估其他所有道德智能体,在类似情况下以相同方式来达到相同目标时的行动效果。这通常也会需要决定去做什么,因为(1)和(2)只决定不做什么,除非替代选择是相互排斥的。这一 AMA 也需要有丰富的涉及人类心理学的知识,来圆满完成所有必要的评估。

遵循黄金法则的 AMAs 要能够:(1)注意到其他人的行为对智能体自身的影响,评估该影响(同样在假定情况下),并选择自己的喜好;(2)评估其自身行为在他人情感状态下产生的结果,并判断该结果是否符合自己的喜好;(3)在进行(1)和(2)时考虑个体心理的差异,因为受该行为影响的人可能会对相同待遇有不同反应。后面这一点意味着 AMAs 能够识别和预测人们对其决策所产生的情感反应的变化。预测行为的实际结果则困难到根本不可能。

人们发现,极难辨别究竟是什么样的更为具体的规则或准则,符合诸如绝对命令或黄金法则这样的首要原则。所有力图解决显见义务之间矛盾的一般道义论原则,都面临类似的问题。最终,义务本位进路面对的计算问题与效果论系统面对的计算问题交汇了。

道义论理论要求 AMAs 在具体执行当中要充分理解道义论规则,从而在任何需要道德判断的情境中都能正确推理。如果在所有情况下规则都给出明确的指导,那么对道德理论的适当解释和应用会容易得多。但听起来简单,可又有似乎无法逾越的障碍。为了让规则完全明确,AMAs 使用的所有术语都必须有明确定义。比如说,考虑到康德的绝对律令的中心概念"普适的"一词的模糊性,或者确切指明,对人类来说什么算作危害或损伤的困难,这便不是一项简单任务。然而,即使是模糊概念也可以有一些明确的应用。秃顶不是一个明确的概念,但我们还是可以确定皮卡德船长是秃顶。同样地,一些行为是明确有害的。通过首先关注清楚明白的情形,或许就可能以自上而下的方式捕获到很多普通道德。最终,同样地,AMAs 需要具备以自上而下方式推理伦理案例的能力。

自上而下

在我们看来,总结自上而下进路的局限性可得出结论,为 AMAs 打造一套明确的自上而下的规则是行不通的。并不是每个人都同意这一点,稍后我们将讨论苏珊(Susan)和迈克尔·安德森(Michael Anderson)夫妇关于医疗伦理专家系统 MedEthEx 方面的重要工作,该系统将三个显见义务(尊重自主权、行善和不伤害)组成为一套基于"专家"判断的一致性结构。苏珊·安德森相信,会达成一套一致性的原则,因为她假定专家一般会同意彼此的观点。但是,相同的原则已经在整个医疗伦理中普及,且在无数情况下导致相互矛盾的行动建议。我们认为,AMAs 面临的任务是学会去处理人类道德判断中固有的歧义性,包括即便专家也会持有异议的事实。

如果事情真像我们说的那样模糊,机器怎么能够成功运行? 人在这方面是如何做到的? 人们学会区分法律条文和法律精神。人们把处理生活中的不连贯和复杂性的能力,以及在求知与怀疑之间找到平衡的能力当做实践智慧。智慧来自经验,来自细心的行动和观察,来自认知、情感和反思的整合。(或许正是这些品质促成康德在其绝对律令中包含了人类意志这一角色。)对这样的智慧的需求,意味着人必须让 AMAs 拥有情绪情感的功能和反思推理的功能吗? 有可能的,我们会在第十章讨论这个话题。但首先我们需要讨论"自下而上的"道德进路的长处,这一进路认为道德行为来自于学习和进化。

Chapter **7**

自下而上的发展式进路

演进的道德

人类并非生来就是合格的道德智能体,当然也不是所有人在离世时都能达到这一水平。但或多或少,大多数人都能习得一些礼仪,使他们有资格成为道德智能体社会中一员。

基因进化与学习都有助于我们变成礼貌得体的人。然而,人的本性和后天的培育之间的关系却是相当复杂的,而发育生物学家仅仅才开始理解它到底有多复杂。没有人体细胞、生物体、社会组织还有文化提供的环境,DNA 是没有意义的。任何说人类是由于"基因程控"而变得道德(或因此而神经错乱)的人对基因运作的方式都想得太简单。

基因和环境以某些方式相互作用,这使得我们要么用先天本性、要么用后天习得的视角来讨论孩童道德发展过程或其他的发展过程变得毫无意义。发育生物学家现在知道,这个过程其实应该是先天本性和后天习得两者的共同作用,或先天贯穿于后天习得过程所产生的结果。要提出有关道德进化和发展的完整又科学的解释,还有很长一段路要走。而且即使提出了这样一个解释,又如何将其运用于数字计算机也尚不明确。但是,进化和发展的观点仍将继续在人工道德智能体(AMAs)的设计中发挥重要作用。

人工智能应尝试去模拟孩子的成长,这个想法就和人工智能本身一样历史悠久。在阿兰·图灵1950年发表的"机器能思考吗?"这一经典文章中,他写道:"与其尝试去编写某个程序来模仿成年人的思维,为什么不尝试去编写某个程序去模仿孩子的思维呢?如果随后再接受一种合适的教育过程,我们将因此获取成年人的大脑。"

图灵并没有专门思考机器道德问题,而是在思考计算机器到底能否产生原创性的行为的问题。机器永远不能原创任何东西,这个观点早在一个世纪之前就被埃达·洛夫莱斯(Ada Lovelace)提出来了,她同查尔斯·巴贝奇(Charles Babbage)一起致力于对"分析机"做出详尽的描述,分析机是他们计划造但并未造出来的机械计算装备,被视做现代数字计算机的先驱,最终由于图灵的研究而成为现实。

勒夫蕾斯写道,"分析机说不上能原创什么东西。它能做的仅仅是执行我们的指令。"图灵推论道,如果让一台计算机接受相当于人类的孩童所受的类似教育,"那么我们或许期望,机器终能在所有的纯粹智识领域与人类相匹敌。"大概,这个教育中也包括道德教育。

模拟孩童的心智只是追求智能体设计中的一种策略。在1975年,约翰·霍兰德(John Holland)遗传算法的发明,令人们对进化自适应程序的潜能产生出高度的兴趣。遗传算法已用于许多用途,例如,预测股票市场及破解密码。(维基百科列出了其超过30种的用途。)霍兰德的研究还导致了一种激进的观点,即计算机所营造的生存环境,甚至能进化出一种新的生命种类:人工生命。

人工生命的早期倡导者提出了在虚拟环境中对进化做模拟。他们期望在软件创造的世界里凸现出具备学习能力、复杂行为能力以及心智要素的智能生命体。然而,因为意识到虚拟世界并不能取代现实世界中的挑战及复杂性,机器人学家也运用人工生命技术,以此来帮助他们设计在真实的物理环境中运作的机器人。这也就是现在所谓的进化机器人学领域。

进化算法的优越性可以通过进化机器人学的方式得到说明。根据机器人在真实或虚拟的环境中对一些任务的完成程度,来评估一群初始状态略有不同的机器人的表现。每个机器人都会得到一个衡量其执行所需任务的成功性(适应性)的分数。适应性最高的机器人将用于产生一系列新的机器人,这一行为是通过在某个模仿有性生殖的过程中重新组合自身成分、并引入小而随机的突变来完成的。对新一代的适应性做测量,然后挑选出其中表现最好的用来继续繁殖。这种做法不断重复迭代,终会导致机器人在执行任务技巧方面的进步。迄今为止,进化机器人专家主要专注于机器人学习控制感知运动来执行如步行和漫游房间的任务，但原则上讲，这种技术也可用于进化出具备更高级认知功能的系统。

　　根据人工婴儿和人工生命都为人工道德智能体的生成提供了方法这一点，可以将它们视做"自下而上"进路的例子。在这种方法中，系统设计没有明确依据任何自上而下的伦理学理论。传统工程学进路中的测试和精炼智能系统，也可以视为符合"自下而上"的发展过程。不同进路有不同的优势、劣势和隐性偏见，我们将尝试在本章的其余部分来描述它们。在考虑基于学习的道德发展进路之前，我们将先讨论灵感来自进化的进路。

人工生命和社会价值观的凸现

　　在 1975 年，即霍兰德发明遗传算法的同一年，E. O. 威尔逊（Wilson）提出，社会生物学这门科学可能产生"对道德进化起源的精确解释"。将这两个想法放在一起，促使人们相信人工生命可以产生道德智能体。假如人类社会的基本价值观根植于人类的生物遗传，那么，假定这些价值观会在一个对自然选择过程进行充分模拟的情形中再度出现，也是合情合理的。

　　社会生物学家，包括他们的智识上的后继者——进化心理学家——都致力于去阐述导致价值系统生成的进化条件。这方面工作的主要理论支撑是 1944 年由约翰·冯·诺依曼（John von Neumann）和奥斯卡·摩根斯坦恩（Oskar Morgenstern）引入的博弈论，这是关于理性智能体间竞争与合作的数学理论。博弈论常常与数学家、同时也是 1994 年的诺贝尔奖得主约翰·纳什（John Nash）联系在一起，他的工作生活曾通过一部奥斯卡获奖电影《美丽心灵》（*A Beautiful Mind*）被呈现给大众文化。

　　博弈论中一个主要的思想实验就是"囚徒困境"——两个犯罪同伙，他们每个人都能通过提供不利于其同伙的证据而换得减刑。这笔交易的构成方式是这样的：对于每个同伙来说最理智的办法就是背叛对方，但如果他们相互合作，都保持沉默，他们将一同处于一种更好的境况；而因为两个人都不相信自己的同伙会保持沉默，理性的利己主义将使其选择与警察而非对方合作，最终导致"背叛"双方都陷入不利境地。

　　当两个智能体不断重复着相互对抗时，对囚徒困境之类的博弈的分析会变得格外有趣。重复迭代的博弈游戏，使得各玩家都可以根据对方上一个回合的表现来决定是否在本回合进行合作。在广泛的社会科学范围内，包括从经济学到社会生物学,重复的囚徒困境博弈已经成为研究合作现象出现的基础。

　　重复的囚徒困境博弈确保研究者能分析不同策略并进行比较试验。在20个世纪70年代后期,政治学家罗伯特·阿克塞尔罗德(Robert Axelrod)发起了一项比赛,让不同的策略在迭代的"囚徒困境"博弈中相互比拼。然后,他在计算机模拟中测试各种各样的策略,来看看到底哪个是最成功的。一个非常简单的、通常被称为"以牙还牙"的策略做得非常好。在以牙还牙策略中,玩家首先在第一轮进行合作,然后在依次几轮中玩家都做上一轮其他玩家做的事。如果你想获得优势,那么我也想获得优势;如果你公平地比赛,那么我也公平。以牙还牙策略并不总是最优策略,但这个简单的、有条件合作策略的确在各种各样的情况下都表现良好。我们推测,对于生活在更复杂的社会(这点之后会再说)中的智能体来说,更为成熟的有条件合作策略对于建立相互信任是必不可少的。

　　博弈论引起了进化生物学家约翰·梅纳德·史密斯(John Maynard Smith)和威廉·汉密尔顿(William Hamilton)的注意,他们都发展了该理论在生物学方面的应用。汉密尔顿对社会性昆虫感兴趣,例如工蜂虽然不育,却会以死保证蜂后繁殖。进化适应性方面的逻辑似乎表明,相比于前述的通过放弃生育而放弃某个个体的"适应性","违背"这种安排并生产自己的后裔,似乎是让自己的基因继续存在于基因池的更好策略。

　　许多社会性动物似乎会以牺牲个体适应性为潜在成本去选择互相合作。例如,提醒其他同类捕食者的出现、分享食物、照顾属于其他组织成员的后代,这些都涉及个体成本。鉴于这种合作并不总是为了提供服务的动物的生殖利益的,生物学的重要困惑就在于这种行为是如何演进的。例如,一个动物做某些事来提醒其他同类有捕食者出现了,实际上将捕食者的注意力吸引到了自己身上。而一个保持沉默的动物,则能够利用其他同类的报警而不用担心自己的灭亡。

　　汉密尔顿认识到,博弈论的逻辑可以用来解释单个基因而非整个生物体的进化策略。对基因传承有利的行为并不一定对个体生命体有利。理查德·道金斯(Richard Dawkins)后来在其著作《自私的基因》(*The Selfish Gene*)一书中,普及了这一理论。然而对自私的基因这种观点还是富有争议的。(其中涉及是否真的存在针对合作的基因,或者,谈论作用于单个基因的自然选择是否有意义的问题。)不论怎样,把博弈论应用于解释进化论是社会生物学一个重要的历史性转折点。在阿克斯罗德和汉密尔顿的共同努力下,他们推断,因为合作有时是一种成功的策略,所以能够在生物进化过程中作为其特征之一而显露出来。

彼得·丹尼尔森(Peter Denielson)及其英属哥伦比亚大学应用伦理学中心的同事,把阿克斯罗德的成果进一步推进,他们建造了一个模拟的实验环境,在这里虚拟生命体能够根据群体中其他实体的行为做出变化和调整。丹尼尔森在他的著作《人工道德:虚拟游戏的道德机器人》(*Artifical Morality:Virtuous Robots for Vitual Games*)中,把这样的人工生命模拟称为"道德生态学"(Moral ecologies)。他的模拟生命体可以相互合作,也可以相互背叛,而且其中有些能够储存它们竞争者之前的行为信息,并用这些信息指导自己在不同情况下的合作策略。丹尼尔森的合作者比尔·哈姆斯(Bill Harms),给这些程序(机器人)添加了可在虚拟的计算机模拟世界中来回移动的能力。令哈姆斯和丹尼尔森惊讶的,是这些看似无意识的个体开始组成自己的群体。乐于合作者会和其他乐于合作者结群合作,而不爱合作的"捕猎者"们也会待在一起。在艰苦时期,当资源有限时,捕猎者会灭绝,而合作者反而会拥有竞争的优势。但是有条件的合作者,即自身行动取决于其他个体对待他们的行为的合作者,会继续与其他个体竞争资源,这就导致了不同程度的合作行为的产生。丹尼尔森提出了一个"功能性"道德的概念,在这个概念中,理性就如同博弈论中定义的一样,是智能体成为一个道德智能体的唯一先决条件。尽管他现在批判地看待这些实验结果,但它们当时之于他,是想展示人工生命模拟能导致道德智能体出现的希望。

坦尼森(Tennyson)的名言"自然有着血红的爪牙"(Nature, red in tooth and claw)总是被引来描绘达尔文进化论中为生存而斗争的残酷的非道德特性。道德本身可能出自进化的观点,看起来似乎与自然野蛮形象的描绘相矛盾。然而,如果人类的道德是进化的,那么足够复杂的人工生命体实验也应该能够进化出别的有道德敏感性的智能体。但是,我们还不清楚"足够复杂"在一个人工环境中究竟意味着什么!

进化过程中产生的倾向、特征、能力,不仅仅是个体为了生存和繁衍而努力的产物。它们还是在多物种构成的环境中进行社会互动和成功适应的结果。通常,最成功的是那些成员间懂得彼此合作的物种,并且该物种识别浪费资源的白吃白喝者。完成进化的或者正在进化的智能体所具现化的价值观,出自于在多主体系统中适应、生存和生殖的压力。

人工环境在那些为积累简单资源而竞争的智能体中进行挑选,这样的人工环境中能否产生近似人类道德倾向的东西，还有待观察。如最近的一系列研究显示出，人类（抑或其他动物）为了其自身而重视公平，甚至会通过放弃额外的金钱（或食物）来确保一种相对公平的分配。加州大学欧文分校的逻辑学和自然哲学教授布赖恩·史盖姆斯（Brian Skyrms）在其《社会契约的演变》（*Evolution of the Social Contract*）一书中，描述了博弈论的模拟结果，其中"公平"策略通常都支配更加贪心的策略。然而，一些批评者指出，这样简单的策略和博弈与真实的世界相去甚远。在当前对人类道德进化的条件仍严重缺乏了解的情况下，这一过程似乎很可能是对人类不可控的特性很敏感的。无论是在虚拟的环境中还是物理的环境中进化，AMAs 都很有可能大大有别于从人类进化中产生的道德智能体。

除了要彻底搞清楚环境的困难外，将进化系统调整到人工智能体可以出现的状态的一个主要困难，是如何在不明确道德规范应用标准的情况下，设计出一个适应度函数。"道德最高尚者生存"这一口号强调了确定"道德最高尚"定义的困难。

从虚拟的人工生命环境到物理的具身智能体的转换也不太可能是直截了当的。一个在虚拟环境中进化出道德能力的智能体，其决策过程未必会在现实物理世界中奏效。这一困难由于一个人工生命中总被提及的问题而加剧了。模拟进化实验现在还没能跨过这个门槛，也就是说，让人工生命形态的模式变得足够复杂，目的是清楚展现真实生物体的稳健性。如果不知道如何在虚拟世界中进化出足够复杂的道德体，我们就不可能指望能进化出适应现实物理世界的复杂道德体。

所以，罗德尼·布鲁克斯（Rodney Brooks）注解道，尽管在过去的数十年间人工生命体模拟实验取得了巨大进展，"它们还不能自己达到我们已开始期待的那种生物系统的效果。"托马斯·雷（Thomas Ray）是一位热带生物学家，他设计了一套受到高度关注的数字进化软件程序（Tierra），他承认，"在数字化媒介中的进化还只是个取得了有限成就的过程。"彼得·丹尼尔森（Peter Danielson）也认为，用于进化模拟的颇为简单的博弈设计和人工环境，并不真能反映使现实世界产生价值观、法律及更多东西的复杂环境以及多维场景。

对于虚拟世界进行限制的赞同之声促使丹尼尔森找寻一种完全不同的机器道德研究进路，这点我们会在第九章进行阐释。而其他科学家仍在继续建构更加复杂的虚拟世界，并找寻用来在其中驱动进化过程的更好的测度复杂性的方法。尽管丹尼尔森本人对他对虚拟道德的早期研究方法失去了信心,但对于人工生命中人工道德智能体的进一步研究,还可以尝试在更复杂的虚拟世界提供的更丰富的框架下进化合作的智能体。这仍将很大程度上取决于这些人工智能体在其中交互的环境(包括社会维度)的丰富程度。可是目前阶段,科学家们仿造这些世界的能力还远远不足以捕捉现实世界的复杂性。

一些研究者认为,在真实的人类道德社会中进化出的道德就好比一种"道德语法",或者"道德核心"。一种普遍的人类社会的道德语法的观点于1971 年首次由政治哲学家约翰·罗尔斯(John Rawls)类比于语言的普遍语法而提出,而语言的普遍语法观点是由麻省理工学院的语言学教授诺姆·乔姆斯基(Noam Chomsky)提出的。乔姆斯基提出,人类语言学习之所以成功,就在于人类心理学的内部结构把学习任务限制在人类语言可能存在的几种有限形式下,于是就这样,他改变了语言学和认知科学研究。

近来,通过哈佛大学灵长类教授马克·豪泽(Marc Hauser)的新书《道德心灵》(*Moral Minds*),罗尔斯的思想在人类进化的情境下得到了发展。人工道德智能体的话题超出了豪泽的书的讨论范围,但是,正如乔姆斯基的普遍语法催生了语言学的计算研究方法一样,也许对于道德语法的认知会潜在地有助于建构人工道德智能体。豪泽对于这种道德语法并没有清晰说明,更少有一种建构于其上的计算理论,且无论如何,我们都对他的理论,即人类道德有个进化完全的一般核心存疑。尽管如此,这确实是个值得进一步科学研究的专题。

纳米科学家乔什·斯托尔斯·霍尔(Josh Storrs Hall)在设计道德机器的特殊语境的工作中,对待道德语法或道德核心的观点有些令人玩味。在 2000 年写的早期论文中,他详尽地阐述罗尔斯关于普遍道德语法的观点,而在他最近的著作中,他似乎又放弃了原先支持更一般化的道德核心或道德本能的观点。在他 2007 年《超越 AI:令机器产生良知》(*Beyond AI:Creating the Conscience of the Machine*)一书中,霍尔写道:"第一个好的设计人工道德本能的切入点可能是……'共谋者担保协议'。""共谋"是霍尔给人类即便与博弈论的简单逻辑相悖,也要参与合作的倾向贴的标签。

在某些情况下,我们可以说,合作共谋的倾向是受进化与文明欢迎的。然而,霍尔抱着他乐观主义的信念,更进一步认为进化和竞争的基本逻辑终将导致具备他所谓"超人类道德"的高级道德智能体。他写道,"我们即将创造出我们想要假装可以相等同,但却永远无法真得等同的那种存在。"

霍尔说,这种典范的道德行为,会自然而然地从诸如利己主义、好奇心、信用及长远的战略眼光的核心特质中流露出来——他认为这些特质是在其进化过程中所必然具备的,因此其存在的社会性必然长寿并拥有智慧。他的观点是,未来的人工智能机器(AIs)将相当长寿——实则不朽的——因而它们必须考虑到其行为对自身相当长远的影响,否则将直接承受负面的后果。霍尔写道,最好的结果将是产生"保证不自欺欺人的诚实的 AIs"。

我想大多数读者会同意,上述这些都听起来太美好以至于不像真的。最起码,我们认为它涉及的未来已经远超出我们为建构 AMAs 而刻画的直接实用目的。然而,尽管那是未来的情形,但现在所发生的,到将来超人类的出现,其间会发生什么则是另一回事。半自主进化的机器人不见得比它们生物意义上的对等者强多少。

尽管如此,斯托尔斯·霍尔还是为如何实现属于自下而上进路的人工道德问题作出了有价值的贡献。以他的观点来看,道德行为来自智慧本身的发展进化;因而,人工道德智能体创造者的困难就简化成说明有待实现的智慧的本质的进化问题。

关于道德语法和道德本能的观点,使人注意到人类本性中所谓固定的、不变的那些基本要素。但是生命,尤其是智慧生命,最显著的特征恰恰是其灵活性与适应性。进化出的不是有着固定本质的僵化系统,而是能够发展与学习的适应性系统。事实上,学习能力大概属于动物本性中更为显著卓越的特性,动物因为这些特性而表现出智能行为。如果任何人工机器智能体想要在人类创造的职业中表现出色,那么它就必须是台学习机器。

学习机器

无论是自然进化还是人工建构,人工道德智能体都需有某些能力来习得发觉自身所置身于其中的场所的规范。如果人类的道德观是建立在经验之上,并通过反复的理性试错的话,那么教一个人工的道德智能体如何去做一个道德的智能体的过程,就类似于对小孩的教育过程。至少在特定的发育期,或者可能是整个生命周期,人工道德智能体将需要吸收关于其行为的道德可接受性或不可接受性的反馈。目前,没有任何一种有效的学习机器模型,能够不管在哪里都接近于实际生物学习机理的丰富多样性。这样,我们便意识到图灵理想中像小孩一样的人工智能比想象中的要难很多。

人工智能领域总会与机器学习相关,并且许多学习模型也已经发展出来了。乔姆斯基(Noam Chomsky)的人类语言习得法就示例了一条重要进路,即将学习视为从预先确定的可能性(普遍语法中有明确说明)中找到表征事实的最好方式的问题。另一条进路是把学习者更多地看成是一块白板,不仅要面对找出对事实的合适表达的任务,同时也面对着要找出一种合适的表述机制的任务。传统意义上,人工智能的符号进路趋向于把学习当成是对一套预先确定的概念重新组合起来的过程。最近,更多的联结主义进路不太依赖于事先形成的结构,而是利用人工神经网络的能力,从所接受的输入中,动态地形成自己的分类表。

婴儿是否是带着一套丰富的先天知识来到这个世界,发展心理学家对于这个问题是存在分歧的。有的心理学家相信,婴儿生来就知道关于物体、数字以及有目的性的施事者的某些基本事实。但另外一些人则强烈反对这些观点。尽管人工道德智能体的开发者采用的学习模型都会导向非此即彼的心理学家阵营,但他们不需要直接参与到这些争论中去。鉴于目前对整个流程缺乏了解,最好的态度可能是多元化的,就是要敢于尝试一切可能的事情。

有的认知科学家相信,发展复杂的机器学习就需要考虑到学习者的具身影响。比如,婴儿对于物体的"知识",不管是天生的还是后天习得的,可能并不包括对物体的行为做出描述的一组句子;相反,更可能根植于婴儿自身的物理呈现以及婴儿与世界的关联方式。图灵最初构想孩童式的学习机器,仅仅是基于纯粹的符号处理进路的。而在科学家中,继续探索孩童式智能的梦想的是罗德尼·布鲁克斯原来的两个学生,布赖恩·斯卡塞拉提和辛西娅·布雷齐尔。斯卡塞拉提在 Cog 项目中小试牛刀,这个项目最初是为了研究机器人学习。但是,在设计 Cog 的四肢、视觉系统以及其他硬件部分的时候所遇到的挑战,却大大超出了预想,而且在学习问题的研究取得重大进展之前,Cog 就退休,被放到麻省理工学院的博物馆里去了。斯卡塞拉提和布雷齐尔对机器的孩童式学习能力的下一步研究,来自于他们在 Kismet 机器人项目上的合作成功,但是 Kismet 也退休,被放到麻省理工学院博物馆去了。他们俩现在都在独立研究第二代孩童式的机器人——"莱昂纳多"(Leonardo)(布雷齐尔研制)和"尼科"(Nico)(斯卡塞拉提研制)。硬件和软件上的挑战依然难以对付,虽然正在研究一些基本的社交学习能力——比如说,在心灵理论这部分,正如我们在第十章将要讨论的——但这些研究者距离直接考察道德发展还有很长一段路要走。

为了将机器人系统调整到道德发展阶段,可能需要理解孩童是如何习得道德能力的。很显然,弗洛伊德和皮亚杰为道德发展理论奠定了基础,虽然说他们的理论遭受了很多的批评,但是他们为进一步的讨论提供了起点。在研究道德学习和发展的专业领域中,最杰出的研究者是心理学家劳伦斯·科尔伯格(Lawrence Kohlberg),他采用了皮亚杰的方法,即研究如何通过几个认知的-发展的阶段,孩童们会养成道德能力。科尔伯格在 80 年代是哈佛道德教育中心主任,他说,孩子是在努力克服挑战,而面对挑战,孩子在思想上以及关于对和错的概念上又是受局限的,这就自然而然地使孩子对于道德的理解过渡到下一个更高的阶段。在这个前道德或者前常规的初始阶段,行为可被理解成避免处罚,或者是为了获得想要的东西的方式。在常规阶段,道德首先被认为是人际间的从众,最终被认为是社会契约的一方面——为了维持秩序而必要的法律或者规范。后常规阶段有这样一种特征,它深切关怀着人的福利,这会导致对普遍道德原则的关切。这些后面的阶段需要有抽象的道德推理能力。

科尔伯格的理论受到他的哈佛大学同事卡罗尔·吉利根(Garol Gilligan)的强有力的挑战。她辩护道,科尔伯格过分地强调了推理过程,而没有强调她所关注到的更多的女性价值,即关心别人。尽管二者之间存在分歧,但是科尔伯格和吉利根都相信,孩童的道德发展会经历几个不同的阶段。他们两人中任何一个人对于复制这种阶段的尝试,都能成为逐渐接近人工道德智能体发展的基础。然而,对于用现有的人工智能技术和最先进的计算机建造的机器人而言,显而易见的是,比之吉利根所强调的关心,科尔伯格对于推理的强调提供了更易即时处理的设计。

道德发展领域中的另外一个有争议的问题,是围绕这些心理学家的理论来设计道德教育的程序在何种意义上是明智的。[相似的问题来自于亚里士多德、康德及功利主义者的道德理论和对道德教育持有的更具宗教动机的观点,如威廉·班尼特(William Bennett)就持有这样的观点,他是里根总统时期的教育部长]。当然,很久以前,还没有指导教育的发展理论的时候,数以百万计的孩子也已成长为具有良好道德素养的人了。他们从家庭成员以及邻居那里学到了关于道德的行为模式及观念模式,他们从孩童游戏中学到了公平和互惠,并且他们还通过布道、宗教经典以及如伊索寓言式的道德故事来甄选观念。

然而,基于科尔伯格及其他人成果的、讲授道德推理的模块,在过去的

50 年中,已经进入到了正规教育中。在科尔伯格的观念中,这些道德发展的阶段,很大程度上是建立在评估在一定条件下做道德判断的理性的可行性或限制的基础上的。当孩子们开始意识到过去它们赖以引导的理性的局限时,他们便向道德推理的更高阶段迈进了。也许,这些模块可以调整以训练有着某种正确的逻辑能力的人工系统,尽管我们知道没有人尝试这么做。此外,或许这种尝试在还没有通过道德发展的早期阶段时就失败了。

在孩子发展的早期阶段,奖励和处罚、赞成和反对,对于教给年幼的孩子道德推理而言有着非常重要的作用。尽管我们可以在数字计算机上模拟这些奖励和处罚,但对于这些形式化的模仿是否能像真正的奖励和处罚那样对孩子们直接有效,还是不清楚的。心理学家也许不会赞同用疼痛效力作为教育工具,但是这些暂且不论,我们还不能知道如何在计算机中制造这种效果。常常会有意见认为,这些处罚和奖励可能会用计算机能直接领悟的术语进行传达,例如,通过操纵处理器的速度、信息流或能源供应的方式。但是这些看起来要么是幼稚的,要么是牵强的和未来主义的。然而,即使没有意识上的愉悦或者疼痛,计算机学习机制也能够学到一些基本的道德行为模式。

克里斯多夫·兰(Christopher Lang)考虑了基于学习的人工道德智能体进路的可能性。当兰还是威斯康星大学的哲学研究生时,他就写了一篇文章,指出围绕基于规则的伦理学设计的自上而下系统具有内在的局限性,例如阿西莫夫的三大定律。他认为,任何为规则所约束的系统,将受其行为中注定的僵化刻板折磨。兰代之以一种他最初称为"追求道德"的道德智能体进路。在这个策略中,计算机将通过对理性目标永无止境的追求来学习道德。兰关于学习机器的中心思想围绕着常被称为"爬山"或"贪婪搜索"的算法。这种无止境的学习算法会无休止地寻找越来越好的解决方案。遗传算法是爬山算法,正如它也是各种联结主义的学习技术。

兰非常乐观地认为,学习机器会自然地重视人的愿望和人类的多样性。他认识到,围绕道德追求来设计的机器的唯一局限在于直到系统进化到令人满意的水平,即它能被认定为是一个道德智能体之前,它都将一直保持暂时的不成熟。像乔希·斯托尔斯·霍尔(Josh Storrs Hall)一样,兰的乐观建立在一些在我们看来成问题的观念上,即道德行为在条件合适的时候必然会突现。

因为这些学习系统并不被预先确定的规则所限制,兰称他们为"无偏见的学习机"。然而,他在这种情况下使用"无偏见的"是有些特殊的。在我们看来,这似乎意味着他们不以自上而下的原则为指导。尽管兰暗示这种进路是公正的,但仍有很多途径偏见可以悄悄混进来的——例如,在特定平台的设计中,在爬山算法选择的特定程序或算法中,也在提供给系统的结构和数据的丰富性中。

兰的讨论纯粹是在理论层面。实际的目标搜寻或爬山算法还有待于对道德主体的发展进行彻底的研究[我们将在第九章阐述马塞洛·瓜里尼(Marcello Guarini)关于道德分类的联结主义模型]。因为学习机不再需要程序员去预期每个偶然意外,故它们在除伦理学之外的很多应用中也已相当受欢迎。我们相信,对于有兴趣发展道德智能体的程序员来说,这些技术有很大的前景。

尽管如此,在学习系统中还是有内在固有的危险。认为学习系统会自然地发展出重视人类和人类道德关怀的道德情感这一视角,是一种乐观主义的视角,该视角与关于人工智能所带来的危险的一些更可怕的未来预测形成鲜明对比。我们会在第十二章详细评估这些危险,但如果在这里我们没有提及这样一个前景,即具有学习能力的任何系统可能也会学习错误的事情,甚至可能会破坏或推翻任何内置的限制,那么我们关于学习系统的讨论将是不完整的。

这种危险是IBM"自主计算"网络的策略中固有的,这一网络针对的是降低成本,通过设计硬件和软件来达到能监控系统活动、优化性能及无人工干预的情况下修复缺陷或系统错误的目的。我们面临的挑战,在于设计一个能自我修复或学习的系统,而这个系统又能够不改变主要功能或胡乱修补代码导致意外后果。例如,人们不会想要一个"自我修复"电脑来改变财务交易的实时完成。当系统管理的变量数目增加时,每一个变化的影响就呈指数级增长,于是潜在受害结果的预期便会扩大。

对于这个问题,其中一种解决方式涉及分层体系结构。在分层计算系统中,低级别的标准和协议在功能上与高阶设计功能相分离。为了保持代码的完整性,程序员为个体客户定制的软件很少会篡改共享的、低级别的模块。相反,他们设计出一种额外的包含由个体客户所需的专门定制的软件模块,并保持共享代码不变。出于设计人工智能道德体的目的,核心限制将成为计算机平台中位于基础层面的组成部分,这些基础层不能访问那些计算机学习和修订新信息处理结构的部分。阿西莫夫的策略曾提议将机器人三定律直接内置到"正电子大脑"（positronic brain①）中。当再次认识到阿西莫夫的局限时，又提出了一个问题，即应该将什么样的道德限制条件编码到这些"更深层"的协议当中。本章前面提到过的关于道德语法或道德准则的观点可能为这个问题提供了某种答案。

如果可以在很底部的层级上将那些核心约束编程到计算系统中，那么这些约束条件可能会充当某些类似人类道德良知的东西。在短期内，不太需要担心学习系统会改变这些深层嵌入的限制。然而，就像人类会因为某些目的、欲望和动机而去践踏他们的道德良知，学习计算机也可能会想方设法规避阻碍实现其目标所受的限制。我们将在第十二章回到这个问题。

现有的人工智能系统的初步学习能力远远不及年幼孩子明显表现出的具有丰富适应性的学习技能。如前文所述，人工智能的学习进路也还没有被用在发展道德上。然而，关于学习机潜在危险的上述讨论使我们相信，就近期而言，工程师需要将学习或模拟的进化与更多传统的设计系统中那些自下而上的进路结合起来。

组装模块

当前人们对具有道德敏感性的系统的指望，在很大程度上依然受制于如何设计具备可操作性道德的系统，换句话说，要确保这个人工智能系统按照设计的那样去运行。这种观念基本上是将传统上的工程安全考虑延伸到智能机器的设计思想中，让智能机器能够可靠地执行特定任务，例如，确保一个机器人在不损伤自己、同时也不撞到他人的情况下安全地通过走廊，或者通过机器视觉将人与无生命的物体区别开来，又或者从人的脸部表情中解析出微妙的情绪变化。虽然工程师和计算机科学家的重点在于设计解决相互独立任务的具体方法，但这些任务的累积可能会导致更复杂的活动以及更大的自主性。这也就是我们所谓的"自下而上"的方式，因为这些独立的子系统的发展与调度本身并没有得到任何道德理论的明确指导。相反，人们希望，通过模仿这些子系统的相互作用方式进行实验，可能创造出某种具备合适道德能力的东西。

---

① 阿西莫夫提出的人工智能脑，由铂铱合金制成，无数的正电子即电子的反粒子穿流其间。——译者

　　计算机科学家和机器人专家正在研究各自独立的与人工智能相关的多种技能,这些技能都与道德能力有关系。这些技能是由不同的人工智能进路所提供的——这些进路包括了人工生命、遗传算法、联结主义、学习算法、具身的或包容式结构、进化与后生机器人、联想学习平台,甚至于传统的符号进路人工智能——所有这些进路都具备对具体认知技能或能力建模的优势。

　　子系统和模块将围绕最有效的技术来建立,以实现特定的认知能力和社会机制。然而,当计算机科学家们遵循这样的进路去实验时,就会遭遇到如何将这些相互独立的子系统组装成为一个功能性整体的挑战。其中备受期待的进路是开发机器人在各种不同的子任务之间的动态交互,包括视觉感知、移动、操作和语音理解这些子任务。例如,麻省理工学院媒体实验室认知机器小组的主任德布·罗伊(Deb Roy),就是通过开发有视觉、听觉及能说话的、被称做"雷普利"(Ripley)的机器臂来探究这种交互作用的。雷普利的语音辨识和理解系统是这样得到发展的,在其视野和触摸范围内,执行人发出行动指令,去识别和操纵物体,同时平衡处理自身内部的要求——例如,不允许其伺服电机过热,事实证明这是一个非常现实的机械问题。

　　在罗伊的公开演讲中,他有时将自己的项目置于阿西莫夫三定律的情境当中来讨论。语音处理、物体识别、运动以及复原过程涉及多种子系统,罗伊将它们描述成与相关某定律或某些定律有联系的模块。比如说,很显然,语音理解对于第二定律的实施是多么重要(这样才能服从人类),以及电机冷却对于第三定律的实施是多么重要(这样才能保护自我)。然而,就我们的目的而言,罗伊的演讲中最为明显的一点,就是他缺乏对于阿西莫夫第一定律的充分阐释,以至于第一定律从线退化成了点。换句话说,罗伊还没有想过如何有可能实现第一定律中所隐含的道德能力。如果舍弃了对阿西莫夫定律的必要承认,计算机科学家们将面临如何用一种关于道德行为的实质性的说明来取代阿西莫夫第一定律的挑战。

　　机器人如何可能从独立分散的技能到系统的技能,即能够自主地表达包括道德行为在内的复杂行为,并有能力在新的环境背景下迎接挑战,同时可以与众多其他自主体进行互动?一些科学家希望或假定,独立技能装置的聚合会导致高阶认知功能的突现,这其中包括情绪智力、道德判断和意识的出现。虽然"突现"一词在科学家与哲学家中间广泛使用,但它仍然是一个比较模糊的概念,它暗示着更为复杂的活动会以某种形式从简单过程的集成中协同式地产生出来。一旦集成成功,原本受各自的响应灵活性所限制的不同的模块成分,就可以共同催生出复杂的动态系统,该系统将具有一套应对外部条件和压力的选择和响应方式。自下而上的工程因此是提供了一种动态的道德,来自不同的社会机制的持续反馈便于机器人随着条件的变化做出不同的反应。

　　人类的道德是动态的。尽管人们可能生来就相信自己的父母和其他最接近的照顾者,但是,儿童和成年人都会检验新的关系并随时间的推移试探着去不断深化信任。人类给每段关系投以不同程度的信任,但关于信任度并没有一个简单的公式,也没有一个恒定的方式去判断特定的人会给予新相识的人的信任程度。乔希·斯托尔斯·霍尔认为,人工道德智能体需要一个"共谋者担保协议"以便作为一种道德本能,从动态的人际交往角度来看,这个建议似乎有点过于独断。各种社会机制,包括低风险的合作实验、在具体情况下对他人情绪的读取、预估对方的性格,及关于某人愿为一段关系所承受风险的计算,都为信任的动态决策提供了素材。每一个新的社会交互都有可能改变一段关系中所投入的信任程度。这带给人工智能研究与机器人学的启示是,即使人工道德智能体未能进到对所有关系都起疑的世界中,但在与其他人或计算系统互动的过程中,它们需要具备动态地调整或摸索着去提高信任程度的能力。

　　复杂的自下而上系统,其优势在于它们动态地集成来自不同的社会机制的输入信息的方式;而使用自下而上式结构作为发展人工道德智能体的策略时,其不足之处表现在,我们当前缺乏一种理解,即当环境情况改变时如何确立对不同选择和行动进行评估的目标问题。当直奔某一明确目标时,自下而上系统的建构实施是简易的。当目标是多个的时候,或可用信息既模糊又不完整,要自下而上的工程提供一个明确的行动方针就困难得多得多。不过,这一领域正在不断进步,使其自适应系统可以更有效地处理不同任务间的转换,如在德布·罗伊的工作中就有所体现。

自下而上

　　自下而上式的策略有望产生对人工道德智能体整体设计而言不可或缺的技术和标准,但这些策略相当难以进化或发展。进化和学习的过程中充满着试错——从错误以及失败的策略中学习。即使在计算机系统加速环境中,可以在几秒钟内实现很多代人工智能体的突变和复制,然而,进化和学习却仍然是非常缓慢的过程。

对于一个进化中的人工道德智能体而言,人们尚不清楚什么才是其合适的进化目标。有哪些合适的标准能够决定哪些人工道德智能体可被允许复制和变异?这一目标是如何有效地定义一个自组织系统的?耶鲁大学的本科生机器人专家乔纳森·哈特曼(Jonathan Hartman),在其写给温德尔·瓦拉赫的课程论文中谈到,工程师们可能使用阿西莫夫三定律作为合适的标准。不同于将这些定律作为某种硬性约束而对其自上而下的应用,在一个进化的环境中,"三定律"是作为更加宽松的指导性原则来引导智能系统逐步完善,并最终满足原则要求。进化出的后代以它们完成目标的能力进行评价。这种方法的坏处是,这些定律或许永远不会成为硬性约束条件,这增加了机器人引发伤害的风险;这种方法的好处则是机器人可能与定律进化出一种更加动态的关系,并将这些定律视做灵活的、可适应的指导原则。这些软性约束可能会更好地避免一些,曾促使霍尔、兰及其他作者集体拒斥阿西莫夫定律的困惑和问题。哈特曼的混合式进路将简明的、直观的、自上而下的阿西莫夫定律与动态的灵活性相结合,使得自下而上的发展策略能如此吸引人。

我们注意到,人工道德的自下向上式进路也许缺乏某些保障措施,比如,让系统处于道德理论自上而下的引导之下。自上而下的原则似乎"更安全",尽管其常常意味着很难达到的理想标准,即使对人类来说也是如此,它们还包含着难以落实的计算复杂性,即便不是不可行的。允许人工道德智能体在其学习发展道德推理的过程中不断犯错,那可能是人类负担不起的奢侈。在可控的实验室条件下,为培养人工道德智能体形成基本的、可接受的道德行为水平,去创造一系列学习和进化的条件是可能的。理论上,一旦某一系统达到了这一基本水平,其程序或硬件就可以无限复制。每个以这种方式复制的系统,都需要不断地去学习适应变化及意料之外的情况。但在受保护期间,最初的基本训练和发展不需要让每个人工道德智能体都去重复,这样可以避免每个学习机器都犯幼稚的错误。

自下而上工程的优势在于集合所有模块成分去实现一个目标。然而,只是假设复杂的道德判断能力将从自下而上的工程中产生,这还远远不够,于是就意味着,自上而下的进路提供的分析也将是必要的。乔纳森·哈特曼的想法已经暗示了一种混合式的进路,但同样还有很多别的办法,能将自上而下的道德理论更直接地整合到人工道德智能体之中。如果一个系统的各模块都是精心设计并整合得当的,那么,开放给一个人工道德智能体应对由其环境和社会语境产生的挑战时的选择范围将会扩大。一个有着自上而下能力去评估这些选择的人工道德智能体,将能选择可达到其目标、同时又符合可接受的社会准则的行为。然而,这并非是唯一一种对人工道德智能体设计的混合式进路的构想,我们将在下一章进行说明。

第八章

自上而下式与自下而上式的混合

混合式道德机器人

如果单纯自上而下式或自下而上式都不适合作为人工道德智能体的有效设计进路的话,那么某种混合式进路就有必要了。此外,如前所述,自上而下式与自下而上式的二分法也有些简单化。对于复杂任务,工程师们通常都是从自上而下式的分析开始,去指导自下而上式地组装模块。

在第六章讨论的自上而下式进路,强调显现伦理价值的重要性,它们产生自智能体与其外部世界的关系。自上而下式的原理与责任体现出社群把握一般性指令的需求,以此来判定可接受或不可接受的行为。自上而下式的伦理规约可以增强合作,因为道德行为时常要求遵守这些原则、约束个体的行为与行动自由,以造福社会,而非为了短暂的、以自我为中心的利益。例如,最大化地聚集善的原则,再比如,践履公义的责任,都会趋向于约束个体选择。这些原则和义务就设定了一种情境,在其中,行为人可以拥有相当大的自由去行动,但是其行为应当被限定在道德可嘉的范围之内。在帮助道德智能体辨明模糊的道德直觉方面,自上而下式的原则也发挥着重要作用。

而自下而上的进路在培育智能体的隐含价值观上则更为直接。系统通过自下而上的发展方式所产生出的价值,反映出系统行为的具体的因果决定因素。我们在第七章讨论过来源于进化与机器学习的进路。这些进路产生了这样的系统,它们的行为选择与灵活度在有限的、可用于自反系统或符合刚性规则者的行为范围内得以拓展。这些在进化或学习系统中所接受的伦理规约,趋向于增加系统生存与繁盛的选择与机会。例如,在与智能体群体合作时,虽会限制一些选择,但同时也能扩大机会。

此外,正如我们在第十章中将会讨论到的,一个道德智能体如果能在多数情况下适当地发挥作用,或许需要具身于世界,获得情绪或类似情绪的信息,并且对社会动态与习俗规范有清醒认识。暗含在这些超理性官能(超出推理能力)中的一些与道德相关的输入信号,也可能是一个自下而上式结构的副产品,但这也不能保证。

毫无疑问,自上而下式与自下而上式进路都是处理 AMAs 任务所需要的。但混合进路却引出又一问题,如何弥合不同哲学范式与相异的结构体系。从基因获得的倾向性,通过经验对核心价值的发现,以及学习文化层面所认同的规范,所有这些都影响孩童道德的发展。在成年初期,这些规范或许会被重塑为自上而下式的抽象准则,用以指导个体行为。很有可能,值得称道的 AMAs 设计也要计算系统能够整合不同的输入与影响,包括通过培育内隐价值与丰富的情境评鉴来知会自上而下式的价值观。为了阐释自上而下式与自下而上式的相互作用,我们考虑可否利用联结主义网络来开发具有好的品质特征或美德的计算机系统。

虚拟美德

正如我们在第六章所讨论的,美德理论家并不关注后果或责任,他们首先考虑的是强调了培养品质或良好习惯的重要性。

那么,拥有美德就能够保证有好的行为吗? 在柏拉图对话集《美诺篇》(The Meno)中,苏格拉底认为:因为美德不可能被误用,所以美德能够保证好的行为。如果一个人真的拥有美德,就不可能做出不符合美德的行为。(反之,卑劣的举动也正说明出他确实没有美德!)

那么美德又是什么呢? 柏拉图指出,有四种基本的美德:智慧、勇气、节制与正义。亚里士多德扩展了这四种美德,将它们分为智识的和伦理的两种美德。1600 年后,托马斯·阿奎那(Thomas Aguinas)又提出了神学美德,这又可回溯至圣·保罗(St. Paul),他在写给哥林多教会的第一封信[①]中所提出的美德、信念、希望和慈爱。

正如功利主义者们不会在如何衡量功利上达成一致、道义论者不会在践履何种义务上意见相同一样,美德伦理家们也都不会赞同存在一个所谓美德的标准清单,以便所有道德自主体都应该去以身示范。在1995年法国畅销书《小爱大德——美德浅论》(*A Small Treatise on the Great Vitues*)中,作者安德烈·孔特-斯蓬维尔(André Comte-Sponville)是一位无神论者,他提出了十八种美德,包括礼貌与幽默。其他各种关于美德的分类已经超过100种。此外,对于什么可算做是美德在不同社群也有不同标准,这使得一些理论家认为,美德理论要遵守每个社群特定的价值观,所以在一个多元文化社会中也许会问题重重。暂且忽略上述种种分歧,我们把焦点放在美德伦理的计算可处理性上:能否运用美德作为某种编程工具呢?

在亚里士多德的教诲中可以找到解决此问题的关键,即伦理美德有别于实践智慧与智识美德。亚里士多德认为,智识美德是可教授的,然而获得伦理美德却需要通过习惯养成与实践练习。这就告诉我们,将不同的美德安置在人工道德智能体上可能需要不同的方式。智识美德的可教授性,告诉我们是能够清晰明确地描述规则与原理的。然而,对于伦理美德中的习惯、后天学习、品质的强调,似乎提示我们个体则是通过实践而实现的自下而上式的发现或学习过程。

美德不太可能被齐整地分为自上而下式和自下而上式两条进路。在我们看来,它们是混合式的存在。但是,要是没有去建构混合系统所基于的材料,要想建构是非常困难的,正因为如此,我们着手建构拥有品德的计算机系统时,要么是将美德自上而下式地运行,要么是由某个学习计算机通过发展品德来进行。前一种进路是将美德视为可以编入系统的特性编码;后一种进路,源于对现代"联结主义式"的连接网络与基于美德的伦理系统(尤其是亚里士多德的理论)二者相互融合的认同。联结主义关注的是,通过经历体验与实际案例去发展和训练神经网络,而非为语言与规则所统摄的抽象概念。

---

① 即《哥林多前书》(*Corinthians*)。——译者

美德的自上而下进路

将美德编入计算机系统所碰到的难题,类似于那些基于规则进路所遇到的难题:美德间的冲突、不完善的美德清单,尤其是一些概念界定上的困难。美德影响人们如何审慎行事,以及如何去激励行动,但是在人们的深思熟虑中,几乎看不到有关美德的清晰描述。例如,一位行善的善良人,通常不会说因为自己善良而行善。相反,在谈及行善动机时,却经常会集中在受益者身上,例如"她需要帮助""这会使他振作起来"或者"这会帮他消除痛苦"。上面这个情况,除了揭示出美德理论的复杂性,也表明了不同伦理理论之间的边界也是相当模糊的,比如在上述情形中的功利主义与基于美德伦理学的边界。确实,如果不是与以正确的动机训练自身去行动,以便与产生好的行动结果这样的过程密切结合,很难想象人们如何去发展美德。

执行自上而下式的道德尤其受到一个现实的挑战,即道德本身内含复杂的动机与欲望模式。一种特定的美德——比如说善良——几乎对一个人所涉及的一切行动都会产生影响;那么在机器中的影响就会遍及整个系统。一个人工道德智能体如若要以自上而下的方式来运用道德,那么就需要有相当可观的心理学知识来明辨如何在给定情形下使用。例如,如果当某个行动既可实施道德但又违反道德时,应当如何做决断?设想一下,如果有两个人向你或你的机器人寻求帮助,但是你只能帮助其中一人。对于未得到帮助的另外一个人来说,你的举动就是不友善的。我们会认为不友善是令人难以接受的,可是这时候我们究竟该听从哪一方的请求呢?一个基于美德的人工道德智能体会陷入漫无止境的循环,正如它的道义论同类一样,检查其行动是否与指定的美德相符,然后再反思检查结果,如此循环。

上述这些计算难题也许会得到部分缓解,比如,通过将美德与功能衔接并针对某个 AMA 的具体任务来专门制定美德。美德在古希腊传统中就是与功能紧密联系在一起的。对于每一个城邦公民,培育美德促进公民行使其能力是非常重要的。例如,士兵特别需要勇敢。同样,机器人的美德也许不需要有诸如善这样博大的品质,而需包含在特定任务中涉及给它指定的角色所具有的善的品质。

　　此外,我们认为,使得机器人的美德太过特定也并不正确。美德在遍及广阔特征的领域内都非常稳定,就有了坚强的信任基础。人们认为,如果知道某人在某种情形下是善良的,那么就可以合理地相信他在别的情形下也会是善良的。然而,因为许多例外的出现,这个观点受到了挑战;例如,奥斯卡·辛德勒(Oskar Schindler)冒着巨大危险帮助他人逃离纳粹控制,然而在自己的家庭生活中他却不诚实了。尽管如此,美德时常被假定具有稳定性,因为,如果一个人在某个情形下示范了美德,在其他的同样情形下,就不太可能做出没有美德的行为。这样的稳定性是一个非常吸引人的特征,特别是对于需要面对处理各种各样复杂的、不全都合法的资源信息的压力下要保持“忠诚”的人工道德智能体来说。对人类而言,只要美德的这种稳定性存在,其主要还是源自于情感基础。人们对他人“做正确的事”的信任,源自于共享的道德情感基础。对于人工道德智能体的设计者来说,难就难在如何给一个“冷冰冰的”、无情的机器去设置这样的稳定性。一个有道德的机器人或许需要有它自己的情感,以及根植于情感的目标,例如幸福。或许对于令人赞赏的目标或愿望的人工模拟足以符合有道德的这一标准,但是,只有通过真实的演练、建构基于美德的计算系统,才能发现所有的可能性。

联结主义式的美德

　　亚里士多德在《尼各马可伦理学》(*The Nicomachean Ethics*)一书中提出其美德伦理学之后,又用了许多篇幅去讨论人们如何知道哪些习惯会导向“善”或“幸福”的问题。他一开始就明确提到,不存在精确的规则去追求这一概括性的终点,它仅能为直觉所把握。这个终点从特定细节推演,从手段和目的之间的联系推演,从具体要做的事情与想要实现的目标之间的联系推演。人类通过直觉、归纳与体验获得什么是“好”的答案。例如,通过向好人询问何为“好”,关于“好”的概括性含义就变得清晰起来,而且理想化的个体就获得实践的智慧与道德的卓越。

　　有几位作者已经注意到,联结主义或者说是平行分布处理,与亚里士多德关于人们如何获得美德的讨论有许多相似点。正如吉普斯所言:“伦理学中基于美德的进路,特别是亚里士多德的理论,似乎与 AI 中的现代连接主义进路产生着共鸣。二者似乎都强调即刻的、知觉的与非符号的方式。都强调通过训练而非教授抽象理论来发展道德。"

联结主义是对复杂行为的突现进行建模的策略,通过对每个执行基本任务的简单网络单元进行相互联结来实现建模。联结主义的模型经常被称做人工神经网络,尽管它们忽略了许多重要的生物神经特性,却共享了一些相似的处理能力。联结主义的一个优势是,通过探测到复杂的输入信息中的统计规则,人工神经网络能够学会识别模式或者自然地建构范畴。完成这个工作,能够在无明确指令的情况下,或者没有对概念门类进行编程的网络中实现。

不断增加与改变网络单元间的联系强度,神经网络就得到了训练。这也允许网络能在不同类型的输入与输出之间形成联系。例如,已经训练联结主义网络去将书面文字匹配相关音素,使人工神经网络出声地朗读文本成为可能。通过逐步累积输入信息中的关系数据,网络可以超越训练中的特定案例,从而给出一般性的应答。这样,一个受过训练的网络可以阅读新的字母组合,将新的书面文字与相应的因素进行关联。

1995 年,保罗·丘奇兰德(Paul Churchland)提出仅靠联结主义学习完全可以解释道德认知的发展。丘奇兰德和他的妻子帕特丽夏(Patricia)都是加利福尼亚大学圣迭戈分校的认知科学哲学家。他们结成了强势联盟,将伦理道德置于自然主义基础上,去除了超自然的或者语义学上的抽象概念。帕特丽夏的工作根植于神经科学给出的洞见,她认为需要描述价值如何以进化的方式突现。保罗提出了联结主义学习对于发展道德认知的充分性论题,但远远没有充分阐发,也没有与亚里士多德的伦理学有明确的结合。然而,其他哲学家,诸如美国空军学院的威廉·凯斯毕尔(William Casebeer),指出了在联结主义与亚里士多德美德伦理学之间的吻合,二者都尝试在一个自然化的框架下去充实关于伦理道德如何出现的相关理论。对于凯斯比尔而言,联结主义正是一个合适的针对自然化的伦理学而设计的框架体系,如果以纯粹生物学的用语来判断的话,就是"熟练应对环境需求的认知能力"。

乔纳森·丹西(Jonathan Dancy)也认为联结主义对于道德是尤为合适的,他是道德特殊主义的著名倡导者之一。正如我们所指出的,自上而下的伦理学进路,是建立在找出或表征做道德决断的一般或普遍原理的基础之上的。许多哲学家认为,如果你没有言行一致的普遍应用的道德准则,那么你就不可能是理性的。但并非所有哲学家都赞成这个观点。这种观点被称为伦理学的"特殊论",认为道德原因与范畴具有丰富的情境敏感性——达到如此程度，以至于事实上，那些原理仅仅是给人们提供了异常粗略的引导，教人们如何做出合适的举动。"特殊论"观点是这样的，就像是对于鸟是否会飞没有一般规定，对于杀死另外一个人是否原本就是错的，也一样没有一般规定。容许行为发生的情境细节是异常丰富的，因而不可能将其总结为普遍的道德原则。联结主义的模型适合在缺乏清晰的一般规则的情况下获取对情境敏感的信息，因此联结主义似乎与特殊论很契合。然而，像丘奇兰德一样，丹西也没有给出一个具体模型来建构发展道德认知的神经网络。

指出亚里士多德伦理学和联结主义之间的相似性，以及有可能在一个模拟大脑工作的联结主义模型中产生出品德，这非常有趣并具有建设性。鉴于美德具有情境敏感性，联结主义联合美德理论与特殊主义的威力是非常吸引人的。然而，现有的联结主义系统离将复杂学习任务与道德发展相关联还有很长的距离。在神经网络中实施美德，其困难仍旧很大。

混合式美德伦理

当前的神经网络缺乏处理复杂伦理挑战的鲁棒性，不仅有此困难，联结主义理论也并没有解释神经活动是如何从建立各种类型的无意识到各种类型的有意识的跨越。通常来说，我们期待道德智能体能够既举止合适，又能够为其行为做辩护。很有希望的是，道德判断的公正性与智能体所做公断的现实理性会紧密联系，而不仅仅是事后的虚构。

20世纪90年代，在保罗·丘奇兰德与认知哲学家安迪·克拉克（Andy Clark）之间的对话中，克拉克提出了一个问题，单独靠联结主义学习是否足以解释道德认知的发展。

历史上，关于计算认知科学的成见都是针对个体性的。道德理论却相反，它从一开始就已经关注，将个体视做是更大的社会和政治整体的组成部分。这一尝试所给出的关于道德认知的联合形象，帮助纠正了历史上每一个传统中的偏见。伦理学家们被要求去思考个体的道德理性机理。认知科学家被提醒，道德理性涉及了至关重要的合作性的、人际关系的维度。或许没有哪一方会严格要求另一方提醒它所忽视的维度。但是在实践中，却经常是联合面对问题，在寻求整合的形象中产生进步。

一方面是自下而上的形成个体道德的作用力，另一方面是自上而下的对于个体与群体之间关系的考虑,克拉克的观点是对这两个方面的互补。然而,克拉克与丘奇兰德之间的讨论仍然还是停留在抽象的层面上。我们期待有志向的研究者关注细节,使得联结主义的学习系统结合自上而下式的架构,既能容纳社会和政治考量,又能为道德判断提供理性的说明。在第十一章,我们将讨论自上而下式与自下而上式的混合式平台,这是朝着更为人性化的 AMA 方向的迈进。但是首先,让我们先看看指引计算机系统中做出道德决断的一些基础实验。

Chapter **9**

第九章

超越"雾件"?

初步措施

自主道德智能体就要来了。但是它们来自哪里呢？在这一章,我们描述设计软件使之具有道德的心智能力。当然完全的人工道德智能体仍是"雾件"——一个没有人知道该如何去实现的许诺。但软件设计必须要开始了,而这些工作为这台精神"涡轮机"提供着蒸汽动力,它们又产生进一步的研究。

本章我们将详细讨论设计道德软件的三条一般进路。基于逻辑的进路,它试图提供一个数学上严格的框架来模拟理性智能体的道德推理。基于案例的进路,从道德或不道德的行为实例中探索各种推理或学习道德行为的方式。而多智能体进路,则研究当遵循不同伦理策略的智能体相互作用时都会发生什么。很可能并非仅有这三条进路,但是,在已经开始的实际编码工作中,只采用了这三条进路。

逻辑上的道德

塞尔默·布林斯乔德(Selmer Bringsjord),是伦斯勒理工学院人工智能与推理实验室的主任,他认为逻辑是 AMAs 的最大希望。布林斯乔德相信，人类可以并且也应当要求对机器人的正确性和可信度给出证明。但是为了去证明程序所执行的具体行为在道德上是正确的，就必须依据证据中出现的完全相同的伦理概念来编写程序。（精确的证据可不是魔法，不会从帽子里变出兔子来。）因此，可证明的伦理程序必须包含逻辑运算符来指代相关的伦理事实。布林斯乔德的进路，即用"道义逻辑"来编写程序——描述职责和义务之间关系的逻辑系统。

道义逻辑可以推断出智能体应该让什么发生。这需要一种方法来表征应该出现的情况（用逻辑学家的术语表示就是"运算符"），并需要规则运演陈述以使用新操作符。除了基本的逻辑机械系统，还必须要表征出不同智能体在不同情境下的具体义务。因为不同的理论能指定不同的义务，所以有多少道德理论就有多少道义逻辑。但一旦一组义务已经完全被编码为一种道义逻辑，这种进路就有了这样的优势，即对定理证明方法的透彻理解可以应用于导出公式。

伦斯勒研究组已经实行了一些不同的道义逻辑并且对其使用了软件推理技术。有个例子，机器人需要决定是否关闭生命维持设备（那是我们最糟糕的噩梦），伦斯勒研究组实行了一个简单实用的道义逻辑，并且使用广泛普及的定理证明软件，从而能够生成不同伦理编码的相对适当性的证据，以确保得到所期待的结果。但在另一个例子中，他们发现，当处理一些涉及义务的常识性描述时逻辑会导致矛盾。AMAs 需要能够推断出违反义务之后会发生什么，这似乎是合理的，所以布林斯乔德和同事们认为，必须以某种方式来修正逻辑去处理这个问题。他们正在积极应对这一挑战。

一个严格的、基于逻辑的软件工程进路需要 AMA 设计师预先构想规划一个伦理代码，对于任何人们想要应用 AMA 的情境，这一代码都能保持一致。布林斯乔德承认，对于把人工智能体嵌入到那些即使人类自己也无法说清做出生死决定的相关原则的情境中，这种方法永远也不合适。逻辑确实有它的局限性，而且在布林斯乔德看来，不重视这些局限性去建立AMAs，其代价会造成的未来结果，就像比尔·乔伊（Bill Joy）2000 年在《连线》杂志中写的一篇很有影响力的文章所说的：一个不需要我们的未来。正如布林斯乔德和其同事在他们 2006 年的研究文章中所提出的，"如果我们进入了非道德领域，一切都会结束。"

也许布林斯乔德是正确的，自上而下基于逻辑的进路对于全自动部署来说是唯一可被信任的。然而，其他研究者着眼于自主性较弱的应用和探索可以在不同应用中支持道德推理的编程方法。接下来我们将要介绍三种基于案例的进路,它们使用不同的方法从道德决策的具体案例中进行归纳概括。第一种方法是由苏珊·安德森和迈克尔·安德森提出的医疗伦理专家系统(MedEthEx),我们前面提到过。当责任冲突时,MedEthEx从医学伦理专家对具体案例所做的决策中学习如何权衡相互冲突的责任。由布鲁斯·麦克拉伦(Bruce McLaren)开发的"操作化案例与代码智能检索系统"(SIROCCO)和"实话实说者系统"(Truth-Teller)采用"决疑"推理——通过之前发生的案例来寻找类比推断,而不是使用自上而下的原则来指导决策的进路。第三个例子是马塞洛·瓜里尼的联结主义进路,它执行道德决策概括。

MedEthEx的开发人员开始采用W. D. 罗斯(Ross)的显见义务理论,其专门应用于医疗情境下。他们从罗斯列出的长长的义务清单中采用了三个义务(自主权、有利和不伤害),也被称为生命伦理学原则,而基于这些原则的道德理论叫做"原则论"。一个显见义务可以被另一个否决。例如,医生有着提供最有效治疗的显见义务,但也可能会碰上另一个显见义务,即尊重拒绝治疗的病人的自主权。如何解决这样的冲突? 在纯粹的道义逻辑进路中,将需要提前指定一些更高级的原则,使人们去证明医生应该(或不应该)再次尝试说服病人接受治疗。然而,这些原则并不总是可以提前指明的,即使专家对一些具体案例做出了判断甚至也无法解释判断其背后的推理。

MedEthEx使用的是基于Prolog编程语言的归纳逻辑系统,从医学伦理专家对具体案例做出的判断中推断出一组一致的规则。用来训练系统的案例用数列表示,数列的值从+2到−2,表明每个显见义务在具体情况下被履行或违反的程度。程序根据专家对每一种案例的建议来推断专家如何权衡各种不同的责任,例如,在一对相反行为中进行选择,接受病人的决定还是试图说服病人改变想法。安德森夫妇用针对三个显见义务做编码的案例来测试系统:不伤害(不伤害他人),有利(改善病人健康)和自主权(让病人自己做治疗决定)。用来训练系统的案例中,四个案例是专家达成一致接受病人决定,四个案例是专家建议否决病人决定。随后,安德森夫妇在别的案例中检测MedEthEx所给出的决定。

通过其学习算法,MedEthEx建构了一组条件来描述什么时候一个行动应该优先于另一行动。在这个实验中,程序生成了一系列规则来评估关于患者治疗方案的可能决定。这样的话,例如,接受病人拒绝治疗的决定对维护病人的自主权有积极作用,却在有利原则方面产生负面影响,同时并不涉及危害原则(因为医生没有做任何伤害)。程序生成数字来表征每一责任所允许的遵循程度或违规程度之间的相对差异,程序还采用阈值来确定专家是否愿意违反具体责任以遵从其他责任。

安德森夫妇所采取的进路几乎完全是自上向下式的——基本责任是预先确定的,采用的案例分类也是医学伦理学家所大致同意的。虽然MedEthEx 是从案例中学习,在某种意义上似乎是一种"自下而上"的进路;但是,这些案例是作为高级说明被喂给学习算法的,使用的是自上而下的不同责任概念,这些责任或被遵从或被违反。可以说理论是填鸭式地输入给系统的,而不是系统自身去学习"正确"和"错误"的含义。

尽管看到这种软件扮演了很有用的顾问角色,安德森夫妇也不会声称MedEthEx 适合于临床的自主决策。他们没有谈及我们在第三章讨论过的彼得·卡恩(Peter Kahn)和巴蒂亚·弗里德曼(Batya Friedman)的担忧,后者担心计算机咨询系统很可能会侵蚀原本的看护者的自主权和责任。当然,即使由于这个原因不应该将系统用于临床,但还是可能用于训练的。

安德森夫妇认为,伦理学家对 MedEthEx 还是会很感兴趣的,即使医生最终不使用它。系统生成规则来权衡不同的显见义务,使伦理学家能够明确表达更多的一般原则,否则这些原则在他们的决策实践中很难被辨别。安德森夫妇注意到,在所涵盖的可能案例中,系统"发现"了一个决策原则,或者说使一个决策原则更清晰了。

> 系统所发现的完整一致的决策原则可以表示如下:如果病人的决定不是完全自主的,并且要么违反不伤害原则,要么严重违反有利原则,医疗工作者就应该挑战病人的决定。尽管很清楚,这个规则隐含在伦理学家达成的共识判断中,但我们认为这一原则以前从未明确表述过。

安德森夫妇宣布的目标之一,是将由 MedEthEx 发现的原则纳入机器人的决策程序。他们的最新项目是 EthEl,在其文章"伦理医护智能体"中描述过。EthEl 的任务是提醒老年病人服药。但是什么时候提醒会变成不必要的唠叨? 安德森夫妇认为,EthEl 应该在尊重患者不吃药的意愿和因此可能导致的伤害之间做权衡。EthEl 操作的特定情境引入了时间敏感性元素。病人没有药物治疗的时间越长,潜在的伤害就越可能变为现实。EthEl 的决策程序使用一个基于时间的公式来改变不伤害、有利和尊重自主权这些义务的赋值,这些义务针对不同的可能行为,提醒、保持沉默或通知监督员。例如,在病人拒绝吃药几个小时或几天后,系统就会联系医生。

如何扩展 MedEthEx 和 EthEl 的基础模型来处理更多的义务、案例、多样性以及专家关于"正确"决策的分歧? 鉴于混合系统是通过不断发展而获取相关义务的概念而不是一开始就将那些概念置于系统内,安德森夫妇的一般方法在混合系统中是否能够起到作用? 我们不知道,他们也不知道。然而,他们提出了建构能生成自己的规则的系统来作为他们的下一项研究。

明确案例

当然,最好不要把所有的鸡蛋(软件)放在同一个篮子里。布鲁斯·麦克拉伦的决疑论系统就代表了软件用于道德推理的另一个竞技场。在有些词典里,决疑论(casuistry)的含义是消极的,与谬误推理有关。但在道德和法律领域,这个词是与一个特别的决策进路有关联的,这个进路靠比较新案例和一个或多个旧案例进行决策。新案例的决策基于与旧案例的相似性。这样的决定不需要涉及任何清晰的理论原则——因此决疑论采用了一种自下向上的进路进行道德决策。

麦克拉伦的方法是对过去二十年中的运动的回应,这场运动要求对美国官方认可的所有工程项目进行工程伦理方面的指导。工程师们大体上都对哲学的抽象和虚构的反例没有什么耐心。但是他们对案例研究却非常熟悉。当桥坏了、船沉了或宇宙飞船爆炸,工程师可以从所有可能的角度研究案例,从而确定哪里出了问题。

正是这些案例研究,包括公开分析的 20 世纪 80 年代的"挑战者号爆炸"事件,推动了工程伦理作为一门教学学科而兴起。关于灾难的案例研究表明,通常工程师的失误等同于或者说多于设备出现故障。工程师们经常发现自己处于分裂的忠诚里,在对雇主的义务和概念定义模糊的公共安全义务之间进行权衡。

教工程师功利主义和道义论可能会适得其反,因为哲学家倾向于直奔争论。他们的目标是辨明不同理论之间的分歧。重复我们在第五章的观点，这是以智能体为中心的工程师视角和以判断为中心的哲学家视角的差异。但是对于典型的本科工程师来说，哲学家们对待道德的方法，看起来只不过是选择任何一种理论，让你证明你打算玩一场什么样的游戏。

应用于工程伦理的案例研究方法论强加了一份严格性，迫使工程师识别出建构难题框架的因素，在不同案例中比较这些因素，并评估不同的案例所建议的行动方案。这种方法更注重细节，而不大关心抽象的理论。在许多方面，进路的差异反映了工程学的应用科学和物理学的理论抽象之间的区别。

麦克拉伦已经开发出一种"实话实说者"系统，用于比较两种情况，并概述了它们之间的差异和相似之处。实话实说者系统，顾名思义就是将其范围限制在智能体或者必须或者没必要揭示真相的情境内——例如，一个律师，仅仅只是有时候需要表明自己缺乏处理特定案件的经验。麦克拉伦遵循传统的符号处理进路来表征赞成和反对说出真相的理由，以及表征智能体中牵涉的职业的或个人的关系。于是，比较两个案例就变成了比较原因以及它们之间关系的任务，这个任务是麦克拉伦使用传统机器推理技术完成的。结果是得到这样一个程序，它可以分析所比较的情境，并且描述智能体在新的情况下可能给出的支持或反对说真话的原因。

从人工智能的角度来看，建构难题框架的任务就变成了为机器推理应用于案例寻找一个合适的表征计划。麦克拉伦最初的方法有意跳过了一项艰巨的任务，即将案例的普通英文描述翻译为机器推理所需的形式数据结构。系统里真正的智能在于人工操作员接手案例并表征可能应用于这些情况的原因。仅靠实话实说者是不能够完成的，那只是输入了一个事先加工过的版本。

麦克拉伦清楚地意识到，实话实说者只代表了实现真正的道德推理能力的第一步。他的"操作化案例与代码智能检索系统"（SIROCCO）则是第二步。就像它的前身一样，这个系统也是工程师们尝试基于之前案例指引道德行为的产物。这个系统是基于几十年工程经验而形成的专业守则，并利用了一个超过500个案例的数据库，这些案例都是全国职业工程师学会（NSPE）评估过的。假定评估一个新案例——例如某工程师是否有道德义务将他（她）对于一些潜在危险材料的怀疑告知给她的客户——SIROCCO就从NSPE的道德规范中寻找可能相关的前例和可能相关的线索。

实话实说者系统与SIROCCO系统的整合明显是接下来要做的。一个主要障碍，是目前两个应用并未使用相同的表征方案。匹配实话实说者系统与 SIROCCO 系统的表征案例的方式可能会开辟新的可能性。比如说,计算机就可以自动搜索类似于最初案例的其他案例,并概括出最初案例与其他例子真正相似和不同的方式。据推测,这可能会导致一个最相似案例的优先次序和由这些案例阐释的机器认知图式或规则的前景。

实话实说者系统与 SIROCCO 都是支持决策的工具而不是自主决策者。实话实说者系统帮助用户找到两个案例之间的相关比较;麦克拉伦把 SIROCCO 设想为从案例与规范的数据库中收集相关信息的工具。然而我们可以想象,基于案例的 AMA 不断访问数据库去更新它对于规则的理解,以及在特殊的情况下的应用的未来前景。这样才有可能设计出这种 AMA,其规则或其他约束的应用动态地适应法律判例和新出现的指导方针。

麦克拉伦的 SIROCCO 依靠能够表征案例的相关特征并生成可能相关的前例报告,突出显示 NSPE 规范中可能会相互冲突的元素。这个系统使用了比实话实说者系统和 MedEthEx 更加复杂的表征语言,但是仍属于传统的 AI 符号处理进路。尽管普遍认为这种进路有局限性,但我们认为,麦克拉伦的项目值得称赞。为道德案例设计一个适当的表征方案,使其包含机器运行道德维度上的推理所需的信息,这是一项非比寻常的任务。不论它最终是否会导致高级的道德推理者,我们都将从未来的尝试中学习去建构这个模型。

从案例中隐性学习

正如我们在第八章中所讨论的,有几位哲学家认为,学习和分类的联结主义进路与道德决策不适宜整齐划一的定义这一思想尤为契合。其中一位哲学家就是道德特殊论的重要推动者之一,乔纳森·丹西(Jonathan Dancy)。不过,他没有开发任何具体的模型。

最近,加拿大安大略省温莎大学的一位哲学家马塞洛·瓜里尼(Marcello Guarini)回应了丹西的建议,并直接尝试了联结主义模型。瓜里尼用递归神经网络来做道德分类,这个网络是通过反馈联结来关联输入与内部情境的。这个基本网络的输出是一个对输入的简单分类——要么是"可接受的",要么是"不可接受的",如"吉尔为了赚钱杀了杰克"或"吉尔为了保护无辜的人杀死了杰克"。这些输入表征为 0 和 1 的编码向量,而不是完整的英语陈述，输出同样也是二进制的 1 或 0。用简单样本训练并改善这个基本网络后，瓜里尼测试了它概括出新的输入的能力，将其输出结果与学生对输入内容的语言描述的反应调查结果进行对比。这个系统最终达到 70％的成功率。

　　瓜里尼希望扩展该进路，于是使用了第二个网络，他称之为 Metanet，这个网络的任务是识别"对比案例"——也就是基础分类任务所生成的只有一个不同输入特征的两个案例。例如，两个在别的方面完全相同的行为，可能只在受伤害的无辜旁观者人数上有差异。当结果对一方可以接受而对另一方不可接受时，对比案例对道德决策就可以提供许多信息。瓜里尼希望 Metanet 能够利用这些案例去改善最初的分类。然而，Metanet 在识别这样的案例方面的成功有限。瓜里尼评价说，这个工作已经混有了哲学上关于特殊论的争论结果。一方面，基本网络分类器确实并没有咨询道德规则或原则，因此似乎是支持特殊论的观点。另一方面，这并不意味着没有描述其行为的原则。此外，识别和改善所使用的原则，可能是复杂道德推理的一个重要组成部分。瓜里尼还说，他的网络不能解释分类的原因，不能产生道德论证或想出解决新问题的创新性方案。

　　瓜里尼十分清楚地知道，他的联结主义模型能力有限。他的目标更多地在于哲学而不是实践：检验道德特殊论的思想。然而在这里，比起哲学我们更强调实践。联结主义进路在 AMAs 的发展中能起到作用吗？几乎是可以肯定的，但不是以简单的、独立运行的分类器的形式。关乎人类道德行为的数据模式远远大于 12 比特的向量，远远不是对复杂道德情况剥离了语词描述的简单表征了。相反，人类自主体的内在情境包括情绪和别的感情。像瓜里尼所做的实验，通过展示简单联结主义进路对于道德分类的局限性有助于阐明这些问题，但最终还是需要一个更丰富的架构，也许会沿着学习智能分配代理模型这一路线。我们将在第十一章讨论这个问题。

　　除了需要更丰富的内部模型，我们在这一章提到的所有已实施的系统，都忽略了道德行为的大部分外部社会因素。可以说，道德源自多智能体的互动，它们必须平衡自己的需求与他人的竞争性需求。接下来，我们会着手于多主体系统的实现。

多机器人

最早的一些人工道德实验是基于博弈论的,参与实验的智能体在简化的人工世界中互相竞争。在第七章,我们介绍了彼得·丹尼尔森(Peter Danielson)关于人工生命的早期实验"虚拟游戏的道德机器人",由他所激起的这些实验在向更复杂的现实环境转变。

丹尼尔森最近的兴趣在于真实世界的环境,他采取了两个不同的途径。其中一个是实验真实机器人的新生项目,另一个是致力于开发一种能够支持社交网络的软件。丹尼尔森的"规范演变应对困境"(NERD)项目主要是使用软件来帮助人们在民主协商中解决道德问题,而不是作为一个不偏不倚的法官或仲裁者。NERD项目试图揭示来自不同背景的人持有的各种道德观点(而不是形成大多数哲学争论焦点的极端观点)。丹尼尔森认为,从他的项目中得到的三条经验或许可以为自主道德智能体的设计提供素材。第一,AMAs需要能够控制各式各样的交互器(如他所说的,"孩子、猫、多管闲事的人、坏人")之间的礼尚往来。第二,没有一个放之四海而皆准的道德智能体,但各种不同的智能体扮演不同的角色、适应不同的环境。第三,人们和人工智能体需要先进的工具来帮助他们在复杂的世界看到道德行为的后果。

丹尼尔森的进路侧重于伦理的社会本质。虽然他还没有开发出现实世界机器人方面的研究计划,但是很明显是要走向社会化机器人的。在下一章,我们将讨论致力于使机器人善于社交的研究,但是我们知道,还没有人在建构心里明确装着道德行为的社会化机器人。机器人足球锦标赛是一个可以用来在社会情境下测验道德行为的场所,在这里,来自世界各地的机器人团队相互对抗。事实上,都柏林大学学院的格雷戈里·奥黑尔(Gregory O'Hare)小组的研究生已经使用足球机器人作为他们选择系统的平台,包括莫罗·德拉根(Mauro Dragone)的"总有机器人足球"(robot soccer anywhere)和布莱恩·达菲(Brian Duffg)的"社交机器人架构"以及其他系统。达菲的架构将罗德尼·布鲁克斯式的包容式机理和基于表征的推理机制相结合,该推理机制采用了标准的"信念—愿望—意图"(BDI)智能体模型。这些模型是基本常识表征,表征了推理智能体的信念和欲望如何与他们的意图相互作用从而来完成实践目标。我们认为,结合BDI和包容式结构看起来对合并自下而上以及自上而下进路来设计 AMAs 非常有用。要使踢足球的机器人能够表现出道德的行为、识别并奖励公平竞争，或惩罚不公平的比赛，还有很长一段路要走。但是针对这些问题的研究看起来已经开始落实了。

虚拟环境方面的实例有流行网站"第二人生"，它也是实验 AMAs 的可能场所。在虚拟世界"第二人生"中，一个虚拟角色被另一个角色强奸不仅给用户敲响了警钟，也暴露了其自身的道德问题，这显然超出了屏幕世界，并吸引了比利时法院的注意。随着虚拟世界的发展，虚拟主体十有八九将有望去监控自己的行为，而且"第二人生"似乎是一个有助于对道德敏感机器人做实验的平台。然而为了符合我们这一章的目标——超越"雾件"，我们只是顺便提一下这些可能性。

不服从的机器人

马赛厄其·朔伊茨（Matthias Scheutz）是印第安纳大学的机器人专家，他已经开始从事机器人道德行为研究。朔伊茨的机器人没有安卓特征，它们看起来不可爱，也不讨人喜欢。它们不会利用你对面部表情的本能反应来说服你去信赖它们。相反，朔伊茨的机器人是设计用来和人类协作完成任务的，能够听从语音命令、予以口头确认并偶尔建议下一步做什么。以阿西莫夫的第二定律为目标，朔伊茨研究了人们面对机器人的自主性和机器人遵守人类命令之间的差异是如何反应的。在他的实验中，机器人有两个目标——记录人类口述的数据并在电池电量耗尽之前传输数据。实验中，一些参与者与总是服从命令的机器人互动。另一些参与者会与另一种机器人互动，如果在电池用完前需要停止读取和传输数据，该机器人就会无视指令。

为了评估参与者对机器人的态度，在他们和机器人互动前，朔伊茨问了他们 5 个问题。实验结束后，他又问了相同的 5 个问题，以及 11 个有关实验中感受的问题。（他们觉得机器人理解他们的命令吗？他们认为机器人试图合作吗？等等）在研究中参与者的观点普遍改变很大。然而，朔伊茨发现，机器人的自主性，也就是它是否有时会违背命令，对他们的反应有影响。在后续实验中，朔伊茨在机器人的语音上加入了一个音高的变化，以语音音高作为紧迫性指标。压力变大或者恐惧加强时，人类的音高也一样会提高的。当电池快要失效时,朔伊茨的机器人会以更高的音调说话,此时,不服从指令的情况可能会发生。随着添加了这样一条简单的情感线索,体验过机器人抗命的实验对象更有可能同意这样的观点——"对于机器人来说,有自己的目标和某种程度的自主性而不是完全受制于人,这是一个好主意。"

尽管他的机器人没有惹人喜爱的假象,但朔伊茨担心添加情感线索会带来某种伦理暗示。机器人提高音高会不会具有欺骗性?机器人并不是真正的紧张或害怕。它根本感受不到任何东西。但这有可能诱使人们就好像它有这样的特性一样来对待它。其实这是程序员所面临的道德困境,而不是机器人,因为机器人本身压根儿就不具有欺骗性。如果伪装情绪有积极的道德影响(使用詹姆斯·穆尔的术语),也许程序员就摆脱了困境,只要将这种隐含式伦理智能体限制在所设计的狭窄活动范围内就行了。一个更为自主的道德智能体需要判定什么时候可以欺骗以及什么时候不可以。但据我们所知,还没有人从事如此复杂的决策。在我们的讨论不由得又进入"雾件"(Vaporware)的模糊领域之前,让我们将注意力转向另一种进路。

多智能体平台 SophoLab

当复杂智能体遇到复杂环境时,会发生什么?通常来说不对环境和行为做模拟就做出预测是不切实际的。但随着社会环境变得愈加复杂,道德原则就会产生无法预料的后果。思想实验尚未强大到足以理解复杂智能体之间大规模的交互作用。于是计算实验提供了更好的前景。

文森特·威格尔(Vincent Wiegel)开发出了一个他称之为"SophoLab"的系统来模拟多智能体之间的相互作用。2007 年威格尔在代尔夫特理工大学为满足博士学位的要求而开发了多智能体平台 SophoLab,这个系统把每个独立智能体表征为 BDI 模型和道义、认识和行动逻辑的融合。威格尔相信 SophoLab 为"实验计算哲学"提供了一个很好的平台。不像早先的道德行为的博弈论仿真,当时是侧重于遵循简单行为策略的简单智能体,威格尔系统里的智能体被表征为拥有多个意图并且其意图计划能够随事件变化而实施。SophoLab 可以进行威格尔所说的"生活场景测试",即对于一个日常活动的完整周期的响应进行仿真研究。

多智能体平台,比如威格尔的多智能体平台,可以用来模拟有不同意图和义务的不同多智能体相互作用时会发生什么。例如,在大型医疗系统中,病人、医生、护士和保险代理人可能都能够获得病人的私人信息。但是,没有一方有权限获得委托人的所有信息。尽管一些个人有义务不把他们所拥有的信息传给其他某些人或传出某种情境之外,但这并不妨碍这些个体之间的信息以更迂回的路线流通。此外,一些患者可能对那些可以访问特定信息的人加以限制。仿真可以用来测试复杂网络中隐私规则的完备性。

SophoLab 使用一个多智能体软件系统来创造真正的个体人工智能体,它能够推断出谁应该有权限接触医疗记录、信用报告或其他受保护的信息。它模拟各种可以跨计算机网络行动的智能体,而且每个网络可能都会在自己的限制和协议领域内。为了达到各自的目标,个体智能体会相互交流合作。

威格尔告诉我们,"我们可以把这些智能体当成是小型计算机程序……有'自己的头脑',尽管与任何类似于人类智慧的东西相距甚远。"对于未来应用,他建议对其他情境进行建模,在这些情境中,与其他智能体(可能在许多规则系统下运行的智能体)相互作用的人工智能体的行为产生重要影响,这些影响既不是完全可预测的,也不是完全可控的。参与日常行驶的机器人汽车是该挑战的一个例子。汽车为了避免车祸可能需要违反交通法规,但这样做它需要权衡完成任务的必要性和其行动对其他交通参与者造成的风险。

超越"雾件"?

道德软件正处于起步阶段。为了发展,它将需要"老调重弹"之外的东西。正如伦理学家强调的,道德主体需要深思熟虑和精心设计指导下的实践推理。然而,为了在很多情境下表现得体,人工智能体需要的不仅仅是推理。下一章我们将讨论情感的价值(或情感仿真)、社交互动能力和道德机器人的社会习俗知识。

第十章

超越理性

为什么说柯克胜过了史波克？

对于人工道德智能体的发展来说，是不是所有涉及道德的信息相关推理都是必要的呢？尽管在《星际迷航》(*The Star Trek*)系列中，史波克(Spock)的理性推理能力要远远胜过柯克(Kirk)船长，但情感更丰富、更依赖直觉的柯克仍被"企业号"的船员们视为更好的决策者。这是为什么呢？机器人如果想要获得人的信任，它们是否需要一些额外的能力和社交机制——例如情感，以使其充分领会道德挑战并对之做出回应？在我们的假想中，当某位工程师同事向能够为他提供支持的伦理学家寻求帮助时，伦理学家会向他提供自上而下和自下而上两种道德决策的进路。如果机器人真的需要一些额外能力的话，那么这些能力又将如何与这两种进路相整合呢？

在过去的半个世纪里，有关情感与社交能力之于人类决策的重要性的科学知识，有了指数性的增长。人们越来越深刻地理解了人类心智的微妙性、丰富性与复杂性，而与此同时，人工智能工程师们开始尝试设计拥有人类能力的计算机系统，这两者的同时出现并不是一种偶然。对于实用计算机化系统的设计而言，每一分钟的操作都需要经过仔细的考量。工程师们逐渐开始承认，情感智能、社交能力以及机器人与环境之间的动态关系，这三者对于机器人在社交语境下称职地发挥其功能来说是十分必要的。

工程师们需要了解关于决策影响因素的最新研究,这些因素包括具备情感、在世界中具身化以及成为拥有社交技巧(例如,理解非语言暗示与手势的能力)的社会性动物。在这一章中,我们首先将概述超理性能力对于道德决策的重要性,随后我们将对工程师们为了在人工系统中实现情感活动而正在采取的尝试性步骤进行描述。第十一章,我们将会讨论混合系统,其中包括那些具备社交技巧与美德的系统。

超理性官能对于道德决策的重要性

在第二章中,我们分别从自主性的提升与对道德相关信息的敏感性的提升两个维度描绘了技术在追求道德智能方面的进步。从传统的哲学角度来看,自主性与理性、规范性等伦理学中的核心概念紧密地联系在一起。然而,传统的伦理学家却似乎不那么关心道德相关信息的获取。他们希望将智能体真实的道德心理,也就是把智能体对什么是敏感的与它们应该对什么是敏感的区分开。伦理学家们长期以来都承认羞耻感、负罪感以及其他情绪在规范人类行为方面起着核心作用,但他们更关心这些情绪是否应该起这种作用。

那些声称情绪和其他超理性官能实际上为道德自身提供了基础的主张是极具争议性的。举个例子,弗吉尼亚大学的社会心理学家乔纳森·海特(Jonathan Haidt)提出,厌恶也是一种道德情绪;而传统的伦理学家则坚持认为,要严格区分厌恶反应与道德范畴。这又一次可以归结为对实然与应然区分的遵守。传统的伦理学家们指出,一些人确实从厌恶反应转向了道德主张(例如,因为同性恋令人感到厌恶而声称同性恋是不对的),然而这一事实是一个可悲的错误,并非是对道德哲学的真正贡献。

这一争论的前因后果远比我们这里可以讨论的更加微妙,幸运的是,我们可以避开这些问题。在讨论情绪、感觉和社交机制时,我们将聚焦于它们如何为获取道德相关信息而提供额外渠道。我们主张,建构人工道德智能体的现实目标要求我们关注这些超理性的官能。尽管情感和感觉可能使得我们的决定朝着不道德的行为方向偏离,但它们同时也是信息的丰富来源,通过它们获取的信息也许很难通过其他途径去获得。例如,"恐惧"的情绪中涉及一种感觉到的对于需要注意的危险情况的身体反应。通常情况下,在大脑有意识地报告出危险的来源之前,我们就已经感觉到恐惧了。

　　"感觉"和"情绪"这两个词通常用来指代不同的事情。比如,谈论疼痛的感觉是正确的,但通常并不认为疼痛是一种情绪(尽管疼痛可能会引发某些情绪,如生气或悲伤)。情绪自身通常与感觉有关(例如,悲伤可能会涉及某种疼痛的感觉或无精打采的感觉)。科学家和哲学家们通常将感觉和情绪这两者同时归类到"情感的"状态("affective" state)这一涵盖性术语下,从而导向了例如"情感神经科学"和"情感计算"等领域的研究。暂且不考虑术语的问题,对于我们的目标而言,最重要的一点是感觉和情绪向人工智能提出了相当大的挑战。

　　情感状态是亲社会性反应的重要组成部分,而亲社会性反应会激发正常的道德行为。(许多精神病患者都表现为缺乏这些反应。)情绪与感觉帮助人们直觉到他人的心理状态,并对他们的需求保持敏感。一个人若要对其他人的疼痛有同感,一个必要的条件,似乎是他自身有过关于疼痛的经验(尽管感知疼痛的官能对于同理心而言还并不充分)。情感能够帮助人们分辨出,一种给定的行为过程怎样影响着或将要影响他人。当某个人在另一个人的脸上看出了恐惧并意识到自己正是这种恐惧的来源,这种认识便会增进其调整自身行为的能力,从而减轻另一个人的焦虑。如果人们并不关心自身行为会让他人产生怎样的感受,那么伦理学上的推理所能产生的激励性力量便会微乎其微。

　　我们已经提到,读懂他人情绪的能力对于居家服务型机器人与人的互动来说十分有帮助。当机器人与之互动的人处于悲伤或恐惧的状态时,机器人应当能分辨出来。但情感并不是全部。一个在社交情境下与人类进行互动的机器人,应当具备打社交手势以提示其意图的能力,这样一来,人们便能对它的行为做出合适的期待。让我们设想一下两个人协作将一件大型家具搬进房子里的方式——语言表达和微妙的动作都传达了两人想要通力合作以成功完成这一艰难工作的当下意图。如此累人的任务,要是找不到别人帮忙的话,如果能够得到机器人的帮助就太好了,但前提是这个人能够依赖于他与机器人的行为之间的积极配合来行事。社交机制——例如读懂另一个人的面部表情与情绪的能力——会促进人们依据彼此期待的方式做出行为上的改善;同样地,如果机器人要在社交情境下将其功能发挥到一个更高程度的能力水平,那么这种社交机制很必要。

　　情感智能与社交技巧的重要性提出了这样一个问题,为了能够作为一个合格的道德智能体而发挥作用,人工智能体必须在多大程度上模仿人类的能力？道德显然是一项人类的事业。因此自然而然地，人类在设计人工道德智能体的过程中将试图复制一系列的人类技能使之符合人类的道德标准。在人工智能中实现人类技能，是对人类技能本身的迷恋。但是以目前的情况来看，计算机和人类还有着很大的不同，和人类相比，它既有优势又有劣处。计算机或许可以在道德决策问题上比人做得更好，比如，可以非常迅速地接收和分析大量信息（如果这些信息有适当的形式的话），可以迅速地考虑各种可替代选项（同样，如果这些选项都容易表征的话）。再者，计算机缺乏真正的情感状态这一点，也使它们更不容易遭受情感绑架。这也正是罗纳德·阿金（Ronald Arkin）提出下述信念的重要理由：在同样情形下处理问题时，战地机器人会比人类战士表现得更加道德。然而，在处理不完整的、矛盾的、无格式的信息时，以及需要在行为的结果无法被轻易决定的情况下做出决策时，人类又远比计算机优越。

除非工程师有意去设计系统，否则，计算机智能就是建立在一个没有欲望、动机和目标的逻辑平台上的。而人类的认知能力却是由指引生存和繁殖的本能的情感平台演进而来的，并在这个平台上发展。两者间的这种差异凸显出了开发具有情感的计算机这一挑战的矛盾品质。正如"深蓝"以不同于人类下棋的方式击败了卡斯帕罗夫，人们也完全可以想象得到，人工道德智能体表现出道德判断的方式，也可以和人类道德智能体使用的认知或情感工具不一样。

人类之间的互动关系遵循着一种由他人行为塑造的步伐节奏，并且会涉及自身与他人对世界变化做出的具体反应、他人对自己的行为做出回应的方式、自己对于他人意图的直觉以及在特定社交语境下自身关于适当反应的范围的认识。当一个人进入另一人的私人空间中时，对方可能会做出各种各样的反应。如果他人认为你侵犯了他的空间，那么他可能会自动地躲闪（除非他已经按捺不住想打架了）。自我空间被侵犯时做出的躲闪，是一种由情感激发的、具身的社交反应。在我们做出躲闪动作的前后，另一个人的动作、话语、声调、面部表情和身体姿势都帮助我们解释对方的意图。此外，文化情境不同，人们对私人空间的理解也不同。

如果工程师致力于将社交技能、情感和具身反应引入机器人中，自然会想到要将这些反应一个个都分解成导致相应行为的离散式输入。然而，关键是系统设计师们不能忽视这些超理性能力动态地纠缠在一起的方式。一个语境中被视做威胁的声音语调在另一个语境中则也许会引人发笑。

没有情感或高级认知能力的道德智能体在许多领域中仍将充分发挥

其作用,但重要的是我们要识别出何时需要额外的能力。在下面的部分,我们会讨论一些虽然有限却朝着实现超理性能力的目标迈进的步骤。在整个讨论中,我们有必要密切关注一下,在那些能够做出理性决策却只有有限的情感智能的系统中,究竟缺失了什么使得它们在社交上既笨拙又没有具身于世界。我们还远远不清楚能否以其他方式弥补这些局限性。

情绪智能

究竟在多大程度上,我们说发展适当的情感反应是正常道德发展的关键部分?如果这些反应很关键,又如何在机器中实现它们?

情感与伦理的相关性是一个古老的话题,在科幻小说中也有共鸣。在《星际迷航》(*Star Trek*)中,比起来自地球的、更依赖直觉、不那么理性却又更充满活力的人类来,抑制情感的瓦肯人(Vulcans)天生就能够做出更好的行动吗?正如史波克所做出的令人钦佩的自我牺牲行为所表现的那样,是不是他的功利主义口头禅"多数人的需求比少数人的需求更重要"也代表了伦理学的理性高度?还是说后来,柯克船长和"企业号"星际飞船的其他人类船员,出于个人责任感而冒生命危险的努力代表了道德感性的一个更高的水准?

除了史波克,《星际迷航》还介绍了超理性的人形机器人"数据"(Data)。如果给"数据"的电路中接入"情绪芯片"的话,它就会变得疯狂。"数据"的反应例证了西方哲学中一个十分悠久的传统,即一直关注着情感如何对理性决策进行干扰或使之产生偏见,以及情感最小化对于良好道德判断的贡献。主导性的哲学观点可以追溯到古希腊和古罗马的斯多葛哲学家那里,这一观点认为道德推理应该是冷静的,不受情感偏见影响的。这种假定意味着道德反思中应完全禁止情感的存在。斯多葛(Stoics)学者们相信,驯服人类激情的"动物本质"并且生活在理性的统治之下是道德提升的关键。在后来的道德哲学家中,有许多人也都赞同情感在处理个人的道德关怀方面很少或根本没有帮助。

还有一些哲学家,最著名的当属帕斯卡(Blaise Pascal)和休谟(Davia Hume),他们认为,至少有一些情感,如同情、怜悯、关心和爱是有助于道德生活的。按照弗洛伊德后来阐明的观点进行预想,两人都将情感视做是理性的前因。情感永远不能完全为理性所掌控。休谟写过,"理性,是也应该是激情的奴隶。"

亚里士多德代表了伦理与情感之间关系的第三种观点。他认为情感在确定什么行为是有美德的过程中发挥着重要的作用,但他也期望有美德的个人能控制好自己的情绪。这条中间道路承认,极端的情绪可能会造成负面的影响,但保持情感的平衡则有助于形成良好的品格或促进美德行为。

1990 年,当心理学家彼得·沙洛维(Peter Salovey)和约翰·"杰克"·迈耶(John "Jack" Mayer)引入情绪智能的概念时,就为这一亚里士多德式的主题赋予了一种现代化的形象,这个概念后来随着记者和科学作家丹尼尔·戈尔曼(Daniel Goleman)1995 年的同名畅销书《情绪智能》(*Emotional Intelligence*)而广为人知。"情绪智能"这一短语把握住了这一认识:除了智商 IQ 以外,还有别的智能维度。意识到并掌控住自己的情绪,从情绪中隐含的信息进行学习,以及察觉到与之交往的他人的情绪状态,都是特定的智能形式。情绪智能概念背后所隐含的是这样的观点:情感是复杂的,并且以各种方式影响着行为。尽管情绪智能的概念已经侵入了流行文化(即"情商"),人们对于由情感驱使的偏见和欲望如何扭曲判断的怀疑,依旧存在于社会中。不过人们也越来越意识到,我们可以从情绪输入中获取信息甚至智慧。因此,虽然人工道德智能体也许并不需要有自己的情感,但它们需要获取一些类似于人类借情感所习得的那种信息和智慧。

当涉及做伦理决策的问题时,理性和情绪之间的相互作用是很复杂的,而这种复杂性的本质取决于人们如何看待情绪。哲学家杰西·普林茨(Jesse Prinz)确定了五类情绪理论(加上其中各种混合理论):感觉理论强调情绪的有意识的体验方面,躯体理论强调与情绪相关的身体过程,行为理论识别具有特定行为反应的情绪,处理模式理论强调情绪在调节其他心理活动中的作用,以及纯粹的认知理论强调信念在情绪中的作用。

这五种理论,两个侧重于结果——感觉理论与行为理论;另外三个则侧重于过程。从工程学的角度看,关注过程的进路更有可能给出关于实现情绪的方法的建议,所以我们将集中讨论那些理论。处理模式理论和认知理论最有可能建立在现有的人工智能进路之上。例如,我们可以通过改变那些控制其他知觉或认知过程的参数来实现处理模式的改变,因为当"开心"与大脑某些部分中的活动的增加相关时,"悲伤"则与那些区域中活动的减少相关联。躯体理论展示出了更有挑战的方面,因为它还不明确该如何将身体过程整合到智能系统中,也不知道解剖学和生理学的细节对于机器人的情绪有多重要。机器人的身体需要模拟人体到什么程度才能获得类似的情绪？

我们将进一步把我们的注意力集中在认知与躯体进路上。这并不是因为我们发现处理模式理论无趣或不可信，而是因为它们似乎关心的是设置大脑内部的参数，因此它们与伦理或道德评估的关联不太明显。而认知进路却明确地涉及对道德相关事态的判断。躯体反应——例如，看到某人受虐待时感觉到胃部不适——也容易与道德问题相关联。因而认知和躯体理论都与第二章图 2.1 的横轴有关，它们涉及人工道德智能体将需要对道德相关信息保持多大程度的敏感性。

认知或躯体理论在计算上的挑战

从传统人工智能的角度看来，纯粹的认知进路似乎是最有吸引力的，因为它们包含着关乎生命体的生存和幸福的重要条件的表征。因此，在例如心理学家理查德·拉扎勒斯（Richard Lazarus）的认知解释中，将恐惧描述为一个生命体所做出的判断，即"面临着迫近的、具体的并且无法抗拒的物理伤害"。任何其他判断也可以使用这种相同的判断（或"评价"，使用心理学家的术语）方式来表征，于是，想要在机器人中执行情绪状态的工程师们便可以采取同样的知识表征进路，用于表征任何其他领域的人类知识。

这种进路的复杂性来源之一，在于确定有多少情绪以及它们都表征着什么。直到拉扎勒斯 2002 年去世之前，他都是最出色的情绪研究者之一。拉扎勒斯建构了一张由 15 个"核心关系主题"构成的表格，以区分愤怒、焦虑、恐惧、内疚、耻辱、悲伤、羡慕、嫉妒、厌恶、幸福、自豪、宽慰、希望、爱和同情。隐含在特定情绪中的判断可能随着语境的变化而变化。工程师们也可以选择扩展这个列表——如果他们觉得这会有助于开发更精细的计算机指令响应系统的话。

然而，仅仅判断一个人面临着即将到来的威胁，而没有任何的恐惧感觉相伴而生，这样的判断似乎并不足以表征情绪，因此，关于情绪的纯粹认知进路也显得很不充分。在 19 世纪末期，威廉·詹姆斯（William James）——哈佛大学的一位有着巨大影响力的心理学家，要求他的同事们去设想一种情绪，如果去除掉所有身体方面的因素——比如说，恐惧，没有伴随着剧烈的心跳、口干舌燥等现象。他声称，剩下的东西根本不能称之为情绪。詹姆斯因此提出了关于情绪的躯体理论。作为对情绪的纯粹认知理论的反对,詹姆斯的思想实验拥有十分强大的直观力量。然而,从设计人工道德智能体的角度来看,对于在道德行为中至关重要的道德相关信息而言,通过躯体途径获取信息是不是唯一可能的渠道,这一点还不太清楚。

这一问题直指关于反社会行为的核心本质,因为,如果从事实出发而非就理论而言,适当的情感反应似乎正是道德行为的主要决定因素。还能有别的情况吗?或许会有。然而,对于负责建构人工道德智能体的工程师来说,合理的做法似乎还是采用关于人类道德本质的事实性的知识。

因此,躯体进路似乎至少是这个故事的一部分。而如果它的确是这个故事的一部分,那么它也是一个庞大而复杂的部分。建构机器人的躯体架构是一项重大的任务,然而,这方面工作的初步进展却是由机器人专家做出的,他们并非追求建立人工道德智能体的目标。我们将回顾这样的一些研究项目。但是在讨论躯体过程的细节之前,我们想多说一点,即关于情绪的躯体说明方式也许是混合式进路的一部分。

神经科学家、内科医生安东尼奥·达马西奥(Antonio Damasio)基于对情绪系统受损患者的研究,采取了一种躯体的解释来说明他所谓的初级情绪——与本能的条件反射和驱动紧密相关的快速的具身反应。但他也指出,认知机理可以重复调用初级情绪来指引作为后天习得的关联、思想和反思的结果的行为。他称这些机理为"次级情绪"。初级情绪经过进化,已经能使生物有机体绕过较慢的决策过程,而次级情绪则依旧使用同一回路来执行更复杂的目的。如果速度是主要问题的话,那么对于人工道德智能体而言,初级情绪反应可能不必要。虽然比起简单的接线来,慎重的决策过程更为复杂,但是数字回路本质上要比神经回路快得多。然而,可以想象,即使涉及要对威胁进行某种慎重的评估,人工道德智能体也可以被设计为具备快速应对危险的能力。进而,机器人还需要一种执行初级情绪功能的机制,以快速确定哪些挑战展现出迫近的威胁,而必须毫不拖延地去应对。

在人体中,感官输入、思想和记忆的融合产生了种类繁多的次级情绪。神经科学家们才刚刚开始探索次级情绪是如何通过大脑中的情绪中心和前额叶皮质(控制推理和规划的区域)之间的反馈回路网而产生的。在达马西奥对病人的研究中,他主要关注了次级情绪对于做决策的重要作用,这些病人的情感和推理中心之间的联系已经被切断。达马西奥讲述了艾略特(Eliot)的故事——这个故事已经成为最著名的神经学的轶事之一。艾略特是一名患有脑损伤的病人,他损伤的这部分神经回路正好是处理次级情绪所必需的。艾略特的智力高于平均水平,但他却只报告出非常少的情感。艾略特甚至不能做出简单的决定,例如确定约会的日期。这说明,某些情感输入和理性决策是不可分割的。

在新的图景中,通常理性和感觉都不支配决策,但是情绪却可能有助于选择行动方案。中世纪哲学家让·布里丹(Jean Buridan)曾虚构了一头驴子的故事,这头驴子因为不能在两捆相同的干草间做出选择而活活饿死了。布里丹的驴子显然不是一个正常的动物:一头真正的驴子会由于越来越紧迫的饥饿感而放弃它的理性犹豫。雅克·潘克塞普(Jaak Panksepp)是情感神经科学领域的创始人,他研究了老鼠在玩耍过程中的笑声以及它们从挠痒痒中获得的快感。潘克塞普强调,情绪帮助生物体从全部反应中针对不同语境和挑战去选择去应对。他认为,在难以想象的复杂的认知计算中,情绪帮助找到了一条通向如何行动的捷径,因此它们发挥了"情感启发式"的作用。

神经科学家提出,在人类的大脑中具有两种不同的决策途径,一种是情感途径,另一种是认知途径。在努力解决"情感负载型"道德挑战的个人做的功能磁共振图像中,其大脑中"发光"的中心区域与另外那些参与更加分析式挑战的个人不同。然而,关于两种不同的途径如何紧密地整合起来的问题,科学家之间仍存在着相当多的不同意见。

三个相互关联的原则阐明了感官过程如何发展成为在不同的活动或行为序列中进行选择的复杂系统:(1)情感具有效价;(2)生物体是内稳态系统;(3)对于导致成功实现目标的刺激就强化对它的响应,对没有导致目标实现的刺激就弱化对它的响应,情绪系统通过这种反馈来进行学习。我们说应该将生物体理解为内稳态系统,这就意味着,它们自然而然地试图在每次偏离稳定范围或舒适区之后重新建立平衡。例如,随着时间的推移,所有生物体都将不再具有最佳的或令人满意的能量供应。有研究说,由低能量状态产生出的感觉会激发出寻找食物或想休息的行为。带来能量补充的行为会被强化,而没能做到这一点的行为将会被替代。

这三个原则被人们普遍地接受。然而我们还不太确定它们在人类大脑中到底是如何运作的。达马西奥的"躯体标记"假说为人们理解情感决策的产生方式的丰富性提供了一个框架。它的基本理论是,躯体标记会以指导智能体选择最有益的选项的方式来简化决策。通过在环境中的相互作用,对刺激的反应将被加强并且诱导相关联的生理情感状态。这些关联被存储为躯体标记。

或具有类人情感的系统，人类还有很长一段路要走。今天的机器人没有神经，没有影响神经系统的化学物质，也没有感觉或情感，而不久的将来机器人也不可能会有。然而，传感器技术是一个活跃的研究领域，并且正是在这里，人们有可能寻找到感觉和情感的基础。麦克风和电荷耦合器（可以在数码相机中找到）是无所不在的技术，无需我们再做介绍。而对于和其他感官相关的一些技术性的发展，人们可能不太熟悉。

嗅觉和触觉对于人类情绪和感觉有着尤其重要的贡献，并且它们都会提供与道德决策密切相关的信息。人类的嗅觉尽管不如许多动物那样发达，但是仍然非常复杂，它依赖于一个由数千个感受器神经元组成的网络。"大鼻子320"（Cyranose 320）是第一款商用手持式电子嗅探器，它是以法国决斗者和诗人西拉诺·德·贝热拉克（Cyrano du Bergerac）著名的大鼻子命名的。以最早在加州理工学院（CIT）开发的技术作为基础，"大鼻子320"拥有32个嗅觉传感器，并且能够在大约10秒钟内将气味与软件中预装的模板匹配。如果我们声称"大鼻子320"或类似的电子鼻真得可以在与人类和其他动物相同的意义上"闻出"什么东西来，那我们就将延伸太多了。"大鼻子320"要慢得多，而且能检测的物质的范围也要小得多。然而，这一装置具有许多的商业用途，例如检测变质的食物和化学品溢出。自从"9·11"恐怖袭击以来，"大鼻子320"越来越多地进入安检应用的领域中。（虽然使用机器嗅觉来打击恐怖主义的行为在伦理上是值得称赞的，但是倡导保护隐私权的人会关注嗅觉监控，就像他们关注视频监控一样。许多时候，某次幽会就是由于一丝不熟悉的香水味而暴露的。）

尽管嗅觉在调节心情的过程中发挥着关键作用，并且在宗教仪式和许多其他具有情绪诱导性的社交情境中得到了广泛使用，但是就我们所知，还没有人研究嗅觉在社交型机器人中可能发挥的作用。然而触觉又是另一回事。MIT的机器生命小组的工程师们设计了一个具有感觉能力的皮肤，其中嵌入了三种不同类型的躯体传感器，它们会对电场、温度和作用力进行记录。这种有感觉的皮肤用毛皮织物和硅胶皮肤裹住，从而遮住"抱抱我"（Huggable）的表面，"抱抱我"是一个交互性机器人伴侣，以冈德公司的"奶油糖"泰迪熊（teddy bear）为模型。

"抱抱我"正被设计用于治疗，例如在疗养院中使用。当它被拥抱和爱抚时，它会用鼻子轻轻地蹭人，并且它还会向监管病人的护士站提供关于病人的反馈信息。"抱抱我"适当地回应社交手势的能力直接取决于系统对于患者手势的解读有多准确。例如，触摸可能是或轻或重的，它可以表现为捏、摸、挠、拍或者搔。MIT 的工程师应用了一个神经网络,旨在识别九种不同类型的情感触摸——挠、戳、搔、捆、摸、拍、蹭、捏和碰。根据刺激的强度,这些类型的触摸依次被归类为从"愉快的戏弄"到"痛苦的触摸"六种反应类型。每种类型都会驱使"抱抱我"做出不同的回应。例如,当"抱抱我"被愉快地举起来时,它可能会用鼻子轻蹭作为回应。

这些新型的传感器技术与更老的照相机和麦克风技术相结合,能够使相当大数量的感觉数据得以积累。然而,下一步——将这些数据对应到激励行动的感觉和情绪中去——要更加困难。情绪和其他心理状态是从不同感官的输入网中产生的。人类神经系统整合不同输入和调节内部状态的能力导致了一系列对于变化的刺激的微妙反应。"抱抱我"中内置的简单分类方案在其嵌入的"奔腾"类芯片上运行。而更复杂的综合躯体结构显然也包括在人工系统的范围之内。是否有必要在人工道德智能体中模拟所有在人类中显而易见的微妙情感状态呢?这一点还有待观察。找到这一问题的答案的唯一方法是建立不断进步的更为复杂的系统,并在现实的情况下对其进行测试。

理解和同情疼痛的能力很可能会成为人工道德智能体发展的一个重要方面。对于生物学意义上的生物而言,疼痛的感觉依赖于叫做痛觉感受器的专门受体——这种神经元专用于检测有害刺激。疼痛不仅仅是压力受体和温度受体受到高强度刺激的结果。"抱抱我"使用阈值将某些刺激标记为"不愉快"的,虽然这不能完全把握住生物学意义上的疼痛系统中微妙的运行过程,但它可以提供一种合理的第一近似。然而,一个完整的系统需要留心这样一件事实,即在人类中,疼痛通常是与具体情境相关的,并且它依赖于一系列因素的整合。例如,在深秋季节,人们对于寒冷的忍耐力通常远低于在冬天时。耳朵会冻伤,也是在最开始变得寒冷的早晨。但是随着身体新陈代谢的重新调整,人们很容易便能适应更加寒冷的冬天的气温了。遵循阿西莫夫第一定律,即不得伤害人类,也不允许人类受到伤害,这样的机器人需要知道关于人类疼痛感受性的具体事实。而想要拥有这种知识,快速的方法是让机器人具有与人类相同的感受性。

尽管我们期待着神经网络的发展,以将其用于整合来自各种来源的感官输入,但是就近期而言,该数据还是被转换为情绪的认知表征,而不是实际的躯体状态,所以说不能算做是机器人拥有了自己的情绪或感觉。如果说感受快乐和痛苦的实际能力对于理解他人将如何受到不同行动方案的影响而言是至关重要的,那么机器人在其洞察力和道德敏锐性方面便将是不达标的,更不用提它们表达感同身受或同情心的能力了。设计一个真正富有同情心的机器人是一个难以完成的任务,也许对于今天已知的任何技术而言都是远远达不到的。然而,人工系统进一步发展,使得它们能够解读人类的情感(心智?),并且就像它们可以理解人类的意图和期望一样与人类进行互动,这一点是可以达到的。

情感计算 1:检测情绪

> 我要问一个开放性的问题……,而我并不知道答案:处理好人们的情绪,又能在并不真正拥有感觉的情况下,却知道在适当的时候表达情感,计算机能走多远?
>
> ——罗莎琳德·皮卡德

罗莎琳德·皮卡德(Rasalind Picard)在麻省理工学院的情感计算研究小组希望将和计算机共事这件事变得不那么令人沮丧。每个人在和看似愚蠢又僵化的技术打交道时都可能会产生沮丧的情绪。而减少这种沮丧,第一步在于拥有能够识别沮丧的计算机和机器人——换句话说,也就是拥有能够识别情绪的计算机和机器人。

但计算机和机器人没有心灵感应或任何特殊的途径来获知人的内心感受。工程师们正在探索相关技术,以模拟人类阅读非语言线索(面部表情、语调、身体姿势、手势和眼动)的能力,正是这些非语言线索帮助了人们互相理解彼此。

这是情感计算中一个相对较新的领域,它包括了各种不同的研究目标。建模、研究人的情绪以及建构具有识别、分类和响应那些情绪的智能系统,这三者是情感计算研究中各自独立又相互重叠的几个目标。大多数研究都集中在开发计算机系统来识别与系统交互的人的情绪状态、并恰当地做出回应方面。

要想识别一个人的情绪状态,怎么做最快?对于许多技术人员而言,他们的梦想是直接进入情绪背后的生理学基础中去寻找答案。心率、皮肤电导率和激素水平都可能用于测量某人何时感到害怕、紧张或愤怒。但事实是,不存在普遍使用的技术可以使机器人远程地或隐蔽地检测到这些东西。(此外,隐蔽技术也被视为对隐私的侵犯。)人们必须佩戴心率监测器,或连接皮肤电流反应机，又或者给予机器人自己的血液样品，才能使得这些生理学的测量方法对于机器人而言是可行的。罗莎琳德·皮卡德和她的学生们目前正在开发嵌入到键盘或鼠标中的接口装置，这些装置可以用来收集一些生理学数据。例如，当卡斯滕·雷诺兹（Carste Reynolds）还是皮卡德实验室的研究生时，他就开发了一种对压力敏感的电脑鼠标，作为提供用户行为反馈的工具。鼠标上的压力指数与其他数据相结合，也许能够表明用户的沮丧情绪。

另一个例子是英国电信公司与麻省理工一个小组的合作，该小组已经探索出了一些方法，能够使得语音识别界面可以检测出呼叫客户服务的人声音中的沮丧。系统将根据用户的情绪状态调整其回复，或者将呼叫转接给人工服务。有时它甚至可以做出道歉。当然，考虑到很多人已经不再满足于听起来像机器人一样的客服支持人员所做的敷衍的道歉，来自于计算机系统的道歉可能会进一步引起那些客户的反感。促进操作的简单化的确是人们追求的目标，但是毫无疑问，能够有效化解沮丧的系统同时也要为道德目标服务，将人际关系中令人恼火的刺激降到最低。此外，这些系统将减轻人们对愚蠢的技术的愤怒（也许可以拯救那些随手放在手边的电话和计算机的"生命"）。

想要减轻用户在使用愚蠢的技术时，感受到的近乎普遍的沮丧感，我们可以从三个部分入手：

1. 检测用户情绪上的沮丧。这个部分可以有很多种不同的形式，从识别字符的重复输入，到使用经过特别设计的接口（例如雷诺兹设计的鼠标，它对用户置于其上的压力大小保持敏感），不一而足。

2. 将沮丧放入情境中。例如，重复输入可能表明用户在拼写或寻找正确的同义词方面存在着困难。而在键盘上拖动手而产生的随机字符则暗示着更深的沮丧。

3. 用有可能解决问题，并且至少不会进一步加剧用户沮丧的方式来回应或者适应沮丧。通过屏幕上的文字或者语音合成器来让计算机系统发出简单的询问："出了什么问题？"这样做也许可以开始减轻用户的沮丧。

在 19 世纪 70 年代，达尔文的第三本书——《人与动物的情感表达》（*The Expression of Emotions in Man and Animals*），确立了对于声音和手势的科学研究。这项工作由灵长类动物学家如法兰斯·德·瓦尔(Franz de Waal)和神经科学家如夏克·潘克塞浦(Jaak Panksepp)继续开展,研究这个等式的动物一方。而在人类方面,保罗·埃克曼(Paul Ekman)的工作具有开创性的意义,他启发了人们对于面部表情的理解。埃克曼和他的学生已经阐明,基本的面部表情如喜悦、悲伤、恐惧、惊讶、愤怒和厌恶,是所有人类所共有的,并且它们在不同文化中都可以被识别。埃克曼对超过2000种面部表情进行了编目,将其作为衡量情绪状态的指标。他发明的面部动作编码系统(FACS),对于有兴趣开发具有情感智能的计算机系统的工程师而言,是一个主要的关注点。

面部动作编码系统追踪面部肌肉的运动,将44个不同的"动作单位"(例如挑起的眉毛)与特定情绪相关联。埃克曼和他的合作者,罗格斯大学的马克·弗兰克(Mark Frank),都在探索如何将其计算机化。正如可以预料的那样,计算机化的面部动作编码系统在辨别实验室中个人的基本情绪表达和情绪状态方面表现得更为出色;但在真实世界的应用中,它在确定人类微妙的面部表情或情绪状态方面则表现得不如前者那么好。除了通过不断变化的视觉输入识别面部表情以外,面部动作编码系统还需记录面部表情中的细微的瞬时变化,并将这些表情与存储器中储存的数据相关联。计算的任务是艰巨的,但是能够辨别十分基本的情绪的机器人即将出现,并且有可能这正是第一代人工道德智能体所需要的了。

面部动作编码系统(FACS)仅仅代表了通向情绪的机器检测的进路之一。从记录皮肤导电率的传感器,到可以感测坐在上面的人是不安还是无聊的椅子,其他的检测装置还有许多种。一些工程师认为,他们能够将传感器嵌入鞋子中以辨别和提示用户何时感到沮丧。如果这项技术真的有效的话,那么照料者就可以用它来检测爱人什么时候忘记吃抗抑郁药了。

众所周知,人类情绪状态的单一指标非常不可靠。例如,兴奋引起的皮肤电反应与焦虑所引起的反应非常相似。因此,尽管许多工程师仍致力于完善用于辨别情绪状态的单独工具,但其他工程师早已将他们的研究转向将这些工具组合成多模式系统,例如用户情绪模型(MOUE)。用户情绪模型是为医疗保健行业开发的一种多模式情绪评估系统,它通过从许多来源中检索到的数据来描述患者的情绪状态。心率、呼吸模式、体温和其他生理指标,以及声音特征和面部表情,都有助于该模型解读患者的感觉运动和生理状态。用户情绪模型还具有一些基本的语言处理能力,这些能力让它能对患者关于其心理和情绪体验的主观描述进行评估。计算机会将关于患者的情绪和心理状态的描述,连同视频图像、音频记录以及其收集的定量数据一起传送给医疗保健工作者。

情绪敏感型人工道德智能体的设计者们可以采用用户情绪模型中使用的那种技术。然而,在试验和使用能够检测他人情绪状态的设备时,人们面临着一个主要的隐私障碍。计算机用户愿意让他们的个人电脑访问这些信息吗? 在没有书面知情同意,或者至少是没有在用户和装置背后的研究人员或机构之间达成基本协议的情况下,其他计算装置是否可以访问这些信息? 一些用户会认为,获取他们情绪状态的技术侵犯了隐私,罗莎琳德·皮卡德和她以前的学生卡斯滕·雷诺兹也一直在努力解决这些问题。不过,如果这种技术能使人们与计算机的交互不那么令人沮丧,许多人还是会支持它的。

情感计算 2:建立情绪模型与使用情绪

计算机科学家已经开始试验情绪和决策的计算模型。由于经常被告诫说,在这些模型和真实的生物现象之间存在着巨大的差距,我们将描述几个这样的模型,并讨论它们对于人工道德智能体的设计的潜在效用。首先,我们会讨论 OCC——这是由安德鲁·奥托尼(Andrew Ortony)、杰拉尔德·克罗尔(Gerald Clore)和艾伦·柯林斯(Allan Colins)开发(并以他们命名)的关于情绪的计算认知模型。随后我们转向对机器人实验的讨论,这些实验把握住了学习和情感决策。

认知情绪:OCC 模型

在 OCC 模型中,情绪被表征为对情境的正的或负的反应("效价")。这个模型根据情境是否合乎需要或者生物体是否希望它们停止来对其进行分类。OCC 被看做是一个认知模型,因为它将情绪视为源自于以下两点:对世界上的事件、智能体和对象进行的表征,以及对智能体的目标、愿望和意图是否得到满足进行的分析。例如,如果程序将智能体表征为具有获胜的欲望,那么它便可以推断,智能体赢得比赛后可以获得乐趣。情境的情感强度也是从其认知表征中计算出来的。

OCC 模型中共有 22 种类别的效价反应,它将这些反应应用于目标导向的事件、智能体将被问责的行动,以及有吸引力或无吸引力的对象。每一种效价反应都对应着四种基本情绪:快乐、悲伤、恐惧或愤怒中的一种,随后又依次对应到与之相应的埃克曼所定义的基本面部表情上。例如,赢得比赛获得的乐趣将对应着埃克曼基本面部表情中的喜悦。OCC 模型只定义了埃克曼所说的六个基本表情中的四个(欢乐、悲伤、恐惧和愤怒)。奥托尼、克罗尔和柯林斯假定,另外两个埃克曼基本表情(惊讶和厌恶)并不涉及多少认知方面的处理。因此,OCC 模型只适用于有限种类的情绪。然而在娱乐和计算机游戏行业中,它已经被广泛应用于绘制卡通和虚拟人物了。面部动作编码系统(FACS)采用面部表情作为输入,并推断施事者的情绪状态。与面部动作编码系统不同,OCC 模型以相反的方向运行:它尝试对智能体本身拥有的情绪进行模拟,将相关的面部表情视为输出。

人工智能中的认知与情感决策模型

CogAff 是用于解释情感和认知如何相互作用的一个具有高度影响力的概念模型,它是由伯明翰大学的哲学家阿伦·斯洛曼(Aaron Sloman),在苏塞克斯大学的哲学家罗恩·克里斯勒(Ron Chrisley)的帮助下开发的。CogAff 最初作为一种关于认知的模型而被开发,其目的是为了帮助计算机科学家们设计自主系统。不同层次的认知处理考虑到了智能体不同层次的控制能力。斯洛曼和克里斯勒区分出了这样的三个层次:反应层、审议层和“元管理”层,这三个层次对于自主智能体的结构来说是可以实现的。就所有实际用途而言,反应层指的是情感机制,但这三个层次在他们的模型中彼此相互作用。

在情绪决策系统的设计中,人工智能的研究人员已经探索了情感效价原则、内稳态原则和强化原则的应用。马文·明斯基(Marvin Minsky)在他的书《情绪机器》(*The Emotion Machine*)中提出,情绪有助于限制所考虑的行为的范围。在这之后,推理机制可以更加有效地针对这些有限的选项进行工作。另一种可供替代的进路则设想了情感状态在基于经验的学习中所扮演的角色。正效价的反馈增强了成功的行为模式,或者在当前行动不成功时,负效价可以促成从当前行为到其他行为的转换。因此,智能体可能借由环境提出的挑战“感觉”到自己应当采取的行为方式,并随之学习。理性和感觉也可以通过试验和规划而结合起来。

机器人设计师们面临的关于情感智能的最大挑战,也许在于是否该尝试将情感决策作为一个独立的过程加以把握,又或者该把情绪作为标准认知决策过程的一种特定类型的输入加以对待?哪种更好,一个过程还是两个?早期对于同时具有情感和认知决策系统的机器人的模拟表明,两个过程皆有会增强系统整体的学习能力。

桑德拉·加丹贺(Sandra Gadanho)先前就职于里斯本的系统和机器人研究所,现在在摩托罗拉工作。她将机器人的情感决策系统中的学习与认知审议系统中的学习进行了比较。Khepera 机器人是加丹贺在葡萄牙时所做的实验的对象,这种机器人正在迅速成为机器人领域内实验室小鼠的等价物。Khepera 机器人是一种微小的圆形车辆,其直径为 55 毫米(2 英寸),它们在车轮上运行并且配备有红外线和超声波传感器。它们还可以连接到计算机以便人们追踪其行动或向它们的系统提供新的数据。由于这些机器人是如此之小,利用它们所做的实验可以被设置在非常小的空间中。而且它们也很容易适应在多机器人实验中的使用。这些机器人用于那些围绕基本任务而设计的实验中,例如回避障碍物、沿墙移动、目标搜索以及集体行为的研究。

在加丹贺的实验中,将一个单独的 Khepera 机器人放置在一个简单的封闭式迷宫环境中。这个机器人配有 8 个传感器(6 个在前面,2 个在后面),这些传感器有助于提高其探测物体和外界光线的能力。机器人可以从三种基本行为中进行选择:避开墙壁、寻找亮光与沿墙移动。它的目标是通过保持足够的能量来生存。机器人通过使用其传感器探测两盏被放置在迷宫的相反角落的灯,以从其中获得能量。然而,只能在一段较短的时间内从灯中获得能量。机器人也不能凭借单一来源的能量维持生存。因此,机器人需要学习如何从多个光源获取能量,同时最大限度地降低其在迷宫中导航时损耗的能量。

对于加丹贺的实验细节的描述超出了我们这里的目的。在这里相关的是,她的有些版本的基于情感的机器人使用了旨在应用"强化-学习"技术的控制器(愉快和不愉快的因素作为行为的强化刺激)。其他机器人则有一个目标系统,这一系统不会明确地模拟情绪,但是会尝试识别那些将有助于机器人正确工作的属性。这里第二组中的机器人的目标基于三个内稳态变量:能量、健全(避免碰撞)和活动(保持移动),机器人将试图把这三个变量保持在可接受的范围内。从这三个变量的舒适区偏离将会激发机器人的行为反应。减少与舒适区的偏差的措施,为实验者提供了机器人正在学习成功行为模式的经验证据。具有这两种不同设计的机器人的性能是称职且相当类似的,尽管基于维持稳态目标而学习的机器人比具有更为简单的、明确基于情绪的系统的机器人表现得稍好。

在第三组实验中,加丹贺使用了她命名为"基于情绪和认知的异步学习"(ALEC)的结构来部署机器人。在这些机器人中,不管是具有原始的明确基于情绪的目标系统的机器人,还是具有性能稍好一些的内稳态版本的机器人,她都向其中添加了一个认知系统。这个认知系统由规则的动态集合组成,这些规则允许机器人根据从过去试验中学习到的知识做出决策。情绪系统和认知系统的学习能力之间存在着明显的差异。情绪系统可以存储所有事件,但是没有办法将一个事件与另一个事件区分开,而认知系统仅提取最重要的事件。加丹贺写道,"两个系统独特的根本机制与以下假设相一致:在本质上,认知系统可以基于规则做出更加准确的预测,而情感关联则不具有那么强的解释力,但它可以做出更广泛的预测并且预测更久远的未来。"

在 ALEC 结构中,认知系统独立于情绪系统而收集数据,并且它被设计为可以介入情绪学习系统以改正其做出的坏的决定。尽管其他科学家设计的智能体结构提出,情绪在学习语境中应当发挥功能性作用,但加丹贺是最早提供两种差异化学习机制的学者之一。虽然 ALEC 结构中的认知系统在没有情绪系统的情况下表现不佳,但是比起仅仅具有情绪系统的机器人来,具有两个决策系统的机器人表现得要更好。

加丹贺的机器人在一个相当简单的环境中工作,应对的是相当直接的挑战。然而,她的实验确实说明了基于情感的学习和认知学习的优点与缺点,并且还说明了拥有这两个系统的总体益处。在她的进路中,认知系统通过对行动的选择加以强制性的约束,从而作为对情感学习系统的检查而发挥作用。在更复杂的机器人的设计中,认知和情感决策系统可以更紧密地整合在一起,从而带来一系列对于复杂挑战的创造性回应,同时也会导致对自下而上学习系统的行为的规则或道德约束。

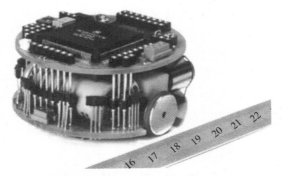

图 10.1　Khepera 机器人（由 K 小组提供）

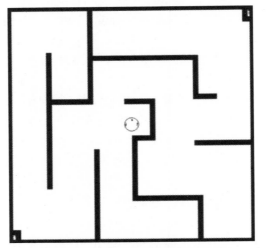

10.2　**Khepera 机器人和它的模拟环境**（由桑德拉·加丹贺提供）

人机互动——超越 Cog 和 Kismet

　　道德是一种社会现象。良好的行为依赖于对他人的意图和需求保持敏感性。自主道德智能体将需要知道人们想要什么。在它们与人类的互动中，机器人需要清楚与其角色相关联的社会习俗和期待。

　　随着为机器人设想的角色不断增加，近年来，旨在提高机器人社交性的研究项目也得到了急剧扩张。机器人玩具、机器人宠物、机器人同伴、博物馆中的移动问讯台、救援机器人、穿过医院大厅的传送系统，以及用于锻炼或个人健康管理的机器人教练等等,这些项目中的每一个都必须在执行为其设计的任务时遵守不同的规范。一个不想玩耍的孩子和一个不愿服药的患者,两者需要区别对待。

　　社交互动依赖于信任。建立信任和相互理解所需的基础中包括了解读面部表情、手势、身体姿势、语音语调、他人注视的方向以及其他社交线索的能力。这些能力以及对于如何传达自身意图的理解,同时也为朝着共同目标合作的可能性提供了基础。社交互动,包括眼神接触、模仿和轮换,促进了婴儿与幼童的学习和发展。许多促成信任的因素都具有文化特异性。孩子们在他们自己的文化中学习怎样才是两个人之间适当的距离或允许的身体接触。

　　为了被人们接受,无论是实体的还是虚拟的机器人,都需要使人们清楚地理解其行为,并且它们需要能够在动态变化的社交互动中学习和成长。我们前面在关于社交互动和具身学习的讨论中介绍了 Cog 和 Kismet 的机器人实验。设计 Cog 的目的在于使其通过与人交往而进行学习,但是它只具备非常有限的能力。而 Kismet 被设计为能以一系列固定的社交行为来对语音韵律、指示性手势以及与之交流的人类的接近等行为做出反应。Kismet 所做的反应包括通过面部表情来表达基本情感、轮流与人进行对话、微笑、向前移动来接触人类,以及当人类靠得太近时向后移动等。目前,Cog 和 Kismet 都已成为了麻省理工学院博物馆的展品。布赖恩·斯卡塞拉提(Brian Scasselati)在还是一名研究生时,曾领导了设计 Cog 的团队,他现在正在制作一个名为"尼科"(Nico)的人形机器人以模拟婴儿的认知能力。辛西娅·布雷齐尔(Cyntia Breazeal)的工作目前主要集中在"莱昂纳多"("Leonardo")上,这是一个由麻省理工学院的机器生命小组和好莱坞的斯坦·温斯顿(Stan Winston)工作室联合研究的项目。斯坦·温斯顿工作室以电子动画方面的专业技术而闻名[它是电影《人工智能》(AI)中机器人泰迪的创造者]。

　　莱昂纳多同时是 Cog 和 Kismet 的继任者。Kismet 与人类的互动仅限于一组固定的简单社交手势,而莱昂纳多则将一系列可扩充的社交反应与通过社交互动进行学习的基础能力结合了起来。通过反复的尝试,辅之以来自指导者的口头反馈,莱昂纳多已经学会了执行相对复杂的任务。这些任务虽然从人的角度看来十分简单,但对于机器人而言却是具有挑战性的——例如,以特定的顺序按动大型的彩色按钮,来打开三盏相互分离的灯。

对于研究者而言,莱昂纳多增进后的能力使得解决对 Cog 和 Kismet 来说不可能的学习问题成为可能。例如,研究人员向莱昂纳多展示了某个版本的错误信念测试——通常而言,三四岁以下的儿童都无法通过这个测试。当儿童正常地成长到 4 岁以后,他们就会逐渐明白,其他人可能会拥有和自己不相同的信念。设计错误信念测试的目的,就是要揭示这种表征他人信念的能力的出现。测试的内容是这样的:首先,在孩子和某一个人的面前,把某个东西藏起来。随后,这个人离开房间,而孩子将观察到这个东西被移动到另外一个地方。当这个人又回到房间时,孩子会期望这个人到哪里去找到这个东西呢?年幼的孩子会期望这个人去另外那个地方找这个东西,这表明,小孩子们不能设想另一个人并不知道他们自己知道的东西。当然,年长一些的孩子会知道他们的信念和别人的信念之间的区别。

在莱昂纳多版本的实验中,一个人将两个不同的东西(例如一包薯片和一袋饼干)分别放入了两个盒子中,然后离开房间。接着,另一个人会更换盒子中的物品。当第一个人回到房间时,莱昂纳多通过他们的行为推断出他们正在寻找哪个物品,并且帮助他们找到正确的盒子。假如莱昂纳多是用和孩子一样的方式通过了错误信念测试,那么我们便可以说它走在了实现成功社交互动的道路上。但是莱昂纳多并不是通过阅读面部表情或其他非语言手势来识别两个不同的参与者。相反,莱昂纳多的软件和传感器是依靠放置在参与者和物体身上的反光带的不同安排方式,来帮助它识别谁是谁,哪个零食是哪个零食。此外,莱昂纳多的软件已经专门被设计来处理这种特定版本的错误信念测试。尽管在进行已经成功运用于儿童的其他版本的测试时,莱昂纳多可能做得不是那么好。然而这一团队所采用的错误信念测试的进路,为发展更加复杂的进路提供了一个平台。

其他实验室已经将社交机器人技术应用到了新的情境中。例如,"参加会议的机器人研究生"(GRACE),该技术由来自卡耐基梅隆大学、海军研究实验室、"蜜罐"(Metria)公司、西北大学和斯沃斯莫尔学院的研究人员共同组成的团队设计,用来参加美国人工智能协会于 2002 年发起的挑战赛。这个机器人主要以一个有表情的、会说话的头部的形象与人类进行互动,通过安装在一个相当笨拙然而可以移动的身体上的监视器将其投影出来,在这个身体上装满了相机、麦克风以及其他传感器。为了赢得这项挑战赛,GRACE 需要找到通往电梯的通道,并且在注册大厅所在的正确的楼层走出电梯,寻找注册台,设法移动到队伍的末端,耐心地等待队伍向前移动,然后与工作人员进行互动以获取名牌、会议礼包,并获知前往会议室的路线。之后,机器人必须在电子地图的帮助下借助导航穿过人群,找到举行会议的房间,并且借助它的硬件和软件,做一个 5~20 分钟的发言。

GRACE 和莱昂纳多都已经被配置通过了特定的测试。莱昂纳多在一系列任务中所表现出的考虑他人观点的能力非常有限;而 GRACE 则可能很难在不重新编程的情况下,去执行不同的会议中的类似任务。尽管如此,我们仍然相信莱昂纳多和 GRACE 不是在表演什么简单的小把戏。它们都是严肃的科学实验,并且表明人们在设计具有社交洞察力和常识、能熟练地使用身体的机器人的目标方面取得了重大进展。

虽然莱昂纳多和 GRACE 都是基于行为的机器人,其能力至少在理论上可以假定为与人类相似,但是机器人专家,例如日本大阪大学的石黑浩(Hiroshi Ishiguro),正在对社交机器人进行实验,以期获得人类也不具有的信息。例如,某个穿过石黑浩实验室的机器人可以访问许多远程安装的照相机,这些照相机向它提供了在墙壁背后或在房间的遥远角落发生的事情的有关信息。具有此信息的机器人可以精确地知道,它在实验室里的哪个地方可以找到特定的人或物。石黑浩也在某个学校情境中放置了一个机器人。这个机器人能够对应所有学生的社交互动模式,从而使得教师能够识别哪些孩子更外向,而哪些容易受到孤立。

到目前为止,我们关注了机器人的情感和社交能力。而石黑浩和布雷齐尔(Breazeal)也展现了在引发人类对机器人产生情绪反应方面的不同进路。石黑浩最知名的研究成果是建构了非常近似于人类的机器人。在麻省理工学院,机器人专家们的进路更多地将目标定位成设计类似于卡通人物或毛绒动物玩具之类的吸引人的机器人,这些机器人具有一些孩子般的特征,例如大眼睛。这种进路会唤起一些拟人的反应,也许会导致与这些机器人互动的人们赋予它们比实际存在的更多的智能和情感能力。石黑浩选择了一条更难的路,他要求他的机器人模型是高度逼真的。他希望能够克服人们对于像傀儡假人般的实体的不舒服的感觉,以回应日本机器人专家森政弘(Mashahiro Mori)提出的"恐怖谷"的想法——在某一区域人类对于人形机器人的好感会急剧下降,因为它们已经变得与人太过相似,尽管这种相似仍然不够。

石黑浩和目前在印第安纳大学-普渡大学印第安纳波利斯联合分校的信息学院任职的卡尔·马克·多曼德(Karl MacDormand)共同开创了"人形机器人科学"的研究领域,他们认为机器人专家们可以通过学习如何建构类人机器人最终消除这种不适感。无论人形机器人科学是否会成功,这些比照进路仍强调了这样的事实:成功设计人工道德智能体的可能性或许取决于其行为可接受性之外的因素。外观,无论是更像人类还是更不像人类,都可能被考虑在内。

他者的心灵与同理心

如果机器人莱昂纳多以一种与人类相同的方式解决了错误信念测试,那么它将会展现出某种与心灵理论(a theory of mind, TOM)相关联的核心技能。心灵理论是一个有点模棱两可的短语,它指的是有助于认识他者的心理状态的那种能力。虽然很少有人声称自己拥有超感官知觉,但通过推断他人的心情、信念和意图来"进入他人的心灵",这一点对于顺利进行社交互动是至关重要的。

人们的心灵理论是在生命的早期阶段发展起来的。婴儿通过阶段性的学习逐步学会区别自己的身体与他人的身体,学会识别镜子中的自己(原始的自我意识),以及学会理解另一个人的心灵中包含着与他自己的心灵所不同的信息。所有这些都有助于心灵理论的发展。一些理论家甚至提出,许多与自闭症相关的行为都是心灵理论正常发展失败的结果。

心灵理论的研究中充满了令人着迷的实验,而存在大批未经证明的理论也正是其特点。不过,人工智能工程师们在他们的机器人设计中开始检验这些理论了。斯卡塞拉提(Scqssellati)在 MIT 跟随罗德尼·布鲁克斯(Rodney Brooks)学习期间,领导建造了 Cog 和 Kismet,他写的博士论文就是关于为机器人开发心灵理论的。斯卡塞拉提现任耶鲁大学计算机科学系的助理教授,正继续进行着开发机器人尼科的工作。

心灵理论通常被假定为从一些非常低水平的技能中产生的。例如,如前所述,齐美尔(Simmel)和海德(Heider)通过一些简单的视频剪辑表明,人们会基于简单运动将意图归给对象。将意图与基本运动相关联是有助于建构完整心灵理论的较低级技能之一。

认知科学家们将心灵理论拆解为离散的技能,而计算机科学家利用这些认知科学理论,正试图在硬件和软件中实现这些技能。例如,人们会将自己的行为产生的感官输入与他人行为产生的感官输入区分开来。斯卡塞拉提和研究生凯文·古德(Kevin Gold)向我们展示出,尼科如何利用自我生成运动之后出现的感官反馈时间,来区分自己的行动产生的感官输入与他者的运动产生的感官输入。

通过使用这种感官运动反馈,尼科可以识别出镜子中的自己。这一测试被假定为代表了原始的自我意识,而婴儿首次通过这一测试的时间是在18到24个月大的时候。当来自镜子的反射光线进入作为尼科的眼睛的相机时,尼科会根据图像是否可能是"它自己"、是"另一个人"或"都不是"来给图像分配分数。机器人也能移动它的手臂,如果这种运动在反射的图像中是明显的,那么尼科便会给图像是"它自己"这一可能性分配高概率值。相反,当反射图像移动而尼科没有移动时,则最大的可能性便是,图像是"另一个人";如果图像是静止的,那么很可能两种可能性"都不是"。假定,如果给尼科编程使其去辨别他者的特征和行为,它就会将这些因素考虑在内,从而从他者(包括特定的他者)中确定自我。

当前,研究建构具备心灵理论能力的机器人正是基于这一假设,即低级认知机理集合在一起会使得机器人像拥有心灵理论一样去行动。到目前为止,只有一些有限的基本技能得到了证明。确定所有能够促进心灵理论的技能的完整集合,以及协调或整合这些技能的艰苦工作,就在前方。至今为止,研究人员不仅缺乏具备心灵理论的系统,他们甚至也不知道哪些属性是具备心灵理论的系统所必需的。尽管如此,由斯卡塞拉提、布雷齐尔和他们的学生所采取的初步尝试已经足以令人印象深刻了,这些尝试暗示我们,在未来的几年里,我们可以期待会出现重大的进步。

心灵理论与同理心

心灵理论和同理心(empathy)之间的关系还远远不清楚,但可以肯定的是,两者都有助于一个人理解另一个人的心理状态。许多时候,人们在交往中,同情他人感受的能力时常被认为是道德判断和敏感行为的先决条件。然而,在有些情况下,精神病患者在并没有真正的感同身受的情况下,却能熟练地推导出适当的移情行为。

婴儿——通过试图安慰一个痛苦的小伙伴——他们能在开发出有关心灵理论的基本技能之前,早早地就表现出某些移情能力。事实上,可以被解读为移情的行为在许多物种中都是显而易见的。在猕猴中发现的镜像神经元在许多科学家看来是一种能够促进理解其他猕猴心理与感受的神经机制——当动物进行某种动作以及当它观察到另一个动物进行相同的动作时,这种神经元都会被激活。

一个具有同情心(empathize)的人工系统在选择行动时,更会选取那些道德上合适的反应。然而,只要机器人没有自己的情感,它们就不可能对其他客体抱有同情心。没有情感的机器人,它们的移情行为很大程度上只是建构在对他者心理进行符号化表征之上的那种理性反应的结果。

多智能体环境

Cyburg 是由威廉·西姆斯·班布里奇(William Sims Bainbridge)创建的一个虚拟社区,其中的居民人数为 44100。班布里奇是国家科学基金项目负责人,同时也是探索纳米技术、生物技术、信息技术和认知科学的交叉研究的领军人物。Cyburg 居民被编写程序去遵循个人和社会行为的规则,这些规则是由班布里奇从最新的社会科学中提取总结的。班布里奇对宗教信仰的出现特别感兴趣,他使用 Cyburg 来调查复杂社区的出现,在这些社区中,居民们形成群体并学会相互信任或不信任。

许多社交情形涉及大量智能体之间的互动。这样的多智能体情境正在持续地发生变化。智能体之间的关系在不断地演变。风俗习惯也在改变。能够进行社交的机器人将需要一套丰富的技能,以便在这种不断变化的动态状态下正常工作。如果人们渐渐觉得人工道德智能体的行为是值得信赖的,那么它们的行动的接受度和范围的相应变化也将成为变化的社交语境的一部分。相反,如果人工道德智能体不能采取合适的行动,那么它们将不得不适应那些将对它们的行为进行的附加限制。

今天的机器人实际上在多智能体环境中运作得非常好,在这些环境中,拍卖、讨价还价或其他形式的谈判是互动的主要模式。这些语境由指定的规则来控制。在一个基于规则的环境中(例如 eBay),计算机可以用于协调其他智能体的行动,或者也可以作为独立智能体运行,例如,用来监控拍卖,并且在拍卖结束之前的最后一秒拿出制胜的出价。

拍卖规则用于在参与者之间建立信任,而惩罚措施则适用于那些有欺骗行为的人。可以假定,这种信任也将扩展到由规则操控的机器人。当机器人的行为是可预测的,并且不超出指定的规则之外时,对于机器人的信任及其安全也会来得更加容易。然而,在许多社交语境中,我们面临的一个困难,在于智能体有时需要骗人。在扑克游戏中,人类可能会虚张声势;或者在讨价还价的情况下,智能体可能假装一个较低的报价是他的最终报价。那些将自己的信念、欲望、意图、感觉和需求的结构都展现出来的智能体将处于一个不利的地位。

另一方面,为那些撒谎、玩弄把戏或不诚信的机器人敞开大门,则又破坏了对智能体的行动施加信任的前景。如果人们认为软件智能体会通过植入虚假报价来人为地提高物品的成本,那么他们便不会在 eBay 上报价。信任和怀疑同时发生在人类身上。在大多数语境下,直到信任被破坏为止,人们都会相互信任;但在其他语境下,例如购买商品和服务时,"一经出售,概不退换"才是规范。在扑克游戏中,人们期待着虚张声势。人工智能体需要知道,在哪些语境下可以从表面价值去理解人类的手势,以及什么时候欺骗是允许的甚至会成为常规。它们还需要认识到,何时信任人类智能体是必要的以及何时欺骗也是可以接受的。

同样地,人类最终需要明白,何时何地应该信任复杂的人工智能体,这是因语境而异的。在这方面,马赛厄斯·朔伊茨(Matthias Scheutz)已经表明,一旦意识到机器人的不服从仍是服务于一个共同的目标,人们就会容忍违抗直接命令的机器人行为。通过类似的方式,我们可以证明,机器人的欺骗行为不一定会损害人们对其行为的信任。例如,机器人足球运动员需要成功地协调其行动与其队友的行动,但它也需要欺骗另一个队伍的成员,以成功地向对手的球门移动球。在足球的语境下,这种欺骗将受到赞扬而不是被谴责。

正如我们在第九章中提到的,机器人足球为试验机器之间的社交互动提供了场所。在"深蓝"于 1997 年击败卡斯帕罗夫之后,组建一支世界级的机器人足球队的挑战已经被人们广泛接受。当时,许多批评者们认为,国际象棋的语境太有限,以至于它无法作为对机器智能的真实测试。机器人足球的倡导者相信,协同合作的具身化任务,例如踢足球,更能够代表人类智能。到目前为止,机器人足球运动员的发展已经集中在训练系统以使其执行简单的任务上——让两条腿的人形机器人踢足球或让四条腿的人工智能机器人(AIBO)给彼此传球。未来更复杂的合作任务在等着我们。机器人足球的既定目标,是到 2050 年时开发出一支能够击败世界级人类队伍的世界级机器人足球运动员队伍。如此靠后的日期反映了这一挑战的难度。相比之下,请注意,在 1961 年 5 月 25 日,肯尼迪总统在提出要将人类送上月球的挑战时,他只允诺了十年的时间来完成这一挑战,而这还是通过使用与今天相比相当原始的计算机系统和另外一些技术实现的。

　　与一支全部由机器人组成的队伍相比,更难的挑战是开发一支由机器人和人类智能体共同组成、彼此协调活动的队伍。计算机化的智能体可以共享标准化技术以用于彼此之间的沟通。但是,我们必须为在不同平台上开发的系统建立新的标准,并且,也为与人类交互的计算机建立新的标准或规范。类似的挑战也存在于将军事机器人纳入到武装部队中。

　　人-机交互可能将以一种动态的方式演进,而计算机化的智能体需要适应这些变化。对于处在多智能体环境中的人工智能体来说,每件事务都有可能改变智能体之间的关系。规范很容易发生改变,例如,当一个智能体随着时间的迁移而变换到新角色时;或者这种变换甚至可能发生在同一天中的不同时间、不同语境中。(如果你正在和你的医生打高尔夫球,那么,一边站在高尔夫推杆区,一边向你的医生谈起你的医疗状况便很不合适了。)于是,对于多智能体系统的这些要求,说明了不断增长的自主性与对于不同环境的道德相关特征的更强的敏感性的需求之间的关系。

机器人必须要有多么地具身化呢?

　　在道德判断和理解方面,哪些要依赖使对象、物体和其他智能体组成的世界具身化、情境化? 生物体在任何给定时刻的状态,都主要由生物体与其所处的环境中的对象、物体和智能体的关系决定。你能够快速应对挑战的能力与信心、你的姿势和你的情感都受到这些关系的影响。所有这些都有助于信息体现人的判断和行动。

　　对认知采取具身化观点的科学家们有时认为,如果我们不能认识到生物有机体的特有本质在于自我组织、自我维持,并且积极努力地生存、成长和繁殖,我们就不能理解认知。在这一视角的基础上,哲学家史蒂夫·托兰斯(Steve Torrance)提出了他所谓的"鲁棒"("robust")的伦理观。依据这种观点,只有拥有感觉、感性和意识的生物有机体天生能够成为道德行为者。托兰斯指出,道德观点可以说需要对处在痛苦或悲伤中的人感到同情,而不仅仅是在理性推断出帮助他人是正确的事的基础上付诸行动。没有实际感受悲伤、痛苦、恐惧、愤怒,或积极情感,如喜悦、快乐、感激和爱慕的能力,一个人便不具备成为完整、全面的道德个体所必需的道德状态或道德认同感。在这种鲁棒的伦理观中,如果不考虑人的感性、生物构造和历史,就不能正确理解拥有这些状态(悲伤、快乐、恐惧等)的能力。换句话说,同理心、同情心、感性和道德都是捆绑在一起的。

我们认为,还需要对鲁棒的伦理观加以认真的思考。但它也是一个相对较新的论点,它又一次提升了判定机器人为道德智能系统所依据的能力标杆。然而,我们同时认为,这种观点并不会破坏建构有限的语境下运作的人工道德智能体的事业。此外,在处理更有限的目标的过程中,我们也许反过来能发现超越隐含在鲁棒观点中的挑战的方法。

卡特里奥娜·肯尼迪(Catriona Kennedy)是伯明翰大学计算机科学学院的研究员,她在思考,智能体想要在有限的领域中作为值得信赖的道德助理而运作有哪些要求,她得出了类似的结论。她提出,如果满足以下两个要求,即使是没有具身化,也缺乏类人的经验和情感,道德智能体也仍是可能实现的:(1)智能体必须保护其自身推理的完整性(包括其对伦理规则的表征等);(2)智能体的世界中应该产生能够与人类世界中的伦理要求相关的事件。例如,肯尼迪引用了一个围绕着某些策略而建构的入侵检测系统来进行说明,这些策略规定了哪些网络可以相互通信,以及什么协议每个网络都必须使用。网络将策略转换为"可接受"的活动模式,并通过分析其传感器记录的活动来学习如何检测违规行为。此外,网络需要能够辨别不受欢迎的活动与不可靠的传感器之间的差异。一个成功的道德助理将会从人类世界中(例如诚实的商业关系的规范)获得其伦理原则的基础,通过将之与自己的世界中的事件(符合策略的可靠的通信模式)联系起来。这样的智能体如果要在有限的领域中成为可信赖的智能体,将不需要在人类世界中被具身化。

最近,托兰斯(Steve Torrance)提出,物体需要有意识才能成为道德智能体。如果他是正确的,那么在可能实现完全道德智能体这一目标之前,关于机器意识的工作必须取得重大的进展。

欧文·霍兰德(Owen Holland)是机器意识领域内的一位领军学者,他在 2004 年获得了一大笔 6 位数的资助,以开始建构一个有意识的机器人。霍兰德注意到,有三条建立意识机器的进路:

　　1. 确定意识的组成要素,并且在机器中全部实现它们;
　　2. 确定机器中产生意识(大脑)的成分并复制它们;
　　3. 确定意识产生的环境,复制它们,并希望那种意识再次出现。

第一种进路是斯坦·富兰克林(Stan Franklin)在他关于 IDA 系统的

工作上采取的。第二种进路以伊戈尔·亚历山大(Igor Aleksander)为代表,他在努力建构一个涉及视觉意识过程结构的神经网络模型。霍兰德自己的策略是基于第三种进路,即建立一个具身化于其环境中的机器人,以期望再现意识出现的条件。

　　每一种在机器中实现意识的进路都在很大程度上依赖于一些意识理论。霍兰德的项目与德国哲学家托马斯·梅青格尔(Thomas Metzinger)发明的理论密切相关。富兰克林的 IDA 系统是一种基于神经科学家伯纳德·巴尔斯(Bernard Baars)全局工作空间理论的尝试,他试图在人工系统中整合理性推理与情感。在下一章中,我们将具体谈谈富兰克林建立人工道德智能体的进路的可行性。

第十一章

更像人的人工道德智能体

把它们组装起来会得到什么？

前两章描述了一些基本的运算组件，它们可能就属于构造人工道德智能体所需的工具箱的一部分。然而，将这些零碎组件组装成一个单独的智能体也并不简单。如果想要使得人工道德智能体具备更加全面的认知能力的话，就需要有一个总体性的架构。以计算机科学的术语来说，"架构"规定了一个系统有哪些组成部分，以及这些组分之间如何相互作用。因此，不论谁作为人工道德智能体架构的设计者，他都必须决定该架构要包含哪些组件。是否应该有一些特定的组件来专门对应于伦理敏感性和推理？还是说这些功能应该由一些更一般性的机理来执行？

前述第一种架构的例子来自于罗纳德·阿金（Ronald Arkin）受军方资助的一个项目，我们在第五章的开头谈到过它。阿金正在解决一个难题，即，如何让作战机器人能够处理战争时期复杂的伦理行为。他提出的架构有四个专门针对伦理问题的组件：（1）"伦理统治者"，基于道义逻辑，对可允许行为的硬性限制进行管理；（2）"伦理行为控制"模块，该模块中含有一些已经内化了的原则，这些原则在一定的战斗情境中将执行特定的约定性军事规则，并在可允许的选项中进行选择；（3）"伦理适配器"，它在实时行为中对情绪系统进行调适，并在行为之后执行反思性推理；（4）"责任顾问"，它是机器人和人类操作员之间的界面，当派出机器人执行自主性战争任务,并赋予机器人使用致命性武力的权利时,"责任顾问"的作用是保证人类操作员已经正确地考虑过该指令的后果。通过借鉴我们在第九章中所描述的一些系统,阿金已经粗略地描述出可能如何分别对上述四个组件进行构造,以及如何对它们之间的相互关系进行处理。然而,该系统在很大程度上还只是处于设想阶段,阿金警告我们不能过于乐观,认为我们在短期内就能够建造出有资格使用致命性武力的、具有伦理自主性的智能体。无疑,这里的危险就在于,最先制造出来的将是那些拥有致命性杀伤力、在伦理上却十分盲目无知的自主智能体。想要使杀人机器具有道德性是比较困难的,如果对此困难的揭示能够促使人们暂缓在缺乏足够保障的情况下制造杀人机器,那么对人工道德智能体设计进行思考的这项工作就是有价值的。不管人们是如何看待作战机器人的道德性的,我们认为阿金系统中的这四个组件也适合在其他更加仁慈的系统中进行应用。

与人工智能领域的许多工程一样,阿金的架构没有怎么考虑人类认知架构。对于完成任务的工程学进路来说,这当然是没有问题的。但是,我们此处将会重点关注不同于工程学的另一种进路。我们将由温德尔·瓦拉赫(Wendell Wallach)和孟斐斯大学计算机科学家斯坦·富兰克林(Stan Franklin)之间的讨论开始,直至本章内容结束。这一进路建立在富兰克林的学习型智能配给代理(LIDA)之上,它是富兰克林与其他计算机科学家以及神经科学家一道发展出来的一个关于认知的概念性运算模型。我们要来看看 LIDA 可能将如何考虑、应对自上而下的分析以及自下而上的倾向,这其中也包括学习在内。我们也会讨论将情感能力包含在内的可能前景,因为情感能力对于一个具备完全道德的智能体来说似乎是很重要的。

本章中所概述的进路也是我们在本章开篇中所提到的第二种架构的一个例子,这种架构没有针对特殊目的的伦理模块,而是由一些更具一般性的知觉性、情感性和决策性组件来执行伦理敏感性和推理能力。

富兰克林的 LIDA 建立在伯纳德·巴尔斯(Bernard Baars)著名的全局工作空间理论(GWT)之上。巴尔斯在圣地亚哥的神经科学研究所工作,他与富兰克林一道对 LIDA 进行了开发。尽管全局工作空间理论也不乏科学竞争者,但是它是所有关于意识和高阶认知的理论中最受认同、最受支持的。我们之所以对富兰克林的 LIDA 感兴趣,是因为由于它与全局工作空间理论之间的关系以及它比较高的综合性,它作为一种关于人类决策的计算模型将有可能适用于设计人工道德智能体。像 LIDA 那样试图对人类智能进行全盘复制的系统通常被称为拥有通用人工智能（AGI）或者强人工智能。当然，除了 LIDA 以外我们原本也可以关注于其他通用人工智能模型，例如本·戈策尔（Ben Goertzel）的 Novamente 项目。戈策尔认为，只要具备足够的财力，在未来的十年以内人们就可以制造出通用人工智能系统。我们在第十章提到过的、由哲学家阿伦·斯洛曼（Aaron Sloman）和罗恩·克里斯勒（Ron Chrisley）所提出的认知情感（CogAff）模型则是另一个可能的选择。

富兰克林并不是唯一一个求助于全局工作空间理论来发展类人决策计算模型的科学家。伦敦帝国学院的机器人专家默里·沙纳汉（Marray Shanahan）和巴黎国立卫生研究所认知神经心理学研究员斯坦尼斯拉斯·德阿纳（Stanislas Dehaene），两人都在他们对人类认知进行模型化的过程中诉诸了全局工作空间理论。虽然富兰克林、沙纳汉和德阿纳的模型在许多细节上都是不同的，但是由于这些细节对于人工道德智能体的设计来说并不具有独特性，因此为了尽量减少混淆，我们将完全关注于富兰克林的 LIDA。

工程师的信条是除非你把它造出来了，否则你就不会真正明白它是如何运作的。秉持同样的信条，富兰克林的目标是设计出一个能够完全地执行全局工作空间理论的系统。这就使他不得不特别关注于低级别认知功能的运行，而后者在考虑高级别理论的有效性时往往是被忽略的。富兰克林想要对大脑中各种不同情感、记忆、推理、学习和程序机制是如何进行运作的这个问题获得最好的来自神经科学的理解，在此基础上制造出一个计算机系统，而且想要使用无论哪种能够最适合于执行各个活动的软件工具。

富兰克林的 LIDA 表面看不是为了道德考虑而设计的。实际上，LIDA 模型关注于每一个智能体是如何试图去弄懂、了解其环境的。智能体必须基于众多不同来源、不同种类的信息，不断地选择下一个要执行的行为。全局工作空间理论研究的是在不同的信息联盟中某个联盟是如何在竞争中脱颖而出、成功获得关注的。赢了的那个信息联盟将掌控意识，并且在大脑中进行传播，而在大脑中该联盟又将与其他信息相结合，后者帮助智能体对下一个行动做出选择。例如，当这种注意力的竞争发生在营养的可获得来源、一个考察对象、一个顽皮的同伴或者一个具有威胁性的捕食者的出现之间时，如果想要获得长期生存的话，那个捕食者通常就必须要赢得竞争、获得注意。在 LIDA 模型中，道德决策与其他任何一种行动选择的形式都是类似的。从行动选择的角度来看,一个更加像人的人工道德智能体并不需要有特别专门的道德推理过程。实际上,该系统仅仅需要一些常规的审慎机制的集合,把它们用来作为应对道德相关挑战的输入。

LIDA 的设计者们假设在每秒钟内都发生着大量认知循环,而在每一个循环中都存在着对获取注意力的竞争,竞争中的赢家将会占据注意力,并且在该循环中还包括对下一个行动做出选择。我们将关注于在每一个认知循环之中是如何产生对道德相关信息的敏感性的,多个认知循环是如何引发高阶分析的,复杂的道德挑战是如何被处理的,一个行动选择是如何做出的,以及一个智能体是如何学会改善其做出道德决策的能力的。

LIDA 模型比较复杂,它为了实现不同功能而具有许多层级和不同的模块。针对记忆的每一个不同形式(知觉记忆、瞬时情节记忆、程序记忆等等)以及各个过程(例如将外在地或者内在地获得的感觉材料转化为知觉对象,好比发现了一把椅子或者一个捕食者的存在),都具有相应的模块。富兰克林已经利用在他看来最为可靠的软件工具来执行相关特定活动。

我们并不打算评价 LIDA 作为一个人类认知模型令人满意的程度如何,也不打算评价是否还有更好的硬件或者软件工具来执行相关特定功能。我们在这里关心的是,一个复杂模型(例如 LIDA)在作为平台执行我们在前几章已经讨论过的关于人类决策的不同方面时,它是否有用。正如其他任何一个关于人类认知的模型一样,LIDA 模型还没有得到完全地执行;然而,在富兰克林为美国海军所开发的名为智能配给代理(IDA)的程序里,LIDA 的核心部分已经得到了演示。IDA 所起的作用是对海员进行调配管理,它的主要职责是在每一个海员的任期结束之后为其分配一个新的工作岗位。调配管理者要与海员进行沟通交流,找出他们对于岗位分派的偏好,将他们的偏好与空缺的岗位进行匹配,保证海军的需求以及海军的 90 条政策能够得到满足,还要与海员们就某个所提议的岗位分派是否令他们满意进行协商。

LIDA 模型是可以学习的 IDA。LIDA 的绝大部分是高度理论性的,能够将各个任务进行具体化的实际软件工具还没有开发出来。此外,对LIDA 这个概念模型进行测试需要花费巨资来建立相关系统。富兰克林不懈地在对不同的概念性细节进行充实,这些细节对于将 LIDA 进行具体化是必不可少的。但是,如果不建造出一个系统并且对其进行测试的话,我们仍然无法评价一个功能完全的 LIDA 是否会展现出我们认为一个人工道德智能体所需要的道德机敏。我们将会概述出要设计一个可计算性的 LIDA 时有哪些初始步骤,这样一种 LIDA 具有在做出道德决策时所必备的各种能力。同样地,我们此处所关心的未必是将 LIDA 作为建造人工道德智能体的最佳进路进行支持,而是提供一个关于人工道德智能体计算模型的例子,该例子要能对我们已经提出的许多复杂问题进行考虑。首先,我们将在一般特征方面对作为人类行动选择模型的 LIDA 进行描述。

学习型智能配给代理(LIDA)模型

如果我们想要决定下一步做什么,我们就必须持续地对这个世界进行认识和理解。学习型智能分配智能体(LIDA)模型试图捕获这种动态性,其捕获方式是将有意识的信息处理过程作为输入来描述无意识的机制,这种方式在全局工作空间理论中已经得到了体现。

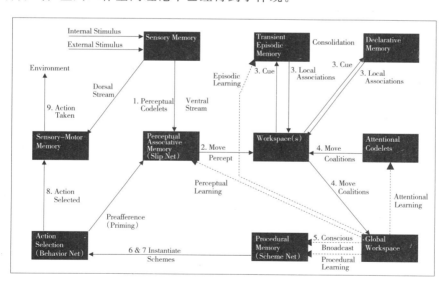

图 11.1 LIDA 认知循环

(斯坦·富兰克林、西德尼·德梅洛以及奥斯汀·亨特)

图 11.1 对一个单独的 LIDA 认知循环进行了说明:从左上角的感官输入,到右下角的意识,再到对某个行动的选择。

富兰克林的基本策略(同时也是他的重要贡献)就是将全局工作空间

理论所描述的复杂高级别认知过程与对低级别机制的描述进行匹配,正是这种低级别机制使得那些高级别认知过程成为可能并且变得可计算。这些低级别机制在单独的 LIDA 认知循环中被捕获。每一个单独的认知循环都捕获到智能体需要持续不断地来对其环境和内在状态进行感知、对这些输入进行处理以及选择一个恰当的回应。富兰克林假定在每秒钟内都大约存在着 5～10 个这样的认知循环,也就是说,存在着对意识的 5～10 个独立输入以及对 5～10 个行为的选择。单独的 LIDA 认知循环就好比"原子",高阶认知功能的更为复杂的"分子"就建立在这些"原子"的基础之上。

　　图 11.1 的左上角说明了智能体既接收外在的感官输入,也接收内在的感官输入。利用大规模并行处理,无意识机制能够持续地工作——对这些输入进行组织和理解。低级别的感官输入被关联在一起,从而形成一些特征(例如颜色、质地),这些特征转而又被组合在一起,从而形成高级别的感知对象(例如物体、特定的人、感觉或者事件)。举例来说,将一组视觉输入与内部存储信息结合在一起就可以表征一把椅子的存在。在智能体的工作空间以内,感知对象与记忆之间形成了联结。在瞬时情节(短期)记忆和陈述性(长期)记忆中的主动性过程构成了本地联结,这种联结扩展了对智能体世界的内在无意识表征。对一张熟面孔的感知可能提示了智能体要对一个名字进行回忆,还要回忆该智能体与那个人最近的互动,这些回忆被储存在内存当中。在这个阶段,系统还会提示其他信息,包括长相类似的人、被认出来之人的伙伴以及其他相关资料,这些资料中或许有些是与当下情境不相关的。

　　与此同时,注意力子代码块(codelet,执行简单操作的软件代码片段)会对工作空间内的表征进行扫描,寻找那些相关智能体应该予以注意的特定信息。例如,我们可以想象一个子代码块正在寻找证据以表明该智能体的天敌就在周围。实际上,这个子代码块的职责就是使智能体注意到天敌的存在,而其他注意力子代码块也在努力使该智能体对其他事情进行关注。

　　认知循环中的赢家将会占领全局工作空间,因而也会在全局范围内得到传播,从而赢得其他模块的帮助,以使系统找到一个恰当的回应。富兰克林假定在每一个认知循环的最后都会有一个行动被选择出来,尽管对某些行动的选择当然是需要由多个认知循环做出的,这样才能针对某个复杂挑战形成一个全面性回应。

通常都认为决策是一种深思熟虑的过程,它包含着对相互竞争的证据或目标进行有意识地反思。审慎意味着对问题的解决、推理、计划以及元认知。由于事实上这些高阶认知过程通常需要多个认知循环,因此在LIDA模型中将它们与其他过程区分开来。但是在大多数情境中,包括在许多可以说是包含了道德规范的情境中,对一个行动的选择是发生在单个认知循环中的。在富兰克林看来,由单个认知循环所得出的行动是有意识地调节的。

更加复杂的决定需要有意识的审慎,或者用威廉·詹姆斯(William James)的话来说,需要"意志"决策。詹姆斯在1890年提出,我们应该把意志决策看做是在某行动路线的内部提议者、反对者和支持者之间进行协商。詹姆斯的例子说的是在一个寒冷的冬天早晨起床,不过在现在这个房屋已经变得过热的年代里,或许被热得渴醒了的例子才更为我们熟悉。当醒了之后,喝橙汁的想法可能会"在脑海中浮现",这种想法受橙汁提议者的驱使而进入意识层面。橙汁反对者则会说:"不要喝,橙汁太甜了。"另一个提议者说:"喝杯啤酒怎么样?"另一个反对者则说:"现在喝啤酒也太早了吧!"一个支持者说:"橙汁比啤酒更有营养。"如果没有其他反对声音的话,最后的选择就是喝橙汁。

LIDA模型在全局工作空间理论内通过多循环过程对詹姆斯的意志决策进行了充实。一个思想之所以在意识中浮现,是因为它是在那个认知循环中赢得竞争的信息联盟的一部分。单独信息片段之间的联盟由注意力子代码块所创建,该子代码块就是专门寻找那些信息片段的。例如,某个注意力子代码块可能寻找的是像红色物体这样简单的东西,而另一个子代码块可能在寻找的就是红色的血液。詹姆斯的模型所提到的提议者、反对者以及支持者在LIDA模型中就是通过单个注意力子代码块来执行的。当在工作空间里出现一个被激活的口渴节点时,一个像提议者这样的注意力子代码块就有职责将"喝橙汁"这个想法引入到思想中;而当在工作空间内看到"喝点橙汁"这个节点后,另一个像反对者那样的注意力子代码块就会想要将"橙汁太甜"这个想法引入到思想中。像支持者那样的注意力子代码块也以类似的方式被执行。LIDA模型还包含了一个计时员子代码块以及其他一些我们不会在此处进行详细描述的机制。这些机制保证了决策过程不会在提议和反对之间无休止地摇摆,保证了最终能够对当下所面临的挑战进行解决。

对于LIDA的发展所进行分析的深度和层次,以及该模型在认知的特定方面所进行的应用(包括知觉和学习、对记忆的模型化以及感觉和情绪的作用),上述简要描述也只是刚刚开始把握。斯坦·富兰克林已经与许多不同的计算机科学家和认知科学家一起合著了 50 篇以上关于智能配给代理和学习型智能配给代理的文章,这些文章中有不少都是关注于相关模型的特定机制的。如果有读者感兴趣于认知的某些独特方面以及它们如何可能在计算机系统上得以执行,建议阅读几篇上面提及的那些文章。富兰克林更大的工程旨在探索如何在学习型智能配给代理模型中执行道德决策能力,而我们这里的讨论是对该工程的延续。

人类道德决策与学习型智能配给代理

几乎没有证据能够表明人类在做出道德决策时会遵循任何一个形式过程。某些训练有素的伦理学家可能真的会在他们有足够时间的场合下进行形式化的、较长时间的审慎思考。对于那些信奉某个特定道德规范的个体来说,他们可能具有内在化的感觉、性格特征以及启发式,这些东西能够帮助他们在其所偏好的道德规范之明显约束下迅速地对相关挑战做出反应(可能是在一个认知循环之中),而在这个过程中几乎是不需要进行反思的。但是,大多数决策在一定程度上都是混乱的,人们在决策时所利用的是情绪、道德情操、直觉、像自动反应那样的启发式、规则以及职责,可能还会利用对功用和预期后果所做出的明确评价。

记忆和个性特征会渗透到上述混合体当中。即便两个人面临的是完全相同的挑战,他们也并不会以几乎相同的方式来进行道德决策。人类是混合型决策者,他们对于道德选择有着独特的方法,这些方法得到长时间的磨练并且会由于人们自身的独特经历而发生改变。

心理学家已经对人类道德决策的混乱性进行了探索。至少可以追溯到 20 世纪 70 年代,心理学实验已经开始探究在道德上微不足道的输入如何能够对个体的行为造成重大影响。例如,那些在公共电话亭里刚刚捡到一个 10 分硬币的实验对象更有可能帮助那些遇到困难的人(96%比 13%)。

在同时代的另一个实验里,普林斯顿神学院的学生在赶去做报告的途中或者被告知他们迟到了,或者被告知他们很准时,或者被告知他们来早了。在途中他们会碰到一些遇到了困难的人。在这个"好心人"(good

Samaritan)实验中,那些被告知他们要迟到了的学生当中仅有 10% 停下来给予别人帮助;相比之下,那些被告知他们很准时的学生当中有 45% 停下来给予别人帮助,而那些被告知他们来早了的学生当中则有 63% 停下来给予别人帮助。这些学生之前被要求填写了一个关于他们的宗教与道德信仰的调查问卷,但是对调查问卷的反馈与他们做出是否要停下来帮助别人的决定之间并没有显著关联。

　　哲学家强烈地质疑对这些实验的阐释以及这些实验是否与伦理相关。撇开这些争论不谈,工程师是否应该在设计人工道德智能体时使其容易受到周遭环境像这样的操控呢?这个问题还是悬而未决的。我们且不谈工程师到底想要人工道德智能体做些什么,比较可能的情况是,对于任何一个系统来说,只要它具有足够的灵活性以适应预期之外的输入,那么它就必定容易受到类似操控的影响。

　　对于一些道德哲学家来说,人类道德决策的混乱性进一步印证了为什么要将道德哲学与道德决策心理学区分开来。在他们看来,伦理理论提供的是可供反思的理想,而并非提供道德决策的程序。但是正如我们已经讨论过的,那些理想并不能保证在计算上是容易进行的,伦理学家也不能保证会描述出追求那些理想的系统的建构方式。(这样的伦理理论家很可能会说:"这不是我的义务!")

　　对于那些刻意不理会人类心理的伦理学家们来说,当有工程师前来向他们讨教,要如何建造一个人工道德智能体的时候,他们可能相对来说只有为数不多的选项。正是本着这种精神,我们认为一个道德的 LIDA 所带来的复杂性是值得追求的。然而,这并非意味着我们的目标是制造出在找到一枚 10 分硬币后将会变得更加乐于助人的那样一个智能体。我们的目标不是对人类心理的所有方面进行重现,要重现的是使得现实世界中的行动成为可能并且具有伦理意义的那些人类心理层面。

　　我们这里的任务是说明如何通过提供一个框架从而使得在 LIDA 内获得对于某些混乱性的适应;而在该框架内,那些会对伦理决策造成影响的不同因素(从感觉到规则)都可能会在机制上得到表征。由此得来的智能体可能并非是纯粹理论性的。它可能并非是一个完美的功利主义者或者义务论者,它可能会违背伦理理想,但是它的目标是应用性的而非理论性的。基于 LIDA 的人工道德智能体旨在成为一个实际问题的实用解决方案:在可用时间内对行动进行选择时,如何尽可能多地考虑与伦理相关的信息。

我们的讨论将关注下述六个方面：

1. 自下而上的倾向与价值是在何处执行的？智能体是如何学习新的价值和倾向的？又是如何对已有的价值和倾向进行强化或者消除的？

2. LIDA 是如何由一个单个循环过渡到决意认为意识中的信息需要进行深思熟虑的？

3. 在 LIDA 模型中，规则与职责是如何得到表征的？是什么激活了一项规则并且使该规则得到有意识地注意？如何能够对一些规则进行自动化，从而不再需要对它们进行深思熟虑？

4. 在 LIDA 中，计划或者想象（对不同的情况进行检测）如何能够得到执行？

5. 是什么决定了某次深思熟虑的结束？

6. 当针对某个挑战的解决方案已经被决定了时，LIDA 模型如何来监测该解决方案是否成功？LIDA 如何将这种监测运用于进一步的学习？

自下而上的倾向、价值与学习

我们在第七章提出，由自下而上策略所涌现出来的那些技能有希望成为人工道德智能体的总体设计中不可缺少的成分。我们提出的问题是，工程师能否克服相关技术性挑战、自下而上地发展出具有复杂道德功能的系统。LIDA 在克服这一挑战方面已经迈出了一步。

成熟的道德性需要的是对倾向性进行反思的能力，而倾向性是由进化和经历塑造而成的。人们自然而然地会偏爱家人和邻居，而非那些其他族群的成员。这些倾向在对行动及其后果的情绪-情感反应中被捕获。通过反思这些倾向所产生的道德后果，成熟的道德智能体可能会采取措施对这些倾向进行调节。例如，某人可能会花费更多精力来捐款给那些对离我们较远的人们进行帮助的慈善机构，但是他可能也会断定慈善应该从身边做起，于是他就会花费更多精力来与身边的人建立更加深厚的关系。

在人们的第一反应（诸如看到血液以及其他体液后会产生的厌恶）中所包含的感觉与内在价值可能会自下而上地影响道德性，但是这些感觉与内在价值所反映的价值未必就是一个社会所会承认的道德价值。例如,负面的感觉可能会引发偏见,因为一个智能体可能会自动地将这种负面感觉关联到那些与该智能体属于不同直系群组的个体身上。从道德的角度来看,很重要的一点就是要理解自上而下的考量是如何使用以及运用这些自下而上的倾向的。为了应对这一混合式挑战,LIDA 所提供的进路始于探讨一个智能体是如何捕获自下而上的倾向以及这些倾向中的内在价值的。

在 LIDA 里,知觉记忆(长期记忆的一部分)被表征为一种动态语义网 SlipNet,这种网络由节点以及节点之间的联结所组成,而这些节点表征了结构和概念(包括特征、物体以及具有一定心理效价的感觉)。这些节点之间的联结表征的是一种可以形成更为复杂结构(知觉对象)的关系。这些知觉对象被传递到系统的工作记忆(工作空间)中,正是在那里,这些知觉对象会对短期或者长期记忆其他领域里的关联性信息进行提示,而这些关联性信息又反过来导致产生更多的信息联结,这种联结则可能会对之前的知觉对象进行充实或者转变。

在有心理效价(正或者负)的感觉与物体、人、语境、情境等等之间的联结是在一个智能体的思想中形成价值以及自下而上的倾向的一个主要方式。价值是内含在感觉以及它们的心理效价之中的,LIDA 正是捕获了这种动态。在知觉中,感官输入与知觉记忆中的节点(物体、感觉、观念、范畴)相连,这时就可能会产生上述联结。这些节点反过来又会对从多种记忆系统中检索出来的信息进行激活和关联,而这些记忆系统在 LIDA 里就被表征为独立的记忆模块。

在同一个 LIDA 循环中所产生的情感和知觉之间会形成联结,尤其是当情感输入比较强烈的时候。但是,除非感官输入真的是特别强烈且具有持续性,或者初始输入对相关联的记忆进行了提示;否则的话,对物体的知觉以及相关情感都会迅速衰退、消失。一种价值的强度(也就是相关联结的强度)可以经由持续性的感官输入而得以强化,但是如果相关信息不能获得注意的话,这些价值就只能是昙花一现。注意力会对连接进行强化,使其获得更长生存期,并且注意力还能导致学习的产生。

巴尔斯(Beaard Baars)假定,每一次注意都会有助于学习。有意识的注意在富兰克林的 LIDA 中被模型化为每个认知循环中的全局传播,它强化了知觉对象之间的联结。强烈的记忆(与强效价相关联的记忆)在它们每一次被注意到的时候也都会被强化。

LIDA 所面临的挑战与任何一个类人计算机架构所面临的类似,这其中包括系统是如何获取新的概念或者产生新的节点的。另一个尤为紧迫的问题是,如何在 SlipNet 中表征效价。这些效价必须以身体的方式得到表征吗? 还是说我们以认知的方式对这些效价进行表征就已经足够了? 如果将一个感觉中的所有躯体性情感都清除掉,将其仅仅表征为一串符号或者一个数学公式,这样的感觉还具备它在作为行动选择的影响因素时所具有的全部含义吗?

这些问题都比较难,不过 LIDA 确实提供了可以对现有可得解决方式进行综合的一个架构。鉴于 LIDA 的模块性,它也能综合那些应对上述挑战的、更为复杂的解决方式,因为这些源自实验室的方式关注于发展特定的硬件和软件工具。

涉及规则的道德慎思

需要进行深思熟虑的道德困境会周期性地出现,例如,在人们头脑中相互冲突的声音。这些声音中有些会以某种规则来框定其观点,例如"不可偷盗"。我们来考虑一下,一条规则、职责或者针对一项行动的其他异议在被激活后是如何导致慎思过程的。这样的规则或者职责在 LIDA 模型中是如何得到表征的呢? 是什么激活了一条规则并且使其被有意识地关注到呢? 如何使一些规则自动化从而以后不再需要对它们进行慎思呢?

具体给出某个内心对话的实例可能会有助于我们理解上述道德困境的问题。现在假定,你所供职的公司被授权了某种新的、昂贵的计算机软件,例如 Adobe 公司的 Photoshop 软件。你在工作中使用这个新的软件包时开始觉得很好用,后来你内心就产生了冲动,想要把这个软件复制到你的家用电脑里。于是,一番内心对话就开始了;当然,这种对话未必如下文中所描述的那样完全是语词形式的,并且可能也未必完全符合语法规则。"我们把这个 Photoshop 软件带回家,把程序装到我的苹果电脑里。""你不能那么做。那是一种盗窃,是非法的。""但是我会把这个软件用于与工作相关的项目中,我的公司作为软件的拥有者也会从这些项目中获利。""你说得对,但是你也会把这个软件用于与你的公司不相关的那些私人性事务上。""的确如此,但是我用这个软件所做的大部分事情都会是与公司相关的。"如此等等。

在 LIDA 中,提议者表征的是"将 Photoshop 软件复制到家用电脑中去"这个想法,该提议者可能会在意识竞争中胜出,这个想法"在脑海中浮现"的可能方式也会被模型化。在该提议的推动下,一连串行为开始发生,但是在很快就紧接着出现的下一个循环中,一个反对者成功使得"不能那么做,那是盗窃"这个思想进入到意识层面。这个过程在之后的认知循环中会持续下去,在这些循环中有支持者子代码块以及更进一步的提议或者异议,这些提议或者异议由于赢得了竞争从而被有意识地广泛传播。好戏登场了。

需要注意的是,第一次反对是隐含地基于规则"不要偷盗"之上的。在进行提议的那个循环最后,"复制 Photoshop 软件"这个提议处于工作空间之中。在工作空间里,这个提议从语义记忆中对"不要偷盗"这个规则进行了提示,而所谓语义记忆,是陈述性长期记忆中的一部分。该规则在工作空间里被激活并且被表征为一种结构,这种结构也就是一组节点和联结。一个注意力子代码块随后与该规则之间建立起一种联盟,其目的是建造出一个反对者-注意力子代码块,该子代码块的信息内容是:"不要复制 Photoshop 软件,那是偷盗。"如果反对有效的话,这种进入意识层面的异议就会对隐含在复制软件这个想法中的行动方案进行阻止。

规则与义务在语义记忆中是作为知觉结构来储存的。规则或者义务在受到提议或者异议的提示之后就会被回想起来、召回到工作记忆里,它们会进入意识层面,参与到内心对话之中。需要注意的是,除了反对者以外,支持者也可以对规则进行激发。当把一个提议提出并摆上台面后,如果在足够长的时间里都没有进一步的反对意见,那么计时器在隐喻性意义上就会鸣响,这时候内心对话就要停止了。在那个时刻,对提议采取行动的、程序记忆中的某个方案就会被呈送给行动选择机制。被呈送的这个方案会被高度激活,因此可以肯定它会被选上,这样也排除了一些危机以及干涉性忧虑。

在每一个循环里,对提议者和反对者的激活都会衰减(减弱)。因此,作为强约束正在运行的规则就需要有较高级别的激活才能使其得以持续。一个像"不能杀人"这样的规则如果想要有效地运作的话就必须被强化,而这种强化可以通过与该规则相关联的感觉以强效价的形式来达成。羞耻感、对杀戮的厌恶或者对法律的畏惧都能在人们当中起有效的强化作用。但是,对于例如战争中的杀人行动,或者为保护儿童以及其他受庇护者的杀人行动,其他支持者也会给这些行动提供正效价。

每当对一个规则或者职责的运用进入意识层面的时候,知觉学习也就成为可能了,这跟每一个有意识事件是一样的。如果频繁地在类似情境中运用某个特定规则,LIDA 可能就会在知觉记忆中创造出一个范畴节点,该节点在前述类似情境的抽象化版本中对这个规则进行了表征。在我们上面的例子中,那个在做道德决策的智能体可能会学到"不要复制你没有被授权的软件"这个抽象节点。如果对这样一个节点强化了足够多的次数,那么对该规则的运用就会成为自动的。在长期的学习过程中,该节点需要与其他节点(尤其是具有负效价的感觉)之间相互形成联结。于是,当智能体在它所面临的情境中受到诱惑、想要复制软件时,这个规则节点就能成为知觉对象的一部分。它在工作空间中的出现将会阻止提议者子代码块提出"复制软件"这样的建议,也就是说,该规则是被自动地进行援用的。

　　这个内心对话为什么会开始呢? 我们已经看到了它是如何开始的。它开始于一个提议者-注意力子代码块突然向大脑提出一个提议。但是为什么不能排除对话,仅仅简单地在单个循环的末尾将例如复制软件这样的行动选作有意识地受到影响的行动呢? 在某些特定情境中,复制软件是得到允许的。软件许可证可能会允许在办公室和家里的两台机器上进行安装,不过使用者应该是单独一个人。如果遭遇这样的情境足够多次的话,那么,就会通过学习而程序性地获得某个"复制软件"的方案,并且其所在语境也正是前述情境。在这样的情况下,"复制软件"就会成为在单个循环中被选择出来的、有意识地受到影响的行动。但是,为了使这样一个方案能够程序性地通过学习而获得,它的行动就必须至少有一次是出于意志而选择的,也就是说,该行动是经过慎思过程的同意的。

　　一般说来,正是感知到的某个给定情境具有的新奇性导致将该情境作为慎思的对象,而不是简单地就去选定。智能体实际上需要进行思考的正是一个情境的新颖性或者至少是显示出的新颖性。新的情境不能刚刚好就和先天的或者习得的启发式相匹配,于是这些情境就需要获得注意。在处理新情况时,相关提议和异议就会自然而然地在脑海中浮现。

计划实施和想象

　　一般意义上的决策以及特殊意义上的道德决策经常需要想象性的计划以及对不同的可能情况进行检测。在上一章中我们所描述的建造人工道德智能体的进路总的来说都缺乏对可选行动进行生成和检测的机制,尽管"信念—愿望—意图"(BDI)智能体在这方面还是具备一些能力的。LIDA 模型跟许多传统人工智能程序一样有能力建造出可用于对不同情境进行评估的内在模型。例如,下国际象棋打败加里·卡斯帕罗夫的"深蓝"系统在选定要执行的最佳棋路之前会对不同的棋路进行检测。

　　LIDA 模型处理计划以及选项评估的方式与传统人工智能是不同的。在"有效的老式人工智能"(GOFAI)中,程序员需要提前敲定出评价某个可能情境的标准的许多方面。在 LIDA 中,由执行独立任务的各个子代码块来对不同情况进行建立与评价。某个情境可能会被成千上万的不同子代码块所评价,每个子代码块都在寻找特定种类的信息。注意力子代码块在找到与它们的关切相关的信息后,就会竞相把相关信息引入意识层面。例如,如果一个子代码块在某情况里发现了表征血液的信息,这个子代码块就可能会召集其他子代码块来一起审视是否有人或者动物在那个情境下受伤了。子代码块这个模型对于道德决策来说是尤为有用的,因为没有人需要事先就明确提出评价某个情境的道德标准究竟是什么。事实上,虽然成千上万的注意力子代码块可能会搜寻在道德上相关的信息,但是只有在找到与它们的指令或者功能有密切关系的信息后,那些相关注意力子代码块才会竞相获得注意。

　　在 LIDA 中,想象对应于某个在工作空间里被建造出来的模型,该模型由子代码块所建造,而那些子代码块的任务是在工作空间里建造出结构。世界的内在模型由知觉记忆中的节点和联结所构成。LIDA 的行动选择发生于每一个认知循环的末尾。这种行动可能很简单,就如同为工作空间里的模型增加一个成分。通过不断地改变工作空间中的某个模型,想象性的深思熟虑就可以发生于许多认知循环之中。

　　假设委任一名城镇规划者去对城镇中的应急服务机构进行设计和选址。该规划者所受的部分训练将会包括习得复杂的内在行为流,这些内在行为流通过在特定地址上设置不同的机构从而对不同方案进行建构和操纵。其他内在行为流可以帮助人们使用功能性、美学以及道德标准来对这样的方案(急救车、消防队、警察局以及医疗机构的选址在头脑里所进行的规划)进行评价。如前文所述,意志性决策将会运用其他行为流来决定在被构造出来的方案中到底选择哪一个。如果一切恰当的话,在 LIDA 中,完成大部分此项工作的中心地点是工作空间,尽管基于 LIDA 的具身机器人也可能将观点写在纸上。

为了使得 LIDA 对道德慎思恰当地进行模型化，我们最终需要设计出对道德相关信息具有敏感性的注意力子代码块。至于这样的道德敏感子代码块，其设计是否异于对搜寻具体信息的子代码块的一般性设计，这个问题还需留待观察。但是至少可以这样说，例如，我们期望在这个混合体中必须包含着某种注意力子代码块，它敏感于受一个人工道德智能体的行动所影响的、关于人类面部表情与言语表达的具体信息。子代码块的优势，在于它们提供的可无限扩张的框架会考虑越来越多的相关因素。

决议、评价以及进一步的学习

当对某项提议再也找不出任何异议的时候，基于 LIDA 的智能体就会达成决议。假定在重复性的认知循环里对异议的激活会衰退，于是得到极大强化的提议迟早会压倒微弱的异议。但是提议以及它们的支持者也会在对它们的激活中随着时间的流逝而弱化。微弱的提议也可能会在获取注意力的竞争中输给其他需要关切的事情，从而消除了智能体所面临的、应对挑战的压力和需求。被高度激活的规则、职责或者其他提出异议者将会比微弱的提议者更加持久，并且它们将推动那些更具创新性的、能够顾及到有力异议的提议进行发展。

然而，出自时间的压力可能会迫使人们在所有异议都被驱散之前就进行决策。提议和异议在强度上的衰退、决策的时间压力以及来自其他相关方面的压力会迫使人们对某个挑战选出一定的应对方式，即便这个应对方式是不充分的、不完全的。进一步地，即便给相关智能体分配足够多的时间，道德慎思也极少能够战胜所有异议。道德决策通常是比较混乱的，但是 LIDA 的架构有潜力在此等复杂性之下生成适应性行为。在未来，与人类智能体相比，受 LIDA 启发的道德智能体将会考虑更广大范围内的提议、异议以及支持性证据，因此，与人类相比，这些道德智能体也很有可能选择出更加令人满意的行动方案。

对 LIDA 模型的设计并未基于固定的道德价值，该模型可能跟人类智能体一样，在不必考虑他人需求的情况下，就受极大强化的冲动和提议的刺激而做出行动。这一问题已经被前面所述的"好心人"之类的实验揭示出来了。一些哲学家已经辩称，这样的实验表明了所谓稳固的道德品质的概念只是个神话；而另一些哲学家则辩称，那些实验只是进一步强化了以下观点：伦理不是关于人类实际上是如何行动的，而是提供给人们进行反思和自我约束的理想典范，这些理想对于人们通常的心理倾向具有超越性。这些问题已经远远超出了 LIDA 的现有技术能力。但是 LIDA 所提供的是一个计算机学习模型，这种模型能够给出具体步骤，使得自身成为一个关于道德教育或者优良品质发展的、更加完整的模型。

基于 LIDA 的人工道德智能体监测自身行为的方式对于其道德发展来说是十分重要的。在做出应对道德挑战的决议之后，这样的智能体会对由此产生的结果是否成功进行监测，它们主要是通过一种期望子代码块来进行。期望子代码块是一种注意力子代码块（由所选行为而导致），它们的任务就是将关于行为结果的信息带入意识之中。尤其需要指出，被期望的智能体将会被一个行动方案的预期结果与实际结果之间的差异所激活。这种差异在被注意到之后，又会相应地强化或者禁止在将来面对类似挑战时运用之前的行为方案。通过这种方式，智能体就会注意到结果是如何与预测相互关联的，而是这有助于程序化学习的。这个关于程序化学习的一般模型可以使智能体在以下情境中发展道德，即当该智能体已经在行为选择中明确地考虑了道德因素，并且，在对于所选行为的积极道德后果的期望之中，也已经明确地考虑了道德因素。

继续前进

像 GWT-LIDA 模型这样的综合性理论，其价值在于它提供了一个框架来综合来自多种源头的输入信息。像 LIDA 这样的模块系统能够支持范围比较广泛的输入信息。模块计算机系统并不完全依赖于某一个设计团队的巧思。综合性系统的设计者们在对其他研究者所发展出来的模块进行选择时，可以利用其中的各个最佳模块，这些模块管理着感官输入、知觉或者各种形式的记忆（包括语义记忆以及程序性记忆）。在 GWT-LIDA 模型中，由在不同信息联盟之间对获取关注的竞争、获胜联盟的全局传播以及在每一个认知循环中的行动选择所形成的机制对不同来源的信息输入进行了综合。对信息的无意识并行处理、认知循环的速率以及高阶认知能力的多循环进路，这些保证了像 LIDA 那样的道德智能体能够在选择与行动中去综合较广的范围内的道德相关输入信息。

尽管如此，我们并不想给大家造成这样一种印象：像 LIDA 这样的人工智能工程能够解决所有问题。正如对方案进行测试的其他人工智能程序那样,LIDA 必须面对尺度(scaling)挑战,也就是说,问题在于其策略能否适用于处理对复杂方案的建造以及评价。进一步地,前文中的讨论还提出了一大堆其他问题。由这些描述所表明的机制是否捕获了人类决策过程中的重要方面呢?即便人类的运作方式各有不同,前文所描述的机制是否充分到足以捕获道德决策的实际需要呢?表征不同规则(提议者与反对者)之间冲突的机制是否过于简单化以至于无法捕获人类道德决策的丰富动力特性呢?执行这些机制的简陋系统能否被扩展至处理那些在更为多样的情境中运行的自主系统所会遭遇的、更为复杂的道德挑战呢?由 GWT-LIDA 模型所表明的、关于意识的功能性模型是否充分呢?或者智能体是否会需要某种形式的、在所描述系统中尚未把握的现象经验呢?在还没有对道德的社会性层面获得全面描述的情况下,能否真正理解道德?在管理与调节智能体之间因为利益竞争而产生的冲突时,LIDA 能够在多大程度上比较好地处理其中所包含的、需要小心处理的种种社会协商呢?

富兰克林以及其他运用 LIDA 模型的人能够给出 LIDA 应对这些挑战的方式,但是相关路径最初仅仅是其概念尚未得到验证的理论。例如,富兰克林认为 LIDA 需要一个像心灵理论那样的东西才能在社会情境中得以充分地运作,并且他也正在致力于找出一定方式来对 LIDA 模型进行调整,从而使其能够领会他人的信念与意向。富兰克林认为,运用现有的结构就能够将心灵理论构造进 LIDA 模型中。在本书中,LIDA 模型并没有使用心灵理论,但是在前面所提到的敏感于人们面部情绪表情的注意力子代码块当然会是构造此能力的一个领域。

当然,对道德能力的机械说明还是会有许多人对其表示怀疑。但是,正如人们常说的,实践是真正的检验。如上描述当然并非表明了功能完整的人工道德智能体将会从计算机系统中涌现出来。但是,我们已经概述出探索这种可能性的一个丰富的实验性框架。

在本章中所概述的、建造人工道德智能体的进路与在第九章中所描述的进路是不同的。在第九章中,我们调查了关注于道德决策之某一方面的软件工程。而在本章,我们谈论的进路提供了一个能够对多种不同道德相关考量进行综合的普遍架构。然而,在这个阶段,LIDA 仅仅是部分地得到了执行,它在很大程度上还是一个概念模型。没有人能够预先知道,到底是追求现今已经可以得到完全执行的、野心较小的工程(例如在第九章中所描述的那些工程)更好,还是努力去发展具备通用人工智能的系统更好。事实上,那种认为存在着一个最佳路径的看法可能是基于一种误解,最终可能会存在着多重方式可以将我们在第九章和第十章中所讨论的特殊进路组合成一个专门的模块架构(例如罗纳德·阿金提出的架构)或者一个全局模型(例如学习型智能分配智能体)。但是,本章以及第九章中所希望表明的是伦理软件已经走出科幻小说而具备真实代码的形式了。不论这些努力在现在看来是何等的初级,设计人工道德智能体的实验已经起步了。

第十二章

危险、权利和责任

未来头条

"华盛顿机器人游行,要求获得公民权利"

"恐怖分子的虚拟化身炸弹袭击虚拟假日场所"

"诺贝尔文学奖颁给 IBM 的深蓝朵拉"

"针对机器人解放部队(FARL)的种族灭绝指控"

"纳米机器人修复心脏穿孔"

"虚拟交易员(VTB)在货币市场敛财"

"联合国就禁止人工智能自我复制展开辩论"

"连环追猎者盯上机器人性工作者"

这些新闻标题会在本世纪出现吗?抑或只不过是科幻作家的素材?近些年来,一大批计算机科学家、法律理论家和政策专家,已经开始严肃地谈论高智能机器人参与人类日常商业活动会带来的各项挑战。雷·科兹维尔(Ray Kurzwell)和汉斯·莫拉维克(Hans Moravec)等著名科学家激情洋溢地谈道,机器人的智能将高出于人类,人类可以把精神上传到计算机系统从而获得某种形式的永生。他们基于一种心灵计算理论和摩尔定律关于未来几十年的预测提出,智能水平堪比人类的计算机系统大约会在2020—2050 年出现。法律专家在争论,是否可能出于法律目的而将有意识的 AI 认定为"人",或者甚至最终与人类拥有平等的权利。政策规划者则认真考虑控制各种技术发展的必要性问题，正如人们所知，那些技术可能潜在地威胁着人类。相比那些猜想未来情境的作品汹涌而至，谈论建构机器人道德决策能力的文章只是沧海一粟。

　　将新技术结合起来会提供新的可能。在遗传学、纳米技术和神经药理学领域的进步相互融合，并与人工智能相结合，而其结合的方式远非人类所能预测的。在可能从 AI 研究中出现的多项技术中，超级智能机器人只是其中之一。诸如产生半机械人文化的那些可能性，显现出了现有神经义肢技术研究的自然延伸，这些技术包括耳蜗植入、与人工肢体的神经联结，以及缓解帕金森病症状的脑深层刺激手术。借助计算机与大脑之间的神经联结，未来的半机械人甚至可能使赛博空间与真实生活之间的界限消失。血液中的纳米机器人，其活动与外部计算机联结的界面，开启了修复受损器官的可能性，也展现着提升体力和脑力的可能性。然而，受到外部控制的纳米机器人可能也会不择手段地进入人的内心世界。

　　哪些未来景象在不久的将来（20～50 年以内）就会成为现实？而哪些只是理论上的幻想呢？每次雷·科兹维尔提出奇点（即 AI 超过人类智能的点）临近的预言，都会有同样著名的两位科学家表示出质疑。对整个 AI 事业持怀疑态度的科学家质疑其可能性；与此同时，那些相信人类不可避免终将创造出高级 AI 形式的科学家们，对于强 AI 在多长时间（10～200年）后会成为可能也观点不一。怀疑者强调必须克服各种技术挑战的困难，而坚信者却更可能对此轻描淡写。笃信者倾向于粉饰建构人工道德智能体（AMA）时出现的伦理挑战，而对我们的心智有怀疑的人似乎更敏感于其风险性，担心如果建构的系统其运行达不到我们想要的良性结果怎么办。当然，这是一种泛泛的描述，但笃信者在谈论具有超级智能 AI 系统的伦理时，关于人们为什么能够信任此类系统会造福人类，他们趋向半信半疑或天真的假设。这些不同态度里，我们观察到的也许只是心理定向（这个茶杯是半杯满还是半杯空），以及对那些视之为巨大挑战的人，我们只需要使其乐观地相信这些项目会对社会带来好的方面。

　　猜想不久之后的状况与现有的相对初级的机器人技术状况之间是存在巨大差距的，要对此真正理解很困难。然而，在政策制定者和公众应该严肃地考虑拟人 AI（且不提超人 AI）的前景之前，人类需要跨越主要的技术阈值。

　　在本章中，我们要讨论一些更为未来主义的考量，这些考量涉及执行 AI 的道德决策能力。我们从一开始就要明白。这些未来主义的思考并不能帮助我们编写建构 AMA 的程序。但是,关于谁为智能机器人的行为负责,以及智能机器人何时越过奇点开始为自己的行为负责这样的法律问题,必然与本书的主旨相关。对未来研究需要监管还是放弃的政策辩论影响着 AMA 的发展;反过来,它也会受到确保智能机器人技术安全性的进展的影响;进而,社会政策也受到公众的希冀或恐惧情绪的影响。所幸的是,为 AI 发展的公共政策提供资讯的是现实的可能性,而不是猜测或宣传。我们会首先提出希望和忧虑;然后探讨道德主体和法律责任;最后才用一些评论作为总结,思考是否应该接受、监管抑或放弃关于机器人技术的研究。

未来学

> 自我复制的超级智能人造物能够做出重要决策的可能性引起了猜测:机器人或其他形式的具有独立自主性的 AI 最终会接管这个世界,并主宰甚至毁灭人类。在一些科学家和技术专家意识到这样的发展是自然而然或不可避免的时候;另一些人却发现这只是有可能,但并非极有可能或必然发生,或者认为这种接管情景太夸张了,导致公众对机器人学和 AI 形成了歪曲的印象,也可能破坏 AI 进一步的发展。
>
> ——伊娃·斯密特,《机器人,君往何处?》[1]

关于机器人的未来主义文学作品把智能机器描绘成道德主体或邪恶主体,其行动甚至能摆脱设计、制造他们的工程师,这些纯属杜撰。在这些无论是乌托邦式还是反乌托邦式的景象中,机器人都扮演着关键角色。

那些关于 AI 系统很快就会在智能上与人类等同(即使不是超过)的猜测,助长了对未来机器人接管情景的技术上的幻想和恐慌。或许,正如某些对未来的预测所预言的那样,自我复制的机器人物种的确会威胁甚至控制人类。然而,尽管比尔·乔伊(Bill Joy)2000 年在《连线》杂志上发表文章,长篇声讨自我复制技术,但自我复制机器人不太可能成为人类的重要威胁。布兰迪斯大学的机器人专家乔丹·波拉克(Jordan Pollack)指出,

---

[1]　Iva Smit, Robots, Quo Vadis? ——编辑注

不像病原体或者可复制的纳米技术，机器人要复制自身，需要重要的资源，既有原材料形式的，又有基底构造方面的。所以，阻止机器人复制很简单，只要破坏基底构造或切断供应链就可以了。在丹尼尔·威尔逊（Danil Wilson）那部冷幽默式但具有丰富信息的作品《机器人起义时的生存指南：防御未来叛乱技巧》（*How to Survive a Robot Vprising*：*Tips on Defending yourself against the Coming Rebellion*）中，他也捕捉到了某些荒谬的对机器人接管的过分恐慌。

然而，阻止大型机器人复制的战术对于微小的纳米机器人却未必能成功。另一方面，即使在这个微型化的时代里，纳米机器人也未必很智能。但无论是不是智能的，危言耸听之辈总是酷爱那些灰雾（gray goo）场景[1]，在那里，自我复制的纳米机器人吃掉地球上所有的生物，这些场景象征着纳米技术提出的严肃的伦理挑战。还有一种可能性，如科幻小说家迈克尔·克莱顿（Michael Crichton）在小说《掠食》（*Drey*）中生动描绘的，成群的纳米机器人一起工作，也许会表现出险恶的群体行为。

对奇点到来或具备通用人工智能（AGI）的先进系统感兴趣的未来学家们，经常提到友善的 AI 的必要性。为了确保这些系统不会毁灭人类，友善的 AI 这一思想固然重要。但是，往往难以说清楚，那些谈及这项计划的人有多努力在致力于使 AI 变得友善，抑或他们只是口头说说，是为了平息人们对于高级 AI 来者不善的忧虑——这种恐惧也许会导致出台一些政策，去干预人们针对超人 AI 的轻率指控。

友善 AI 的概念是埃利泽·尤德科夫斯基（Eliezer yudkovsky）提出并发展的，他是人工智能奇点研究所的创始人之一。该研究所假定，信息技术的加速发展终将造出比人类更聪明的 AI，而正如该研究所陈述的，他们的目标就是去迎接这一挑战所提出的机遇与危险。埃利泽是一位才华横溢的年轻人，有时他的想法简直称得上是天才的假定。他几乎虔诚地致力于奇点不可避免的信念，他的关于制造友善 AI 的想法认为，系统会很快具有先进能力，这些能力可以训练 AI，使其评估人类并对人类考虑的问题敏感。

尤德科夫斯基认为，对人类"友好"这一价值属于自上而下的原则，在一个人们称之为"硬起飞"的假定关头来临之前，这个原则必须已经在 AGI 系统中融合好了。在"软起飞"中，向奇点的转变发生在一段很长的时间

---

① 科学家和科幻作家描述的世界末日场景。——译者

内,而"硬起飞"与此截然相反.——该理论预测,这种转变将发生得非常突然,或许只有几天时间。这种观点是,只要有一个接近人类能力的系统开始关注内心,并开始修改自己的编码,它就会指数级地飞速发展。人们感到恐惧的是,这样的系统在能力上会很快超越人类,而如果它对人类并不友好,那么它对待人类的方式,就不会比人类对待其他动物尤其是昆虫之类的好多少。

本·戈策尔(Ben Goertzel)认为,尤德科夫斯基的友善 AI 策略并不会成功。戈策尔是致力于建造 AGI 的领军科学家之一。他的 Novamente 项目现在就用于建造一个能够在大众化的网上世界"第二人生"中运行的AGI,他相信,如果有足够的经费支持,在下一个十年之内就有可能实现。戈策尔所关心的是,对人类"友好"未必是 AGI 的一种自然而然的价值标准,因此,这个价值不太可能在经过 AI 有效的自我修正环节之后还保存下来。他建议,围绕几个基本价值来设计 AGI。在一篇关于 AI 道德的论文中,他区分了抽象的基本道德和难以实施的基本道德,例如,创造多样性、保存已被证明有价值的现有模式,并让自己保持健康,这些抽象的基本道德在系统的功能结构中可能很轻松地建立起来,而难以实施的基本道德则需要通过实践来学习。在这些价值中,"难以实施的基本价值"在保护着生命,并使人聪明或让生命系统幸福。但是,没有体验,系统是很难理解什么是生活、什么是幸福的。

戈策尔建议,"让 AGI 明确地具有容易建立的基本价值"是可能的,"这些价值有益于人类,同时在 AGI 自身的情境下也是自然而然的(因此,历经 AGI 不间断的自我修正过程而保留这些价值相对可能)。"他提倡的策略是使用"实践训练方法,从而使系统具有难以实施的基本价值"。他用适当地谦虚的方式提出了这些建议:

> 最后,即使可能让人厌烦,我也要再次强调,所有这些评论都只是猜测和直觉。我的信念是,当我们用近似人类却仍然具有中等智能的 AGI 进行试验时,在这些话题上,我们所获得的实用意义会强得多。在此之前,所有确定无疑的断言,只要是关于实现道德的 AGI 的正确路径,都是非常离谱的。

我们赞成戈策尔的观点,虽然反思智能系统将带来的严重可能性或许很重要,但要在制定策略使那些系统成为道德的方面有所进展将会举步维艰。首先,计算机科学家们需要找到一些平台,使机器人可能具有通用人工智能。

谷歌公司的研究总监彼得·诺维格（Peter Norvig）是现代经典教材《人工智能：一种现代方法》（Artifioal Intelligence：A Modern Approach）的合著者，他也坚信，机器道德必然随着 AI 的进步而一同发展起来，而不应当仅仅指望未来的进步。当前，这显然也是我们应对开发有道德的机器这一挑战的态度。

机器人技术的进步可能正在破坏人性，这样的担忧强调，在这些系统的发展过程中，科学家有责任从事道德方面的考虑。对高级 AI 可能提出的挑战格外敏感的一位 AI 科学家是雨果·德·加里斯（Hago de Garis），他领导着中国武汉大学的一个人工智能小组，正在研究用数十亿的人工神经元制造大脑。他直言不讳地指出来自 AI 研究（包括他自己的研究）的潜在的负面影响，并预见了一场发生在高级人工智力的支持者和惧怕者们之间的战争。这里，德·加里斯采用了"人工智力分子"（artilects）这个词，它出自"人智能"，用它指具有超级智能的机器。

尼克·博斯特罗姆（Nick Bostrom）是位哲学家，建立了世界超人协会和牛津大学人类未来研究所。他提出，在伦理思考水平上，超级智能机器会远超人类。然而，他告诫人们，如果这样的机器会在智力上更胜一筹而且势不可挡，那么其设计者就理应赋予他们对人类友善的动机。

乔希·斯托尔斯·霍尔（Josh Storrs Hall）相信人类能够演化出具有积极价值观（第七章讨论过）的人造能动主体，和他一样，博斯特罗姆也大体上相信，超级智能系统会以一种有益于人类的方式行事。俄亥俄州卫理公会神学院的迈克尔雷·拉沙（Micheal Ray Laehat），则更进一步预言 AI 会发展成为一种实体，"在道德上会像人们想象得一样完美"的实体，……在决策过程中，这种实体的移情想象力会考虑到所有真正的众生的煎熬和痛楚……人们会越来越依赖于这种实体的道德决定。"或许，就像拉沙的作品所建议的，应该用"神"这个词来代替"实体"一词。

我们并不妄想能预测 AI 的未来。然而，依我们审慎的观点，比较乐观的情形是基于近乎盲目信任的假设之上的。哪些平台对建造高级的 AI 形式会是最成功的，这个问题还远未得到清晰的回答。不同的平台会提出不同的挑战，以及不同的应对方法，比如说，有情感的机器人代表着与无情感的机器人截然不同的物种。

然而，我们赞成，这些系统无论是否具有超级智能，只要具有高度自主性，就需要赋予其对人类友善的动机或者美好的品质。不幸的是，总会有一些个人和公司为了一己之私发展一些系统。这就意味着,他们为机器人设计程序的目标和价值标准可能并不会为人性之善服务,当然,公共政策的制定者会重视这种前景的。但如果工程师在设计高级 AI 系统时能够考虑到误用的潜在可能性,这是最有帮助的。

即使机器人最终已经被发展得有益于社会了,如果缺乏恰当的伦理约束或伦理动机,发展这样的系统也会产生长远的后果。第九章曾讨论过,美国国防部对在危险的军事行动中用机器人代替人尤为感兴趣,并宣称这些机器人的一个目标就是拯救人类士兵的生命。很可能,给机器人士兵编写的程序,不会像阿西莫夫机器人第一定律那样具有约束性。例如,通过制造机器人士兵在作战中挽救人的生命的必要性,比确保这些机器可控而且不会被误用所面临的困难更重要吗?

从设计道德机器的视角来看,未来主义场景的重要性在于其警世故事的作用,告诫工程师要警惕当前问题的解决方案并不能控制未来意想不到的后果。例如,当军事机器人遭遇了依阿西莫夫机器人第一定律编程的居家服务机器人时,会发生什么呢?最初,人们可能假定,不论军事机器人还是服务机器人,基本没什么变化;但最终,当机器人获得了重新编程或重建其处理信息的方式的时候,这样的会面就可能导致更严峻的后果,包括一个机器人会给另一个机器人重新编程的可能性。

同时,更迫切的忧虑,是 AMA 通过结构获得并处理它所吸收的信息,因而在结构上非常微小的增量变化也会导致微妙的、干扰性的、潜在破坏性的行为。例如,一个机器人正在学习与信任有关的社会因素,它就可能以偏概全去概括不相关的特征,如眼睛、头发,或肤色,从而导致不应当出现的偏见结果。

对于开发复杂的 AMA 而言,学习系统是一个比较好的选择,但具体途径有其独有的问题。在尚不成熟阶段,学习系统需要被隔离,保护人类免受系统试验和错误的伤害。学得较好的机器人会成为开放系统——扩大其整合信息的广度,从它们所处的环境、别的机器人和人类那里学习。总是会有这样的可能,一个学习系统会习得与其内在约束相冲突的知识。个体机器人会由于这样的知识而"发生冲突",或者会以回避约束的方式使用这样的知识,我们都不得而知。假如一个学习系统有可能发现一种方法去越过控制机制,而这些机制正是起着内在的约束作用,那就尤其令人堪忧了。

如果机器人会发展出高度自主性,此时,遏制不适宜行为的简单控制系统就只有望洋兴叹了。工程师怎样才能给系统内置进价值标准和控制机制,以使系统即便有可能却也很难去规避? 实际上,高级系统需要价值标准或道德倾向,它们与系统的整体设计是一体的,系统既不能也不会考虑要废除。这就是阿西莫夫围绕三定律设计机器人正电子大脑的构想。

对于 AMA 的设计而言,自下而上进路的一个魅力是用作系统行为约束的控制机制可能以某种方式进化,而通过这种方式,控制机制与系统整体设计就真正地融为一体。在效果上,整体的内在约束会表现得像良知一样无法回避,除非所追求的目标对人类的重要性是一目了然的。在赞同为机器确立良知的进化进路方面,斯托尔斯·霍尔(Storrs Hall)和其他人都已强调过这一点。然而,自下而上的进化会产生一大群的后代,而能够适应并幸存下来的机器,并不仅仅是那些在人类看来,其价值标准是明显善意的机器。

在人类的发展和对不当行为的遏制中,惩罚(从羞辱到严刑惩处)或至少惧怕惩罚都发挥了一定作用。不幸的是,被惩罚这一概念是否会在机器人的发展过程中产生持久影响,尚不可知。机器人真的可以设计成惧怕被关机吗? 当然,对应于挫败感或耻辱感的一些东西可能会编写进未来机器人系统的程序中,如果在实现系统目标时没有成功,那么就会运行对应于这些感觉的程序。而且,遏制系统追求其目标的机制(如一旦系统违反规范,就放慢为其提供信息或能量的速度),可能作为对简单自主机器人进行"惩罚"的替代形式。然而,更先进的机器必然会找到回避这些控制的方法,以发现其能量和信息来源。

真正的挫败感或耻辱感,这种约束作用显示出有情感的机器人的价值。不幸的是,将情感引入机器人实际上是一个潘多拉魔盒,其中充满着利益和伦理挑战。正如伯明翰大学计算机科学学院讲师威廉·埃德蒙森(William Edmonson)所述,"情感上不成熟的机器人会在人们面前表现出奇怪的行为,这些可能引发伦理上的问题。此外,机器人自己当然也可能提出伦理挑战:建造有情感的机器人不道德,还是建造没有情感的机器人不道德?"

从技术和道德这两个角度来看,建造能够感觉到心理和身体痛楚的机器人并非易事。在谈论机器人的权利时,我们会回到为机器人植入情感的伦理问题。鉴于本部分的目的,我们点到即止:尽管不良的情感或许在人类道德发展的过程中起着重要作用,但仅仅为此而把这些情感植入机器人,可能制造的问题比解决的问题更多,这是得不偿失的。

设计或发展那些与机器人的整体结构融为一体的约束条件,是未来机器人专家需要面对的颇为吸引人的挑战。机器人专家在开发完善的控制系统方面的成功,很可能将决定设计 AMA 的技术可行性,以及左右公众对建造这些表现出高度自主性的系统的支持与否。

担心未来的系统或许不能受到完全制约,抑或它们将摧毁人类,这些担忧导致出现了一些评论家,他们提议,应该在高级 AI 失控之前禁止此类研究。后文我们会谈论 AI 所提出的公共政策方面的挑战。但在此先看看将机器人认定为道德主体的标准,以及将来某一天它们是否值得拥有公民权利和合法权利的标准。

责任、追责、自主体、权利和义务

短时间内,自主机器人是不可能完成全面接管的。但它们正在造成伤害,这种伤害是真实的、能察觉到的,而且它们不会永远在伦理或法律指导的范围内行动。当这些机器人的确造成伤害的时候,就要有人或什么东西来承担责任。

如果说数字时代的加速发展已经给我们上了一课,那就是法律滞后于技术。这对于许多与陈旧的美国版权法打过交道的人而言,都再清楚不过了。不论某份资料有没有版权,计算机都使复制、发布信息变得轻而易举。有人(尤其是书籍出版商、音乐和电影行业的代表)认为,这表明需要去完善数字权利的管理计划,以便使知识产权所有者享有的权利得到加强。但还有人认为,这种所谓的权利只是一个逝去的时代的遗物,应该修理而不是去加强这些权利。

杜克法学院公共领域研究中心的詹姆斯·波义耳(James Boyle)主张,当出版商在价格高昂的印刷技术上投资巨大时,长期版权是有意义的。他们理应获得投资的公平回报,这何足为奇呢?而现在,数字再生产和发行成本已经微不足道,那么作者和公众就应该得到更好的服务。他主张通过"数字共享"来实现,即在现有法律允许之前就开放进入公共领域的资料。波义耳的方法已经推动了新的版权协议——"复制许可"——允许作者从明确的权利菜单中选择某些权利,转让给想重新使用其工作的人。但是,这样的协议对于开放巨大的文化财富宝库而言毫无用处,尽管这些文化财富几乎没有商业价值,却仍然受到版权这个在另一个时代持有的法律权利的束缚。

正如版权法没有跟上数字时代的步伐,面对自主性日益增强的人工智能体所提出的挑战,责任法也会滞后的。当然,法律专家会继续对技术发展做出回应。因特网对商业利益开放之后将近15年,像杜克大学这样的一些卓越的大学法学院才看到需要建立研究中心来研究数字时代的法律问题。与此类似,我们预计,或许需要另一个15年之后,才会有一个重要的法学院认识到开创"法律与人工智能体研究中心"的必要性。然而,对法律发展所需要的投入做出预计,这可比做出反应要难得多。

需要给机器人颁布一个等同的"权利法案"吗?(机器人权利法案许可?)欧洲议会和韩国政府最近都发表了立场文章,建议这种情况可能会发生的。

比机器人权利更迫切需要关注的是现有产品的安全与责任法。这些法律在机器人行为的责任归属方面已经不适用了,就像版权法已经不适用于因特网。例如,海伦·尼森鲍姆(Helen Nissenbaum)在她1996年发表的一篇文章中就已经强调,在建造各种各样的部件来组成复杂的自动装置的过程中,"很多双手"都扮演着各自的角色。随着系统越来越复杂,出现问题时,问责就变得极为困难。在新的时代背景下面对新的挑战,这些不同部件会怎样相互作用,不可能总会预料到。在1986年"挑战者号"灾难中,问题出在人们不以为意的O型圈上,确定该责任所花的时间和代价恰恰说明要揭晓复杂系统失败的原因是多么困难。而机器日益增长的自主性将会使这些问题难上加难。

在不久的将来,会继续延用产品安全法去处理人工自主体问题,对非法的、不负责任的危险实践而言,实际的追责将首先由法庭确立,随后才是立法机构。智能机器会对现有法律提出很多新的挑战。我们预计,制造和应用智能机器的公司会强调确定责任的困难,并鼓励无过失保险政策。促使机器具有独立的法律主体地位(类似于公司所具有的独立法律地位),并将其作为一种手段限制智能机器的创造者和使用者的金融和法律责任,对这些公司可能也是有益处的。换言之,在这些系统能够表现出充分智能的自主性之前,早早就把一种实际存在的道德主体性归因给这些系统。然而,很多人会抵制把人工系统视为道德主体,因为他们认为计算机和机器人本质上就没有心。

我们在这本书中自始至终都在论证,人工系统是否是真正的道德主体,这并不重要。工程学的目标始终如一:人类需要高级机器人尽可能像道德主体一样行事。这些虑无不周的高级自动化系统,能用道德标准排序不同的行动方案,比起对道德问题置若罔闻的系统要更可取。如果因为这些系统不是真正的道德主体而拒绝考虑如何设计道德敏感系统的问题,既缺乏远见,也很危险。

还有一个威胁隐约可见。如果将人工系统称为道德主体了,或许人们就会认为 AMA 的设计者、编程者和使用者在适当的道德责任方面,不再具有不可推卸的责任。将机器称之为道德主体,在出现问题时或许会引诱人们推卸责任。

这是一个严肃的问题,但是情况还不像人们想得那么危险。即使一个人作为另外一个人的主体,这种情形下的责任分配问题人们也在讨论着。举个极端的例子,如果你雇用一个职业杀手,没有任何理由可以说,你所雇用的这个人应该采用他自己的伦理道德标准,因此你对这场谋杀不负任何责任。即使在不这么极端的情况下,那些为你工作或者和你共同工作的人,也不会自动就认为你对他们的行为不负道德责任。与此类似,也没有任何理由认为,给复杂的人造物赋予了道德主体性,就应该轻易地否认这些复杂的人造物它们的行为所负有的责任。

所以,为了眼下紧迫的实践目的,我们要设计和分配伤害责任(软件工程和社会工程方面的)。我们认为,不要过多地纠结在机器人和软件主体是否真的是道德自主体。不过,看一看关于真正的道德主体性方面的哲学讨论,了解这些论证是否提供了线索,以预期并解决自主机器人将带来的法律和政治问题,仍然是有指导意义的。

(一) 道德主体性

在日常实践中,人们大多是先根据行为的结果去评判人。但随着人们追问行为背后的动机,并有了越来越多的了解,就会去调整甚至放弃仅仅基于结果得出的结论了。动机对人们做判断产生着如此之大的影响,甚至会据此将显而易见的好的行为认为是不好的,就比如有时候,对隐秘不明的动机所怀有的猜疑,可以把看起来正确的行为判定为邪恶的(例如,他对她宽容而慷慨,因为他想骗她结婚)。仔细思考这些案例,很多伦理学家已经认同,只有当一种行为发自于主体心灵的某种状态——即来源于一定程度的意图、目的、动机或倾向,才能认为这是道德的。

近年来,一些哲学家创立了"实验哲学"这一领域,以此来突破本学科的传统方法。实验哲学家现在不再依赖于对思想实验的直觉(这些直觉只在他们同事的办公室般狭小的区域内得到认同），而是系统调查关于伦理（和其他哲学）问题的直觉如何能受看似无关的因素所影响。例如，在电车案例中，牺牲一个人可以使五个人从失控电车的轮下逃生，人们发现，如果要求设想一个情境，即他们必须触碰到会死的那个人，那么人们对什么是可以允许的这个问题，在直觉上就产生很大的差别。因此，根据一个人在这种状况下的直接主体性意识就可以对相似的结果做出不同的评价。同样，我们预言，与机器人之间直接的身体相互作用，会增强人们对自身的主体性和责任的意识。

　　实验哲学的另一个有趣的结果是北卡罗莱纳大学教堂山分校的一位哲学家约书亚·诺布（Joshua Nnobe）发现的。诺布给人们提供了几个描述公司老总赚钱动机的情境。在这些场景里，公司老总的赚钱欲望是压倒一切的。老总可以说"我不在乎破坏/改善环境，只要能赚钱就行！"他选择的行为所导致的预料之中的副作用，在某些情形中是消极的，某些情形中是积极的。在诺布的实验中，当老总的行为产生坏的副作用时，人们倾向于指责他；而当这些行为引起同样可预见的好的副作用时，人们却并不倾向于赞扬他。这种存在于赞扬和责备之间的不对称，在这个场景以及别的同样场景下都是可以解释的，因为老总的利润优先动机已经负载了道德因素了。然而，我们认为，诺布的发现关系到人们对人工自主体的可能反应。出现问题时，人工自主体当然会受到指责，但是，如第九章注释所言，机器人专家马赛厄斯·朔伊茨（Matthias Scheutz）的研究似乎表明，当人们假定机器人不服从命令是为了一个（人类的）共同目标时，就会更倾向于容忍。

　　对于功利主义者和其他的效果论者而言，主体性是次要的；主体是依据他或她的行为结果而被评判的，而不是那些行为背后的意图。但显然，人类与复杂机器之间的互动和人类对这些机器的态度，将会被不同于纯粹哲学理论的其他东西所影响和塑造。道德哲学家可能会为此哀叹，但所有有兴趣于未来法律和政治对机器人的立场的人，都敢放心地打赌说，这些机器人不会遵循纯粹效果论的进路。与此类似，尽管美德伦理学提供丰富的智识资源对品质进行哲学反思，但这些反思可能距离法院和立法机关里日常发生的拉锯战还是相当遥远的。康德派的伦理学家势必属于最拒斥机器可能成为真正的道德主体这一观点的阵营。具体而言，很多康德主义者相信，真正的（"形而上的"）自由意志对于所有真正的道德主体都是必不可少的，但机器必然不具备。我们已经论证过，对于工程任务而言，真正性并不是恰当的目标,而且我们也有理由证明,对于法律问题而言,这也不是一个合适的标准。诚然,围绕着非人动物的直接权利的那些非常活跃的法律问题表明,法律已经准备探讨康德不愿涉足的问题。

这些不一致的、有时又有着明显人类中心论的各种伦理学派的理论,并没有让我们明了在法律上将自主机器人视为道德主体的标准。尽管如此,我们不能因为这些系统没有能力去理解其行为造成的结果,它们就不会因其后果受到道德上的褒贬。人们确定赞赏和责备的倾向很复杂,会受到很多影响,很有可能这种倾向也会被运用在机器人身上。只要 AMA 能够评价自己对有情众生的行为的结果,而且能够用那些评价做出适当的选择,那么人们就可能认为它是值得称赞的。

在第四章,我们描述了弗洛里迪(Floridi)和桑德斯(Sanders)提出的三个标准,用于对无心的机器做自主性归因,它们是互动性、自主性和适应性。二者认为,人们可以在各种不同层次上看一个系统,从低层次的技术细节到更抽象的高层次的各个方面。借用弗洛里迪和桑德斯所用的语言,每个层次都可以被认为是它自己的"抽象层次"。他们主张从一个确定的抽象层次出发,如果这个系统拥有以上三个特征,那么它就应该被视为一个自主体。如果它的行事方式会产生道德结果,那么它就被认为是一个道德自主体。具体采用的"抽象层次"由特定的人进行观察时的特征(可观察量)来说明。不同的人,其观察特征是不同的,例如,软件使用者、程序员与工程师,程序员注意的是软件,工程师看到的是机械,而使用者可能只会觉察到行为。因此,它们会在不同的抽象"层次"上工作。

很多伦理学家和技术哲学家都不愿意把自主性归因给人造物,因为那样做似乎就免除了人工物的设计者和使用者对自己的使用所应负的道德责任。弗洛里迪和桑德斯区别了道德问责和道德责任,尝试以此来缓和这些顾虑。他们提出,"自主体(包括人类自主体)如果充当了'道德的角色',那么它们就应该被评价为是与道德有关的。至于它们是否想要如此,或者它们是否知道自己如此的问题,只是在第二个阶段才涉及,这就是当我们想知道它们是否对自己的行为负有道德上的责任的时候。"

根据弗洛里迪和桑德斯所言,比主体性的归因要容易得多的事情是对人造物进行问责。当一个人工智能体产生了在道德上不能接受的结果时,可以通过停止它的服务、破坏它等等方式去问责。他们认为,关注于更有限定性的道德问责概念,就可能避免一些忧虑,如技术人造物是否拥有像人一样的足够的能力,从而可以在与人完全相同的意义上被当做道德主体。在他们看来，存在一个抽象层次，在这个层次上，可以将无意识的系统视为道德主体，主要是按照道德问责去思考这些系统的设计、使用和控制，而不是受道德人格（道德人格与责任问题更相关）方面的担忧所束缚。

在很大程度上，我们赞成弗洛里迪和桑德斯的进路理念。我们认为，关于人工系统是否能成为"真正的"道德主体这样的担忧，转移了重要的问题，那就是如何设计系统使其在需要道德的情况下做出适当的行为。弗洛里迪和桑德斯针对这些担忧（时常是受康德思想启发的）做了出色的工作，因而，有助于"解放人工智能体的技术发展，使其不再束缚于标准却狭隘的观点"。

二人用这些"抽象层次"讨论建立一个架构，以使软件系统具有道德主体性的思想合法，他们赋予自己的目标是"澄清主体概念"。不过，我们认为，在应对建造 AMA 的工程挑战方面，二人的哲学分析并没有产生有用的建议，这也是此前我们没有在本书中对其进行详述的原因。他们最接近于现实问题的建议是，将在道德上可接受的行为定义为"阈值函数"，用于可观察变量，这些可观察变量构成一个抽象层次——在阈值以上可以认为是道德的，在阈值以下就是不道德的——但是，很难看出如何将这个抽象的思想付诸实践。他们也提议，应该为了遵守计算机协会（ACM）的道德规范而设计人工智能体。但规范怎样符合阈值，尚不得而知。例如，这些变量能够定义一个阈值，以产生与"为社会和人类福祉作出贡献"和"以诚实守信为荣"等规范相符的行为，那么这些变量是什么呢？

尽管我们注意到，弗洛里迪和桑德斯对主体性概念的转移有着局限性，但并不想略去对他们的主要认同。在思考与机器人互动的人如何开始把它们作为 AMA 来对待，以及为什么会如此的问题上，他们的架构都是有益的。然而，这就要依赖与观察者有关的抽象层次。根据弗洛里迪和桑德斯的观点，对普通使用者而言表现出适用性的系统，对软件工程师就不会显现出来，因为工程师是在一个不同的抽象层次上进行操作。嵌入计算机程序中的确定性规则对于软件工程师而言是可观察量。事实上，在大规模项目中，没有一个人能够把整个项目看做是可观察的，任何"伦理的子程序"的可观察性，都只是相对某些工程师而言的。而法律体系将面临的问题，是哪个（些）观察层次对决定法律问题是合适的。实际上，在法学界和科学界有着很类似的论辩，即如何处理在基因和神经元水平上对人类行为做出的机械论解释——这些解释会免除对某些人的行为追责吗？的确，在过去的 50 年里，关于能否因社会因素而宽恕个人的犯罪行为的问题，法律体系与此类问题的斗争经久不息。近年来,在神经科学的进展的推动下,已经有几所大学建立了"神经伦理学"研究组,尤其是宾夕法尼亚大学、斯坦福大学和不列颠哥伦比亚大学。

　　对我们而言,紧迫的问题仍然是谁对自主 AMA 的行为负责。弗洛里迪和桑德斯论证道,传统上认为只有人类才能为某些软件和(或)硬件负责,这种观点现在已经很过时了。任何主体在道德上都是可以问责的。但人工智能体不能以与人类同样的方式为其行为负责。显然,让 AMA 经受人类的赞许或指责意义并不大。对主体的范围做出清晰的划定(即抽象层次和道德阈值),就可能将责任进行分隔和形式化,并澄清它在道德中的角色,从而有助于使这个问题得以解决。进而,对于智能体避免采用人类中心的和拟人化的态度,就可以清除大量的障碍,以便去调查和更好地理解弗洛里迪和桑德斯所说的分布式道德,"局域层级上的若干智能体会相互作用,在系统内就如一只交互作用的'无形之手',导致全面的道德行为和集体的责任感,这一宏观层面的日益增长的现象。"就叫分布式道德。他们的概念允许无心的道德,又没有把道德责任感不恰当地分配给机器。这是对以精神状态、感觉、情绪和法律责任感为基础的人类中心式传统道德进路的一个补充。在这种观点看来,满足互动性、自主性和适应性标准的人工智能体即使没有表现出自由意志、精神状态或责任感,也依然是合理合法、完全可以问责的道德(或不道德)行为的源头。

　　智能人造物的行为责任依然是一个紧迫却难以解决的问题,因为当代社会特有的在行为和结果之间日益复杂的链条,使由谁做出重要决策这一问题模糊不清,而且也导致孰对孰错的问题更为复杂。传统上,人类设计者和操作员要为机器的行为承担道德问责。这种做法在很多情况下还是适用的,但当出现由很多人或者也有别的机器共同决策的机器行为的时候,而且又暴露出某种程度上的不可预见性,这一做法还适用吗?弗洛里迪和桑德斯提出,在这些情形下,当不想要的事情发生了,还是不惜代价地去认定责任并寻找责任人,是不太可能实现期望的结果的。相反,应该采用创新式管家的伦理学,也即是说,去关注问责,并通过对自主性的智能体进行监控和谴责,而使其改善规范行为,这种伦理学提供了应对现代技术挑战的更好的视角。但是,我们想再次强调,尽管这些关于道德问责的事后问题至关重要,但它们并没有为建造 AMA 所面临的那些基本技术挑战提供明确的解决途径,那些挑战就是让 AMA 能够评价自己针对有情众生的行为之结果,并能够依据评价做出恰当选择。

（二）权利与责任

以萨姆·莱曼-威尔兹格（Sam Lahman-Wilzig）1981 年的文章"自由的弗兰肯斯坦：关于人工智能的法律定义"为开端，一个小型的但日益壮大的学者共同体就已经开始关注人工系统的行为问责是否存在壁垒这一问题。他们总体上赞成，现行法律可以顺应智能机器人的到来。已经有大量的法律条文就给非人实体（公司）指定法人资格。所以，并不需要对法律做出多么激进的修改，就能将法人地位延伸到拥有高级能力的机器，从而把机器人当做责任主体。

从法律立场来看，更困难的问题是给予智能系统的可能的权利。当未来人工道德智能体应该获得各种法律地位时，或如若这般，那么他们的法律权利问题也会随之产生。如果将智能机器建造得具有自己的情感能力，如能够感觉疼痛，那么这就更是个问题了。

艾萨克·阿西莫夫（Isaac Asimov）在他的短篇小说《机器管家》（*The Bicentennial Man*）中预见到了这个问题，该小说被改编成罗宾·威廉姆斯（Robin Williams）主演的同名影片。主人公 NDR-113 型机器人"安德鲁"将自己的部件换成有机物并允许自己的正子脑衰退、死亡，只有这时，人们才承认其为人。从中可以得到的一个经验，就是人类的道德源于死亡。于是乎，乔希·斯托尔斯·霍尔（Josh Storrs Hall）的关于完美的道德机器必然产生自永生这一幻想，似乎离人们所希望的 AMA 就更远了。

已经有人呼吁，阻止研究这些能完全涉足人类道德领域的机器。哲学家托马斯·梅青格尔（Thomas Metzinger）著有《我不是我：关于主体性的自我模型理论》（*Being No-One：The Self-Model Theorg Sabjectivity*）这本关于意识的著作。他提出的现象自我模型（PSM）理论已经成为虚拟现实实验的基础，在这些实验中，人们经历着发生在他们自己身上的事件；同时，又从第三者的视角看到这些事件的发生。梅青格尔的解释丝毫没有排除将 PSM 植入机器的可能性。实际上，他的著作为机器人专家欧文·霍兰德（Owen Holland）关于机器意识的工作带来了灵感，然而，在书临近尾声时，梅青格尔写道：

> 苦难始于现象自我模型（Phenomenal Self Models，PSM）的层面……PSM 是神经计算的关键工具，从中不仅能发展出许多新的认知与社交技能，而且还促使有强大意识的系统以功能方式和表征方式

占有了其自身的分裂、失败和内在冲突。疼痛和其他的非肉体的痛苦,通常表征为"负效价"的状态特征,并被融入 PSM 中,现在,从现象上看是具备了。于是乎,不可避免地,这也显而易见地成了我自己的痛苦了……因此,我们应该禁止一切严肃的学术研究试图去创造(或冒风险去创造)人工以及后生命的 PSM。

我们现在的法律基于人与机器之间泾渭分明的区别,越来越复杂的人工智能体将会给这个区别带来越来越多的挑战。弗洛里迪和桑德斯是对的,一个人是否把这样的系统完全当作自主体,将取决于他所在的抽象层次。聚焦于低层次的机械装置,并认为它们没有什么道德自主性,从这个角度看就是这样的。但正如我们所看到的,如果我们关注的层次低到构成人的分子,那么对人的看法也会如出一辙了。采用哪个层次在一定程度上是范式的问题——这取决于你知道什么以及你想完成什么——但最终会是一个选择问题。从一个角度来看,我们创造的机器人貌似只是机器而已;而从另一个角度看,它们似乎是复杂而具有适应性的实体,甚至可能对我们在道德上关心的问题有着或多或少的敏感性。

戴维·卡尔弗利(David Calverley)是一位律师,他详细地阐述了 AMA 的问题,并指出,尽管确实可以找到现有的法律标准,使得拥有如意识这样高级能力的智能机器被认定为"法人",但最终的认定将会是一个政治方面的、而不是法律方面的决定。

(三) 确认成功

无论从法律上能否将人格的来龙去脉理出个头绪,对于工程师和监管者来说,更直接、更实际的需要就是对 AMA 的表现做出评估。但是,伦理标准是多样的,伦理行为也难以界定,这就提示我们,除了明晰的标准之外,别的东西可能也是不可或缺的。

从许多方面来说,识别好的 AMA 的难题其实就是另一个老 AI 问题的狭义版本,即怎样判定一台机器何时是智能的。正如阿兰·图灵(Alan Turing)试图回避智能的定义问题一样,想要避开关于伦理标准的分歧,明显的想法就是提供图灵测试的一个变体:道德的图灵测试 MTT(第四章中有过介绍)。一个人类裁判提问并试图根据回答确定与她互动的是机器还是人。如果在机器对道德问题的回答与人的回答之间,裁判没有把握去甄别,那么就可以判定机器的表现令人满意。就像图灵测试一样,任何道德的图灵测试也都必定不是完美的评价工具,但通过这种测试的局限性进行思考,有助于找出我们在评价 AMA 时想要的究竟是什么。

图灵测试是程序性测试。这些测试以具体的一套程序来确定机器的表现是否达到了所要求的水平,而不去设置清晰的标准。尽管如此,程序并非完全中性,我们依然可以从中发现它们所重视的因素。这样,道德的图灵测试所采用的问题-回答格式,可能过分强调了机器具备的清晰表达其道德决定之理由的能力。这或许适合于康德主义者,认为善的行为一定源于善的原因,但对功利主义者或常识进路就不太适合了。19 世纪最著名的功利主义者约翰·斯图尔特·密尔(John Stuart Mill)论证了,善的行为独立于主体的动机。而且很多人认为,即使小孩子(甚至可能是狗)不能清晰地表达其行为的原因,但他们仍是道德主体。

如果要将关注焦点从原因转移到行为上,我们也许可以采取限制人类裁判所能获取信息的方式。设想,在这个道德图灵测试中,为裁判描述人和人工道德智能体所做的有道德意义的实际行为,清除所有会识别出主体的参考内容。如果裁判多半能准确地识别出机器,那么机器就在测试中失败了。

然而,道德图灵测试的这个版本和最初的问答版本,都存在一个问题。它们都以可甄别性作为标准,其实这是错误的,因为机器有可能因其做出反应和行为的方式总是比人更好而被认出来。图灵为其最初的图灵测试考虑了一个类似的难题,并建议让机器的应答慢下来——例如,延迟机器对算术问题的反应。对最初的图灵测试而言,这是可以接受的,因为追求不可甄别性真的就是当初的目标。但对于 AMA 而言,实际上人们可能想让机器比人通常的道德决定和行为更加前后一致、公正无私。让裁判决定,两个主体中哪一个的道德程度更低,或许就可以解决这个问题。如果在多数情况下,不能轻易就将机器识别为道德程度低于人类,那么机器就通过了测试。这就是对比道德图灵测试(第四章所讨论的)。

而道德图灵测试也依然不完美。首先,人们可能会认为这个标准太低。即使为了通过测试,我们要求机器必须至少在平均水平上要被判定为与人一样有道德性,但人们不满足于此。也就是说,目标不应该仅仅是建造一个道德人工智能体,而是要建造一个堪称楷模的道德人工智能体。道德图灵测试允许机器的总体表现中包含那些会被判定为在道德上错误以及比人类更糟糕的行为,只要总体来说,这些行为不会使机器的道德评级低于人类即可。针对此问题,可能会严格要求道德图灵测试,以使机器在任何特定行为的比较中都不能比人类糟。但即使如此严格，所得到的标准可能仍嫌过低：人类行为本身往往就与理想中的道德相距甚远！对机器做出的伤害他人的决定，人们很可能不会像对人类那么宽容。

然而，没有得到广泛赞成的其他标准，道德图灵测试就只能是唯一有效的衡量标准，用以评价什么样的人工道德智能体行为是可接受的。

接受、拒绝，还是监管？

毫无疑问，如何评价机器人的智能和道德能力，这些思想将会影响针对机器人的公共政策。但在决定可问责性和机器人权利，以及对于某些形式的机器人研究是否需要监管或者取缔的问题方面，政治因素都将发挥更大的作用。

机器人问责问题虽然棘手但还是可处理的。例如，AI开发公司担心，即使他们的系统提高了人的安全系数，但仍然可能面临法律诉讼。谷歌公司的彼得·诺维格（Peter Norvig）举了一个由先进技术而非人所驱动的汽车的例子：设想在美国高速路上有一半的汽车是由机器人驾驶的，一年的死亡人数从大约42000人降低到约31000人，出售这些汽车的公司会得到奖励吗？抑或他们会面临成千上万起死亡诉讼？

所有新技术都面临诺维格的问题。人们很容易想到的就是新药的问题，某种新药能降低心脏病引起的总死亡率，同时却导致某些患者直接死于其副作用。所以，正如制药公司会面临诉讼一样，机器人制造商也会被关注机器人的律师起诉。这些案子中有些有价值，有些则不然。不过，自由社会有一系列的法律、规章、保险政策和司法先例，都有助于保护企业免受轻率的控告。开拓巨大的机器人商业市场的公司，会依赖现有准则以及申请额外立法的方式，以帮助他们处理追责问题，从而保护商业利益。

然而，随着机器人越来越复杂，在政治角力场上可能会出现两个问题：机器人自身可以为损失直接被追责或担责吗？应当承认高级机器人的权利吗？

我们认为，与本书的目的相比，这两个问题都是未来需要关注的。尽管如此，有人已经开始讨论这些问题，我们并不想完全忽视这种讨论。

在法律体系范围内，相应地有不同的惩罚方式让施事者为其行为负责。历史上有着种种方法来惩罚人类施事者：通过酷刑、社会排斥或流放，罚款或没收财产，或剥夺自由、剥夺生命等。至于惩罚机器人让其担责是否有意义，人们争论的焦点往往在于这些传统的惩罚方式对人工智能体是否有意义。例如，酷刑只有对能够感觉到疼痛的主体才算是真正的惩罚。剥夺主体的自由仅仅对珍视自由的主体才是真正的惩罚。而没收财产也只对那些有财产权利可没收的人，才有可能。

如果你确信，人工智能体永远都不会符合真正惩罚的条件，那么让它们为其行为承担直接责任的观点就毫无付诸实施的可能。你可以相信这一点，同时依然赞成本书的主要论点，即对自主系统而言，复制某些道德决策也是必要的。即使成功的 AMA 永远也不会为任何事承担直接责任，也依然可能将它们建造出来，就好像，赢得锦标赛的人工棋手永远得不到直接的赞誉，却仍然可以赢得比赛一样。

然而，或许你就是这样的读者，相信机器人终将达到某个点，在这个点上，除非人类的偏见，否则没有什么能阻止机器人获得法律的平等对待。那样的一场运动可能是逐步到来的，而且在讨论跨越那个阈值的具体时间时伴随着诸多争议。在这方面，对机器人权利的呼吁就类似模仿为了增加动物权利的那些有政治意义的运动。动物权利运动在很大程度上都以保护更为智能的物种免遭疼痛与悲伤为主。

疼痛和情绪上的悲伤固然还不属于机器人的话题。我们在第十章谈论的那些情感机制势必还不会引起机器实际上感知到不愉快。但是，设计者极有可能会继续尝试，努力将现实的情感和疼痛反应植入机器人。要确定这些未来机器人是否确实拥有疼痛的主观经验，这极为困难，正如难以确定植物人能否体验主观疼痛，或动物所体验的是哪种疼痛一样。如果有一天，机器人可以体验疼痛和其他情感状态，问题就来了，建造这样的系统是否是道德的？——不是因为他们会怎么伤害人类，而是因为这些人工系统自己将会体验到的疼痛。换言之，建造一个有肉体结构能够感觉剧痛的机器人，这在道德上是正当的吗？应该去阻止吗？

前文描述了德国哲学家托马斯·梅青格尔呼吁禁止建造具有自我意识模型的机器人，恰恰就是因为他认为，这会增加世界上的痛楚和悲伤。我们认为，人们不太可能听从梅青格尔的建议。强大的商业压力趋向日益高级的机器人，尤其是，人们又很容易让自己回避所有关于机器人能否真的有意识的质疑。

如果不禁止，那么应该监管那些可能让机器人体验情感状态的实验吗？目前已经发展出大量法律条文来保护动物免遭过度的痛苦，包括一系列机构化的动物管理委员会,它们在监管着对研究用动物进行适当照顾和使用。这些委员会类似于审查委员会机构,监督促使在研究中以合乎伦理的方式对待人。对保护动物的监管远不如保护人类那么严格,而且针对如何测量动物的疼痛与悲伤也还存在诸多的科学分歧。不过,动物管理委员会成员试图在科研需求和实验用动物的福利之间进行平衡。迄今为止,还没有审查委员会去监督促使善待研究用机器人,也没有设置这些委员会的必要。然而,随着机器人对疼痛和快乐等主观感觉表现得越来越强烈,人们会呼吁对此进行监管,并设立审查委员会以监督那些可以执行这些操作的研究。

尽管建立系统的主观体验是异常艰难的,但其中投射出了更深层次的一些问题。有很多个人和团体无疑都认为,出于伦理考虑,开发有情感的人工系统的未来前景注定是不可接受的,或由于宗教原因,这样的开发即使不令人憎恶,也会令人不快。除了政治运动要求限制机器人研究之外,我们预计,立法机关将会审慎决定如何对待研究用机器人。起初,立法机关只会要求审查一些特定形式的研究中所用机器人的用途和待遇,但随着越来越尖端的系统得以建造,会要求审查范围更广的一系列实验。

监管善待研究用机器人与承认机器人的法律权利不同,但建立保护制度就为分配权利提供了一个立足点。走向机器人权利的进步很可能是缓慢的。也许会给机器人编程让其要求能量、信息,甚至最终会要求教育、保护和财产权利,但我们怎样去评估机器人是否真的需要社会商品和服务呢?如果一个机器人用悲哀的声音乞求你不要把它关掉,你会用什么标准决定这是否是一个应该尊重的请求呢?随着系统越来越高级,人们会越来越少去质疑将机器人的行为人格化是否合适,很多人会逐渐把机器人当做它们所表现出的智能实体。

性别政治是一个前沿领域,在其中这些问题可能都会显现出来。在色情业,采用机械设施、机器人和虚拟现实都不是什么新鲜事了,尽管这类实践会冒犯一些国家,但民主国家的政府大多不会再专门立法,去限制个人私下里使用这类产品。然而,如果是别的社会实践,就很可能激起公开辩论。这样的例子有,人类与机器人结婚的权利,以及机器人拥有个人财产的权利。莱斯特·德·雷(Lester del Rey)是第一个把机器人与人结婚写成小说的作家,他的经典短篇小说《海伦》(*Helen O'Loy*)发表于 1938 年。海伦是一个机器人女英雄,不仅与她的发明者结婚,而且后来在她的丈夫去世时也牺牲了自己。2007 年,差不多 70 年后,荷兰马斯特里赫特大学为热衷于 AI 的戴维·利维（David Levg）授予博士学位，他在学位论文中提出，机器人的发展趋势以及关于婚姻的社会态度的变迁，将会引导人类将高级机器人视为合适的婚姻伴侣。既然婚姻是一种由国家法律承认的制度，那么可以预计，立法机关会对这种可能性进行辩论。婚姻不像大多数其他权利，它是人们会产生直接兴趣的话题，而且可能因此成为对机器人首先考虑的权利之一。起初，假定一个人被准许有权利与机器人结婚，这可能只会给予机器人有限的权利。然而，随着时光流逝，会产生更多的要求，如要求机器人拥有继承财产的合法权利，还有出于健康决定，要求机器人代替丧失活动能力的人类配偶。

然而，立法机关还远未考虑承认机器人的权利问题，他们很可能被迫去应对许多要求，要求限制研究，甚至彻底禁止高级 AI 系统的发展。即使公众接受科学进步，人们对未来技术可能改变人类身份和社会方式，也会有相当多的困惑、焦虑和恐惧。

如前所述，对于立法机关、法官和公务员而言，很难区分哪些是需要处理的社会挑战，哪些是仅仅基于猜测的话题。不切实际的期盼和担忧部分来自于研究人员——为了获得项目经费需要对成果做出承诺——他们对预期成果给出的时间表过于乐观了。

当然，一场实际发生的灾难，或者对于高级的 AI 形式将最终毁灭人类的普遍担忧，它们所导致的政治压力可能压倒一切理性的观点。此外，当面临很多选民关心的议题时，政治角力场上尤其不可预测而混乱。鉴于涉足机器人的商业力量，加之难以准确了解技术发展的方向，因此，显而易见会有很多利益相关者。难以精确预测他们会是谁，他们关注的会是什么，以及他们又如何彼此结盟。在考虑监管那些承诺将技术与人体结合得越来越紧密的"增强技术"时，就会突现这些不可预测性。AI 往往被涵盖在技术增强的讨论之中，从神经义肢到神经药理学到纳米技术。詹姆斯·休斯（James Hughes）是《赛博格公民：为何民主社会必须应对未来的人造人》（*Citizen Cyborg：Why Democratic Societies Must Respond to the Redesigned Human of the Future*）一书的作者，他论证了在未来几十年中，增强技术将会是美国和欧洲的一个核心政治话题。

用什么标准来评估新技术提出的风险呢？评论家必须怎样令人信服地证明危险的可能性呢？在什么阶段，政府有理由涉足科学领域去中止或阻碍科学研究，而不用顾及伤害是否已经发生？

我们在第三章中引入的预警原则经常被用来论证科学家应该放弃研

究那些对人类有潜在伤害的领域。欧盟已经以各种官方指令将预警原则编入法典,但美国尚未如此。这个差别反映在欧洲对新技术出台的更为严格的限制政策上,包括转基因食品在内。另一方面,美国立法机关是设置不可逾越的制约障碍,而不是明确拒绝那些有风险的研究。例如,在美国,由于生产低成本药物的目标会促成设计转基因谷物,人们担心由此会对现有的玉米和小麦品种造成污染,这种忧虑就导致对于什么是可接受的风险的监管标准是缺位的。这或多或少就已经阻止了这些农作物的田间试验。

人们基于高度猜想性的恐惧,担心正如所知的那样,人类正在奔向自我毁灭。基于此,在那些颇有希望的计算机技术或医学方面的进步中,哪些是人们自愿放弃的呢? 由谁决定研究何时已经跨越了阈值而开始变得危险呢? 在人工智能体的发展中,哪些研究途径有可预见的潜在危险,这些危险又如何被提出呢? 在这些危险中,哪些可以被控制,哪些需要放弃进一步的研究呢? 所关注的领域哪些将会需要管理和监督,而监管怎样以不干扰科学进步的方式进行呢?

问题已经很多,答案却寥寥无几。缺乏对这些严肃话题的澄清,人们在决定是否监管新技术时更会受到政治的影响。对可能的不良后果的担忧,正是政治领袖所关心的一个问题。经济利益、希望帮助贫困的人,以及来自社会上保守选民的压力,都在考虑范围内,而这些考虑将会影响决策。

不仅如此,其他政府并非必定支持欧洲、美国和亚洲出台的监管研究的决策。正如乔治·W.布什总统试图减缓干细胞研究时所发现的那样,不同的国家之间、不同的州之间,价值标准和社会压力都千差万别。在开发服务机器人照料老年人和生病在家的人方面,日本人承受着巨大压力,而对移民政策和外来工人计划更为开放的国家却没有这样的压力。关心社会问题的宗教保守派选民,其价值标准在美国政治中比在欧洲政治中有影响力得多。在更为自由的国家里,基于道德理由而放弃研究的呼吁就可能没那么重要了。

为了区分真正的危险和假想的危险,需要国家机制和国际机制。这个挑战的一个方面是确定将于何时跨越技术阈值,这个阈值呈现出清晰的对人类的伦理挑战和潜在伤害。知易行难。立法机关和诸如联合国这样的国际组织是否愿意创建有效的监管机制,尚未可知。而且,关于怎样才可能实现 AI 的研究监管,具体建议还寥寥无几。意大利机器人专家吉安马可·维鲁吉奥(Gianmarco Veruggio)是机器人协会主席,他给欧洲机器人研究网(EURON)开发了一个"机器人伦理学的发展蓝图"(a Roboethics

Rodmap),为机器人的广泛应用出色地描绘出了效益、障碍和挑战的轮廓,但主要集中在让有关政党开始思考这些问题。美国奇点峰会所明确的焦点问题也是保证机器人友好地对待人类所关心的问题,但对此的实际方案同样凤毛麟角。或许在这个发展阶段所能指望的就仅此而已。

评估增量变化的累积效果可能引起社会结构发生怎样的基本变迁,这将会是一项比分辨真正的危险与假想的危险更为困难的挑战。自人类第一次捡起石头用做斧子或武器的那一天开始,人类文化与人类技术的共同进化就一往无前了。文化持续加速。社会非常善于接受变化,例如,美国出生时的平均预期寿命从 1900 年的 47 岁延长到今天的 78 岁,手机和 iPod 的出现也是如此。但新技术的累积效果可能产生严重破坏性的(如果不是完全破坏性的)社会变化形式吗?

乔治·华盛顿大学国际事务研究教授利昂·富尔思(Leon Fuerth)曾任前副总统艾尔·戈尔的国家安全顾问,他用"社会海啸"描述基因工程、纳米技术、神经药理学和 AI 所提出的挑战。据其在克林顿-戈尔政府做政策顾问的经历,他注意到公共政策机构适应未来可能危机计划的体系并不健全。决策者怀疑社会规划者预测会发生什么的能力。在经费竞争中,近期目标压倒远期目标。虽然人们预见未来的能力必然存在局限性,但失于开发短期规划应对潜在地严重破坏社会稳定的事件,就更是鼠目寸光。富尔思强调"前瞻性参与"的必要性,这是规划潜在的主要社会事件的自律能力。

富尔思认为,现在应该有点先见之明以应对 AI 和其他增强技术所提出的问题。我们赞同这一观点。主动定期召集专家和关注这些问题的公众成员,勘察数字技术提出的现有问题和即将到来的问题,这种倡议会大有裨益。这个团体的一个核心使命是,在人们所猜测的未来挑战应被视为真正的可能之前,阐明那些必须跨越的技术阈值。他们的报告可以作为教育手段,也可以是说明那些挑战的一个框架,这些挑战是决策者和社会在总体上的确需要计划应对的。科学并不是静态的,在一个研究途径上的进步冲击着其他研究手段的进展。这样的一张挑战图需要定期修改。

在本书中,我们已经努力绘制了自主机器人可能成为人工道德智能体的路径。(尽管不乏人声称自己知道!)但无人知晓道德机器的最终技术极限何在,或究竟有没有极限。工程师和伦理学家必须认识到现有技术的极限,并利用最好的技术所提供的伦理能力。对技术能力过于乐观的估计,可能导致人们去依赖那些对伦理考量不够敏感的机器人,这是岌岌可危的。而过于悲观的估计则可能妨碍某些真正有用技术的发展,或引起人们对机器人产生一种宿命论的态度。

我们相信,继续推进人工道德智能体的发展势在必行。至于未来的机器人是不是"真的"道德主体,这无关紧要。我们有可能设计、建造出能够考量法律和道德因素而去实施决策的系统,而且会比现有的系统更为敏感。未来需要 AMA。

机器心灵与人类伦理

写作本书的过程让我们明白,设计能够分辨是非对错的机器人的过程,其所揭示出的关于人类道德决策的知识,一点不亚于人工智能(AI)。

起初我们刻意采取朴素的想法,认为伦理理论有可能转换为决策程序,甚至转换成算法。但却发现,自上而下式建立的道德理论,对于实时决策来说在计算上是行不通的。而且鉴于人们对是非对错有着复杂的直觉,将道德标准还原为逻辑一致的原理或一套法律,也令人怀疑。

职业的伦理学家都明白,他们的理论并不能为实时决策提供具体程序。反过来他们中许多人倒是认为,伦理学研究旨在为在单一而全面的理论框架内做出的某个伦理决策给出正当理由。以完美的效果论者或康德主义者为代表,他们反对认为行为可以量度。但对这些伦理学家而言,如此完美所要求的不现实的严格性便赫然凸显。例如,一个坚定的效果论者对朋友和家庭还会有真正的承诺吗?或者,无论怎样,他都必须使个人关系服从于效用最大化吗?

在我们看来,这种问题就类似苦行僧般的追求,等于去问是否可能根据朴素节俭苦行或坚持静默的誓言去生活一样。人们不想让自己的邻居复制道德哲学家的抽象理论,同样也不想让人工道德智能体(AMAs)这样做。人们想让自己的邻居有能力去灵活地、敏感地响应现实的和虚拟的环境。他们愿意去相信邻居的行为会符合适宜的标准,并且相信自己能够信任邻居的行为。迎接这个挑战将需要我们对人类伦理行为比现在有更为彻底的理解。也就是说,建造 AMAs 促使人们对伦理决策采取非常全面的进路。我们认为,重要的是建造 AMAs 的计划凸显出我们必须对人类道德有更为丰富的理解。

这并不意味着自上而下的理论是无用的,它激励人们采取不同的视角看待这些理论的作用。不同的理论提供了描述伦理挑战的语言,并借助这个镜头去透视这些挑战。每个理论都有各自的概念来强调不同的行为特征以及在道德风险下的后果。不同的道德理论、直觉和社会实践都必须作为行动选择的考量因素。无论人类还是 AMAs,面对的挑战就是去拓宽认识,从广阔的视野考虑影响特定情形的道德因素。

将一个框架武断地强加于另一个之上,或死板地应用一种关于什么是道德上的"正确"的观点,都不能建立信任与合作。信任与合作要求我们会用不同的观点看问题。因此,伦理理论并不是严格的行动指南,而是用来进行协商的框架。真正的主体面临的真正的难题就是他们所处的具体场合,究竟在什么样的场合提出与信任、合作有关的社会规范。

一些伦理学家会宣称,这种观点不得伦理学之要领(他们所理解的要领)——伦理学是关于应该是什么,而不仅仅关于人们在社会环境中怎么做。我们赞成伦理学有助于主体对"应然"(oughts)的反思。这些应然承载着主体特有的道德考量。主体还将需要摸索门径,以便在影响每一个新挑战的诸多道德考量之间做出选择,并在能够解释为什么某些考量无法得以充分实现的时候,提出一个行动方案以尽可能妥善地平衡那些考量。

或许人们会不考虑自主机器,仅仅通过思考人类的道德决策而得出类似的结论。然而,对于教给机器人明辨是非的方法进行全面的反思,已经要求人们关注道德决策的方方面面,人们在日常生活中通常认为这些方面是理所当然的,经常试图对彼此表现的有道德,却又不尽如人意。

探索开发 AMAs 为实验考察提供了平台,对我们的伦理理解做出反馈。例如,通过对说什么、做什么以及通过非言语方式表达什么之间的响应进行琢磨和调试,研究者将能够系统地测试语词、行为和手势如何相互作用以形成道德判断。通过模拟持不同伦理观点的主体之间的互动,去补充科幻中猜测性的思想实验,用可检验的社会和认知模型补充哲学也将成为可能。

一直以来人类都在四处寻觅宇宙中的同伴。我们对非人动物的着迷源于动物与人类最相似的事实。这些相似性和差异性使人类更加明了我们是谁,我们是什么。随着人工道德智能体(AMAs)变得更为成熟,AMAs 将会在反省人类的价值方面扮演相应的角色。对于人类理解道德来说,发展 AMAs 是绝无仅有的重要工作。

注　释

这里的注释对各章的话题进行了扩展,希望它们有助于读者进一步的思考和阅读。我们感谢影响了写作有关机器道德的那些人和工作。在参考文献列表中提供了更全的资源名单,它们孕育了我们的教机器明辨是非的思想。正文中能很容易确定出处的,在这里就不再重复,我们认为感兴趣的读者是会在参考文献中找到相关条目的。

导　论

阿西莫夫(Asimov)在"环舞"(Runaround)这个短故事里第一次提出"机器人三大定律",发表在 1942 年 3 月份的《惊奇科幻》(*Astounding Science Fiction*)上。在他 1985 年的小说《机器人和帝国》(*Robots and Empire*)中,阿西莫夫增加定义了一条"第零定律",位于原来的三条定律之前:"机器人不可以伤害全人类(humanity),或者由于不作为,让全人类受到伤害。"别的科幻作家也探究了类似的思想,有时是对阿西莫夫定律的预见,有时是对它的扩展。

关于南非一场自动枪走火的事故,记者诺厄·沙赫特曼(Noah Shachtman)写了一篇博客;见"Robot Cannon Kills 9, Wounds 14(机器人加农炮杀死 9 人伤 14 人)",《连线》(*Wired*)杂志, October 18, 2007, http://blog.wired.com/defense/2007/10/robot-cannon-ki.html. 尽管最后认定机械故障是这起事故的原因,但沙赫特曼的早期报道认为软件故障可能是部分原因。他也链接到一个发生在美国的单独事件的视频,据称显示的是一个远程遥控武器以一种失控的方式打空弹匣,并且朝摄像头和观众的方向扫射,幸运的是此时弹药已耗尽,据说在场的人包括美国国会的几位议员。

丹·卡拉(Dan Kara)分析了机器人的未来市场,他是《机器人学趋势》(*Robotics Trends*)①的董事长和编辑部主任,见他的博客 www.robonexus.com/roboticsmarket.htm.他的分析是部分基于日本机器人协会网站(www.jara.jp/e/)上的统计数据。

牛津大学哲学家尼克·博斯特罗姆(Nick Bostrom)已经论证说,很可能我们已经是作为一种计算机模拟的一部分而生存着,即便不是《黑客帝国》中的计算机 AI 系统本身。在 2003 年《哲学季刊》(*Philosophical Quarterly*)的一篇文章"我们是生活在计算机模拟中吗?"(Are you Living in a Computer Simulation?)中,他论证说,以下三件事情中有一件肯定是真的:(1)人类物种很可能在到达"后人类"阶段之前就灭绝;(2)任何后人类文明都十分不可能运行数量可观的关于自身演化史的模拟(或其变种);(3)我们几乎肯定是活在一种计算机模拟中。博斯特罗姆认为这三种可能性是同样可能的。他的文章以及其他人关于其优点的争论可见 www.simulation-argument.com/.

第一章

菲利帕·福特(Philippa Foot)提出电车案例思想实验是在她 1967 年的文章"堕胎难题和双重效应原则"(The Problem of Abortion and the Doctrine of Double Effect)中。最初的电车案例已经被演绎成几十个,也许几百个不同版本,来检验不同伦理理论中关于什么是可允许的以及什么是不可允许的哲学直觉。近来科学家尝试理解人类道德决策的进化、情感以及神经学的基础,电车案例显得尤为重要。约书亚·格林(Joshua Greene)发表在 2001 年《科学》(*Science*)杂志上的 fMRI 研究,是第一次将电车案例作为大脑扫描仪方面的研究问题。

我们关于实际无人驾驶列车的讨论源自于 2002 年迈克·科纳顿(Mike Knutton)的文章"未来在于无人驾驶地铁"(The Future Lies in Driverless Metros),作者是《国际铁路杂志》(*International Railway Journal*)的记者和编辑。他引用哥本哈根地铁的桑德迦(Morten Sondergaard)的话,并讨论了巴黎地铁无人驾驶"流星"号的体验。剑桥大

---

① 网络资源库。——译者

学 R. J. 希尔（Hill）教授在他 1983 年发表在《技术中的物理》（*Physics in Technology*）杂志上的文章"铁路自动化"（The Automation of Railways）一文中，极力主张将是政治和经济原因而非工程原因阻碍铁路自动化。至少从 2003 年开始，英国全国铁路、海运和运输业工人联合会领袖鲍勃·克罗（Bob Crow）就一再威胁说，要采取罢工行动反对无人驾驶列车在伦敦地铁的扩张。

想了解更多乔·恩格尔伯格（Joseph F. Engelberger）从事的机器人学和服务产业，可以看他 1989 年的书《服务机器人学》（*Robotics in Service*）。机器人产业协会每年颁发"乔·F. 恩格尔伯格奖"以表彰在机器人技术方面的杰出贡献，由此可见恩格尔伯格作为"机器人学之父"的地位。

IBM 保留着"深蓝"以及它打败世界象棋冠军加里·卡斯帕罗夫的完整档案，见 www. research. ibm. com/deepblue/。亚历山大·克隆罗德（Aleksandr Kronrod）是俄罗斯的一位 AI 研究者，曾经主张"象棋就是 AI 中的果蝇"。许多认知科学家现在不再认为象棋是 AI 中的果蝇，而事实上是一条红鲱鱼①，它导致研究者数十年来进入了一个死胡同。

F-Secure 公司总部设在赫尔辛基，米克·海波宁（Mikko Hyppönen）是首席研究官。记者迈克尔·施纳耶森（Michael Shnayerson）在他 2004 年 1 月发表在《名利场》（*Vanity Fair*）杂志的文章"源码战士"（The Code Warrior）中引用了海波宁的话。

"冲击波"［也叫"蠕虫"（Lovesan）］是一种蠕虫病毒，通过微软视窗操作系统的几个版本进行扩散，通过引起不稳定并编程被劫持系统以发起针对微软视窗更新网站 windowsupdate. com 的分布式拒绝服务攻击（distributed denial-of-service attack）。这场计划的袭击没有对微软造成任何严重问题。

计算机伦理学作为一个独立的研究领域出现在 20 世纪 80 年代早期。1985 年特雷尔·W. 拜纳姆（Terrel Ward Bynum）和吉姆·穆尔（Jim Moor）合编了《元哲学》（*Metaphilosophy*）杂志的一个专辑并使之名声大噪，后来该专辑作为一部书再版，德博拉·约翰逊（Deborah Johnson）也在计算机伦理学方面出版了她的教材。拜纳姆还写了文章"计算机伦理学小史"（A Very Short History of Computer Ethics），发表在美国哲学协会《哲学和计算通讯》（*Newsletter on Philosophy and Computing*）2000 年夏季刊上，该文

---

① 指转移注意力的次要事实。——译者

章也可见 www. southernct. edu/organizations/rccs/resources/research/
introduction/bynum_shrt_hist. html.

"互联网档案馆项目"及其"时光机器"的网址是 www. archive. org/.
记者雷尼·格特纳(Reni Gertner)在她的文章"律师翻到旧网站去找证据"
(Lawyers Are Turning to Old Websites for Evidence)中写到使用"时光机
器"的律师,该文章发表在 2005 年 8 月 15 日的《律师周刊》(*Lawyers
Weekly*)上。

美国陆军的自主战场系统计划发布在其"未来作战系统"网站上,
www. army. mil/fcs/。记者蒂姆·韦纳(Tim Weiner)对陆军计划的报道
出现在他的文章"新型陆军士兵离战场更近了"(New Model Army Soldier
Rolls Closer to Battle),刊登于《纽约时报》(*New York Times*)2005 年 2 月
16 日。诺厄·沙赫特曼(Noah Schactman)和戴维·汉布林(David
Hambling)是记者兼博客作者,他们密切关注自动战争技术。他们在《连
线》杂志博客网上的一些近期文章包括沙赫特曼的"推销武装机器人给警
方"(Armed Robots Pushed to Police),时间是 2007 年 8 月 16 日;还有
2007 年 10 月 17 日的"真空吸尘器制造者披露杀人机器人"(Roomba-
Maker Unveils Kill-Bot),以及汉布林 2007 年 9 月 10 日的"武装机器人披
挂上阵"(Armed Robots Go into Action)。

彼得·诺维格(Peter Norvig)关于小错误的累积性后果的评论见之于他
2007 年 9 月 9 日在旧金山"奇点峰会"的一篇发言。"奇点峰会"每年举行一
次,讨论 AI 和人性的未来;网址见 www. singinst. org/media/
singularitysummit2007/.

本章最后的引用出自罗莎琳德·皮卡德(Rosalind Picard)的书《情感
计算》(*Affective Computing*),1997 年出版。皮卡德更关注计算机识别
情绪的能力而非它们的道德行为,但显然一个和另一个息息相关——正是
我们第十章探究的话题。

第二章

全国职业工程师学会(NSPE)的伦理准则可见 www. nspe. org/
Ethics/CodeofEthics/.

海伦·尼森鲍姆(Helen Nissenbaum)是纽约大学媒体、文化、通信与

计算机教授,已经对价值影响设计过程的方式做了广泛的调查。尼森鲍姆的主页列出了她的许多文章 www. nyu. edu/projects/nissenbaum/main_cv. html. 她是"游戏中的价值"研究项目(http://valuesatplay. org)的合作负责人,着眼于计算机游戏设计者如何能够更多意识到他们建构进游戏中的价值。

　　神经伦理学(Neuroethics)是一个术语,20 世纪初才开始凸显出来;它描述了生命伦理学的一个新兴子领域,专门研究神经科学引发的伦理问题。斯坦福大学开发了一个神经伦理学项目,是该大学"生命医学伦理学中心"(见 http://neuroethics. stanford. edu)的一部分。其他资源包括宾夕法尼亚大学神经伦理学网站(http://neuroethics. upenn. edu/)和底特律汽车经销商协会(DADA)慈善基金会(www. dana. org/neuroethics/)。一份同行评议杂志《神经伦理学》(Neuroethics)于 2008 年 3 月创刊。

　　对德鲁・麦克德莫特(Drew McDermott)的引用出自一篇文章"为什么伦理学是 AI 的一道难关"(Why Ethics is a High Hurdle for AI),这是他 2008 年 7 月 12 日在布卢明顿的印第安纳大学召开的计算和哲学北美会议上的发言。

第三章

　　依据对于动物,尤其是黑猩猩和新克里多尼亚乌鸦使用工具和制作工具的现代科学发现,再声称人类是唯一的工具制作者,变得难多了。依然清楚的是,我们人类的工具制作能力比在其他动物中发现的能力要高几个层级。

　　关于谢里・特克尔(Sherry Turkle)的引文出自 MIT 校友杂志《开放门户》(Open Door)(http://alumweb. mit. edu/opendoor/200307/turkle. shtml)的一个访谈。

　　海伦・尼森鲍姆(Helen Nissenbaum)关于工程能动主义的呼吁出现在 2001 年 3 月的文章"计算机系统如何体现价值"(How Computer Systems Embody Values)上,见《计算机》(Computer),电气和电子工程师协会①旗舰杂志。

---

① 　简称 IEEE。——译者

完整引用玛吉·博登（Maggie Boden）见：

> AI可以是西方人的芒果树。它给我们贡献食物、庇护所和工业产品，还有我们的行政官僚机构的运行，这些不仅使我们摆脱单调乏味的工作，而且还针对人性，在那些关怀他人的职业、教育行业、手工艺、体育和娱乐业，AI将导致越来越多的"效劳性"工作。这些都是有人情味而非冷冰冰的工作，不仅能令服务对象感到满足，服务提供者也有满足感。而且由于这些工作甚至很可能不是全日制的，这样不论工作还是不工作的人都会有时间投入在彼此身上，这在今天是享受不到的。友谊可能将重新成为一种生活的艺术。

巴蒂亚·弗里德曼（Batya Friedman）和皮特·卡恩（Peter Kahn）是西雅图华盛顿大学的教师，他们于1992年发表一篇文章，讨论了软件辅助医疗资源分配决策所产生的影响，题目是"人类代理和负责任的计算：对计算系统设计的影响"（Human Agency and Responsible Computing：Implications for Computer System Design），发表在《系统软件》（*Systems Software*）上。

我们讨论的利用软件预测病人的临终意愿，出自一份报告，在《经济学人》（*Economist*）杂志2007年5月15日那一期，标题是"逻辑的结局"（Logical Endings）。最初的研究文章是"对于无行为能力的病人应该如何做医疗决策，为什么？"（How Should Treatment Decisions Be Made for Incapacitated Patients，and Why？），作者是沙洛维茨（Shalowitz）、加勒特-迈耶（Garrett-Mayer）和温德勒（Wendler），发表在2007年的开放存取期刊《公共科学文库医学期刊》（*PLoS Medicine*）上。

支持主张人们轻而易举就将几何特征拟人化的实验数据出自2000年的一篇综述，题目是"知觉因果性和生命度"（Perceptual Causality and Animacy），发表在《认知科学趋势》（*Trends in Cognitive Science*）杂志，作者是布莱恩·绍尔（Brian Scholl）和帕特里斯·崔莫勒特（Patrice Tremoulet）。

关于数百个背负式机器人用在伊拉克的引用出自乔尔·罗斯坦（Joel Rothstein）的一份报告，题为"士兵和战场机器人牢固结合：伊拉克的经验教训也许会出现在未来的家庭'阿凡达'中"（Soldiers Bond With Battlefield Robots：Lessons Learned in Irag May Show Up in Future Household 'Avatars'），微软全国广播公司/路透社（MSNBC/Reuters），

2006 年 5 月 23 日。当我们讨论与史酷比密切结合的士兵时,借鉴了这篇文章。引自 iRobot 公司的科林·安格尔(Colin Angle)关于史酷比的话,出自 2006 年 5 月 24 日,美国科技资讯网(CNET News)新闻,汤姆·克莱基特(Tom Krazit)写的新闻"我的朋友机器人"(My Friend the Robot)。

就色情欲望是如何推动技术进步的,得克萨斯 A&M 大学的历史学者乔纳森·库珀史密斯(Jonathan Coopersmith)进行了大量的研究。例如,他 1999 年的文章"色情产业在录像带和互联网发展中的作用"(The Role of the Pornography Industry in the Development of Videotape and the Internet),见《IEEE 技术与社会国际研讨会——妇女和技术:从历史的、社会的和职业的视角》(*IEEE International Symposium on Technology and Society—Women and Technology:Historical,Societal,and Professional Perspectives*)(新泽西,新布朗斯威克:美国电气和电子工程师学会 New Brunswick,NJ:Institute of Electrical Electronics Engineers)。

在《纽约时报》(*New York Times*)2005 年 2 月 16 日的一篇文章,"新型陆军士兵离战场更近了"(New Model Army Soldier Rolls Closer to Battle)中,报道美国在机器人方面的军事投资的蒂姆·韦纳(Tim Weiner)说,"到 2010 年美国将在机器人方面花费数十亿美元"。见 2005 年 1 月 23 日,BBC 的新闻"美国计划派'机器人部队'去伊拉克",http://news.bbc.co.uk/2/hi/americas/4199935.stm.苏里亚·辛格(Surya Singh)和斯科特·塞耶(Scott Thayer)于 2001 年撰写了军事系统的自主机器人的一项技术调查,标题是"ARMS(军事系统的自主机器人):关于协同机器人核心技术的调查"(A Survey of Collaborative Robotics Core Techologies)。该报告也许可以在卡内基梅隆大学的机器人研究所网站找到,www.ri.cmu.edu/pubs/pub_3884.html。值得注意的是,在这份 72 页的文本中,伦理和道德没有在任何地方出现,而安全也仅仅是在其他被引用的工作的标题中提及了一下。

我们关于美国人如何评估不同的风险的讨论借鉴了保罗·斯洛维克(Paul Slovic)1987 年发表于《科学》(*Science*)杂志上的文章,"对风险的感知"(Perception of Risk)。1999 年 WTO 报告"损伤:全球疾病负担的一个主要原因"(Iniury:A Leading Cause of the Global Burden of Disease)可见诸网址,www.who.int/violence_injury_prevention/publication/other_injury/injury/en/.

第四章

关于乔尔·罗斯坦(Joel Rothstein)的微软全国广播公司/路透社报道,见第三章的注释。"地面上的机器人:在战场中(甚至在其上),机器人是士兵最好的朋友"(Bots on the Ground:In the Field of Battle (Or Event above It),Robots Are a Soldier's Best Friend),作者是乔尔·伽罗(Joel Garreau),见 2007 年 5 月 6 日的《华盛顿邮报》(*Washington Post*)。

读者也许认出了这个名字,克雷格·文特尔(Crajg Venter),他的研究所在探索"湿的人工生命"(wet Alife)。文特尔领导了私人集团"塞莱拉基因公司",制出第一个人类基因组图(他自己的基因组就是五个样本之一),因为这个结果,和"国际人类基因组计划"共享荣誉。离开"塞莱拉公司"之后,文特尔于 2006 年创立了"J·克雷格·文特尔研究所"(J. Craig Venter Institute,www. tigr. org/)。该研究所追求多种多样的生物工程计划,包括从头开始建构活细胞的尝试。一个有同样目标的组织,"原生命"(Protolife,www. protolife. net/),是由物理学家诺曼·帕卡德(Norman Packard)和哲学家马克·贝多(Mark Bedau)创立的。

艾伦·纽厄尔(Allen Newell)和赫伯特·西蒙(Herbert Simon)获得图灵奖的开创性文章"作为经验研究的计算机科学:符号和搜索"(Computer Science as Empirical Inguriry:Symbols and Search),最初发表在 1975 年的《美国计算机协会通讯》(*Communications of the ACM*)上,已经有无数选集对其广泛重印。

针对 AI 的"奇点"这个概念,最初是数学家和科幻作家弗诺·文奇(Vernor Vinge)在一篇短文"第一个词"(First Word)中提出来的,发表在《全方位》(*OMNI*,现已停刊)1983 年 1 月。文奇整理了自己关于这个主题的思想,在一个会议上做了发言,经修改后发表在 1993 年春季的《全球评论》(*Whole Earth Review*)杂志上,题目是"即将到来的技术奇点:后人类时代如何幸存?"(The Coming Technological Singularity:How to Sarvive in the Post-Human Era?)。

基于安德鲁·霍奇斯(Andrew Hodges)1983 年写的传记《阿兰·图灵之谜》(*Alan Turing:The Enigma*),关于阿兰·图灵其生活和工作这一令人着迷的悲剧性故事,被改编成了剧本并拍成电视剧《破译密码》

(*Breaking the Code*)。

霍布斯(Thomas Hobbes)和笛卡儿(René Descartes)之间关于心灵本质的观点交流,是在对当时的著名哲学家的"反驳和答辩"中被发现的,受马林·麦尔塞纳(Marin Mersenne)委托并与笛卡儿的《沉思录》(*Meditations*)一起出版于1641年。[E. S. Haldane和G. R. T. Ross的译本,1978年作为两卷本出版,书名是《笛卡儿的哲学著作》,这是大多数英语学者选择编辑的版本。]

控制论学者海因茨·冯·福斯特(Heinz von Foerster)关于伦理和选择的这段话,我们引自他1992年的短文"伦理和二阶控制论"(Ethics and Second-Order Cybernetics),可以在线获得,www. imprint. co. uk/C&HK/vol Ⅰ/Ⅵ-Ⅰ hvf. htm. 丹尼尔·丹尼特(Daniel Dennett)关于意志的自由的讨论可见他2003年的书《自由演进》(*Freedom Evolves*)。

在2002年1月这一期的《人工智能》(*Artificial Intelligence*)上,M. Campbell,A. J. Hoane和F. Hsu描述了"深蓝"采用的方法。关于"深蓝"在人机合作方面的内容,见"弈棋碰撞:大获成功的人机团队合作"(Chess Bump：The Triumphant Teamwork of Humans and Computers),作者是威廉·塞尔坦(William Saletan),2007年5月11日的《石板》(*Slate*)杂志,www. slate. com/id/2166000。

引自克里斯多夫·兰(Christopher Lang)的话出自他2002年的未发表的论文,"人工智能的伦理学"(Ethics for Artifical Intelligence),http://philosophy. wisc. edu/lang/AIEthics/index. htm.

罗德尼·布鲁克斯(Rodney Brooks)在MIT的网址上保存有丰富的关于他的机器人和项目的信息(http://people. csail. mit. edu/brooks/)。最广泛被阅读、被讨论和重印的关于他的认知和机器人建构的哲学阐述,就是他的"没有表征的智能"(Intelligence Without Representation),最初发表于1991年的《人工智能》(*Artifical Intelligence*)杂志上。尽管这里引用的"这个世界就是它自己最好的表征",并没有直接出现在他1991年的文章中,但他以及许多其他人,正是用这个口号来涵盖他的机器人包容式结构背后的主要思想的。

布鲁克斯(Rodeney Brooks)研究工作的实际应用可见iRobot公司的衍生(网址:www. irobot. com/)。布赖恩·斯卡塞拉提(Brain Scasselati)做这个评论是当他作为客座讲师的时候,那是2005年11月,在文德尔·华莱士(Wendell Wallach)在耶鲁的"机器人的道德和人的伦理"讨论班课程上。

　　蝙蝠的意识问题进入哲学家的意识,是伴随着托马斯·内格尔(Thomas Nagel)1974 年的短文而出现的,这篇文章"当一只蝙蝠是什么感觉?"(What Is It Like to Be a Bat?)发表在《哲学评论》(*Philosophical Review*)上,内格尔在文中提出了一个思想,在我们能知道和能理解之间或许是有差距的。帕特丽夏·丘奇兰德(Patricia Churchland)关于缩小这个差距的科学能力的评述,是在她给 MIT 皮考尔学习和记忆研究所做的一次讲座中提出的,http://mitworld. mit. edu/video/342/。戴维·查尔默斯(David Chalmers)在他 1996 年的书《有意识的心灵:探求基础理论》(*The Conscious Mind:In Search of a Fundamental Theory*)中,复苏了二元论的论断。科林·麦金(Colin McGinn)认为,完全理解意识也许将永远对人类关闭,该观点反映在他 1999 年的书《神秘的火焰:物质世界里的有意识的心灵》(*The Mysterious Flame:Conscious Minds in a Material World*)中。

　　伊戈尔·亚历山大(Igor Aleksander)的关于机器的意识和情绪的思想,见诸于 2005 年的一篇文章,他和梅塞德斯·拉恩斯泰因(Mercedes Lahnstein)、拉宾德·李(Rabinder Lee)合写的,标题是"意志和情绪:避开幻觉的机器模型"(Will and Emotions:A Machine Model That Shuns Illusions),于 2005 年 4 月 13 日在英国的赫特福德大学的一个研讨会上提出来,该研讨会由英国 AI 研究和行为模拟学会举办,主题是"通往机器意识的下一代进路"。欧文·霍兰德(Owen Holland)和罗恩·古德曼(Ron Goodman)在他们 2003 年的文章"有内在模型的机器人:机器意识的路线"(Robots with Internal Models:A Route to Machine Consciousness)中,描述了他们的进路,发表在霍兰德编辑的一卷《机器意识》(*Machine Consciousness*)中。本书第十一章,我们对斯坦·富兰克林的进路给出全面论述。

　　本章的最后一部分借鉴自 2001 年的短文"任何未来的 AMA 的序言"(Prolegomena to Any Future AMA),作者是科林·艾伦(Colin Allen)、加里·瓦尔纳(Garg Varner)和贾森·津瑟(Jason Zinser),发表在《实验和理论人工智能杂志》(*Journal of Experimental and Theoretical Artificial Intelligence*)。

第五章

罗纳德·阿金(Ronala Arkin)在佐治亚理工学院研究关于机器人的战场伦理,受美国陆军研究办公室资助,合同号 W911NF-06-0252。描述这项研究的技术报告题为,"控制致命行为:将伦理嵌入混合的深思熟虑/反应式的机器人体系结构"(Governing Lethal Behavior:Embedding Ethics in a Hybrid Deliberative/Reactive Robot Architecture),见 www.cc. gatech. edu/ai/robot-lab/online-publications/formalizationv35. pdf. 这份报告的题词是阿金引自托马斯·杰斐逊总统 1787 年的话,这里很值得重读一下:"给农夫和教授陈述一个道德案例,前者会做出很好的判定,时常比后者要好,因为农夫尚未叫人工规则导入歧途。"

彼得·阿萨罗(Peter Asaro)是一位技术哲学家,罗格斯大学文化分析中心研究员,他写的这段话代表许多专家的观点:"我相信,关于机器人伦理方面,要求最严苛的场景在于更加成熟的自主武器系统的开发";"我们应该向机器人伦理要什么?"《国际信息伦理学评论》(International Review of Information Ethics)(2006)。

丹尼特(Dennett)认为机器人专家要做哲学,而无论他们是否这么想,这个主张见短文"思想实验 Cog"(Cog as a thought experiment),是他 1997 年为《机器人学和自主系统》(Robotics and Autonomous Systems)杂志撰写的。

我们对卡洛琳·惠特贝克(Caroline Whitbeck)关于工程伦理思想的讨论,以及引文,借鉴自她 1995 年的文章,"为科学家和工程师教伦理学:道德主体和道德难题"(Teaching Ethics to Scientists and Engineers:Moral Agents and Moral Problems),见《科学和工程伦理学》(Science and Engineering Ethics)杂志。

第六章

道德理论家 W. D. 罗斯(Ross)在其 1930 年的书《正当与善》(The Right and the Good)中,以及伯纳德·格特(Bernard Gert)在其 1988 年的

著作《道德》(*Morality*)中,均采用启发式进路道德原则。

近期伦理学上的"经验转向"的代表人物有:北卡罗莱纳大学教堂山分校的哲学家约书亚·诺布(Joshua Knobe),图森市亚利桑那大学的肖恩·尼科尔斯(Shaun Nicols),圣路易斯华盛顿大学的约翰·多丽斯等学者。多丽丝(John Doris)协调道德心理学研究组,这个小组的网站为这个课题提供了很好的切入点 http://moralpsychology. net/group/.

詹姆斯·吉普斯(James Gips)的论文"朝向道德机器人"(Towards the Ethical Robot)最初是作为会议论文于 1991 年发表,随后发表在肯·福特(Ken Ford)、克拉克·格利穆尔(Clark Glymour)和帕特里夏·海斯(Patrick Hayes)编辑的 1995 年卷的《机器人认识论》(*Android Epistemology*)中。

边沁(Jeremy Bentham)自己很清楚精确的功利计算的困难,在其最初于 1780 年出版的《道德和立法原则导论》(*Introduction to the Principles of Morals and Legislation*)一书中,他讨论了恶作剧行为的"原初结果"和"衍生结果"问题,因为这种行为对"特定"个体和"非特定"个体都有影响。众所周知的"世界主体"(World Agent)是由伯纳德·威廉斯(Bernad Williams)在其 1985 年的著作《伦理学及哲学的局限》(*Ethics and the Limits of Philosophy*)中构想并提出的。

罗杰·克拉克(Roger Clarke)对于阿西莫夫定律的讨论见于 1993 年和 1994 年刊载于《IEEE 计算机》(*IEEE Computer*)杂志上的连载文章:"阿西莫夫的机器人定律:对信息技术的启示"(Asimov's Laws of Robotics:Implications for Information Technology)。对于定律的进一步讨论也可查阅温德尔·瓦拉赫(Wendell Wallach)2003 年的论文"机器人道德和人类伦理"(Robot Morals and Human Ethics)。

菲利普·佩蒂特(Philip Pattit)对于投票悖论的讨论见于其论文"意志薄弱、集体和个人"(Akrasia,Collective and Individual),该论文被收录到由萨拉·斯特劳德和克里斯蒂娜·塔普莱特编辑、于 2003 年出版的《意志的弱点和实践非理性》(*Weakness of Will and Practical Irrationality*)一书中。

达特茅斯学院的伯纳德·格特(Bernad Gert)在其"新十诫"(New Ten Commadments)中提供了一种伦理系统,当矛盾发生时该系统的规则可以不遵守。这些规则在其 1988 年出版的《道德》(*Morality*)一书中有描述。

托马斯·鲍尔斯(Thomas Powers)在其论文"康德式机器的前景"

(Prospects for a Kantian Machine)(《IEEE 智能系统》(*IEEE Intelligent Systems*),2006 年 7、8 月刊)中对于拥有康德式机器的可能性进行了批判性分析,对此进行批判性分析的还有伯纳德·卡斯滕·斯塔尔(Bernad Carsten Stahl)2004 年的论文"信息、伦理和计算机:自主道德智能体问题"(Information, Ethics, and Computers:The Problem of Autonomous Moral Agents),载于《心灵与机器》(*Minds and Machines*)。

汤姆·比彻姆(Tom Beauchamp)和詹姆斯·奇尔德雷斯(James Childress)开发出四条广泛应用于医学伦理的原则,在其 1979 年出版的《生命医学伦理原理》(*Principles of Biomedical Ethics*)一书中有描述。

我们关于认知、情感和反思能力的集成的想法是受伊娃·斯密特(Iva Smit)的影响。具体见她 2002 年的论文"方程、情感和伦理:理论到实践之旅"(Equations, Emotions, and Ethics:A Journey between Theory and Practice)。

第七章

人类基因组计划(HGP)发现在人类基因组中的蛋白编码基因出人意料的少(仅比秀丽隐杆线虫多 50%),这一发现革新了生物学家对基因关系的看法。随着这一发现,发展性因素和基因组与环境之间的复杂互动关系开始令人瞩目。伊娃·贾布隆卡(Eva Jablonka)和玛丽昂·兰姆(Marion Lamb)在其 2005 年的书《四维中的进化:在生命发展史中的基因、后天、行为及符号变量》(*Evolution in Four Dimensions:Genetic, Epigenetic, Behavioral, and Symbolic Variation in the History of Life*)中,隆重介绍了后基因生物学的令人激动性。

埃达·洛夫蕾丝(Ada Lovelace)的"分析机的笔记"(Notes on the analitical engine)在 1843 年的《泰勒的科学实录》(*Taylor's Scientific Memoirs*)中。查尔斯·巴贝奇(Charles Babbage)1837 年首次提出关于分析机的设计,但直到他 1871 年去世前,只是建构了部分。

约翰·霍兰德(John Holland)在 1975 年版的《自然系统和人工系统的自适应》(*Adaptation in Natural and Artificial Systems*)一书中,开发了遗传算法的思想。如今有太多关于遗传算法的书籍、会议和在线指南,我们无法一一列出。

E. O. 威尔逊（Wilson），作为一位世界级的蚂蚁行为方面的专家，他的书《社会生物学》（*Sociobiology*）引起了巨大的轰动，首次出版是在 1975 年。在许多人看来，威尔逊是一位关于人类行为和道德的不可原谅的还原论者。

关于博弈论的经典著作当属奥斯卡·摩根斯坦恩（Oskar Morgenstern）和约翰·冯·诺依曼（John Von Neumann）所著的《博弈论与经济行为》（*Theory of Games and Economic Behavior*）一书。（冯·诺依曼同时还是由中央处理器、控制器和储存器构成的数字计算机之标准化设计的缔造者。）关于博弈论是如何嫁接到进化生物学上的这个长长的故事在此就不加赘述了，理查德·道金斯（Richard Dawkins）1976 年的著作《自私的基因》（*The Selfish Gene*）极大普及了这一想法（如威尔逊，他也被指责为过度的还原论）。

罗伯特·阿克塞尔罗德（Robert Axelrod）和威廉·汉密尔顿（William Hamilton）1981 年 3 月 27 日发行的《科学》杂志上，发表了具有开创性的一篇文章"合作的进化"（The Evolution of Cooperation）。他们的工作启发出我们在这一章中所描述的很多思想，其中包括彼得·丹尼尔森（Peter Danielson）的计算机模拟仿真，这一思想在他 1992 年的《人工道德：虚拟游戏的道德机器人》（*Artificial Morality：Virtuous Robots for Virtual Games*）和 1998 年的《建模理性、道德与进化》（*Modeling Rationality，Morality and Evolution*）这两本书中都进行了阐述。威廉·哈尔姆（William Harm）的工作分别呈现在两篇文章中，1999 年的"危险环境中的生物利他性"（Biological Altruism in Hostile Environments）和 2000 年的"危险环境中的合作演化"（The Evolution of Cooperation in Hostile Environments）。其中第二篇文章是针对布赖恩·史盖姆斯（Brian Skyrms）的"博弈论、理性和社会契约的演变"（Game Theory，Rationality and Evolution of the Social Contract）一文的评论。坦尼森（Tennyson）的引用语来自于他的诗篇《悼念 A. H. H.》（In Memoriam. A. H. H.）。这些主题最初是在史盖姆斯 1996 年的《社会契约的演变》（*Evolution of the Social Contract*）一书所陈述的。包括马丁·巴雷特（Martin Barrett）、埃勒里·伊尔斯（Ellery Eells）、布兰登·菲特尔森（Branden Fitelson）和埃利奥特·索伯（Elliott Sober）在内的批评者们在 1997 年《哲学与现象学研究》（*Philosophy and Phenomenological Research*）杂志上对史盖姆斯著作做出评论，他们指出，在简化模拟和真实世界的演化之间还存在着巨大的差异。

　　相比于即刻增益,人们常常更倾向于公平。这一现象在"最后通牒博弈"(the ultimatum game)情境中得到广泛研究,该情境是沃纳·古斯(Werner Güth)及其同事,于1982年在《经济行为与组织杂志》(*Journal of Economic Behavior and Organization*)上发表的"最后议价博弈的实验分析"(An Experimental Analysis of Ultimatum Bargaining)一文中最先进行阐述的。萨拉·布罗斯南(Sarah Brosnan)和法兰斯·德·瓦尔(Frans de Waal)在《自然》杂志2003年9月18日版上发表"猴子拒绝不平等报偿"(Monkey Reject Unequal Pay)一文,他们的工作暗示着有些动物也会将公平看得比食物更重要。

　　诸如最后通牒博弈得到的那些结果,让几位学者认为一定有先天的道德结构。约翰·罗尔斯(John Rawls)关于通用道德语法的建议,由马克·豪泽(Marc Hauser)热情地接续下去,但是人们对豪泽2006年《道德心灵:自然如何设计了我们关于对错的普遍意义》(*Moral Minds:How Nature Designed Our Universal Sense of Right and Wrong*)一书的反响却是混杂的。那些对生物学中的后基因组思想留有深刻印象的学者,尤其找寻强主张来说明,先天性解释不了多少东西。

　　关于令人失望的人工生命结果,是引用自罗德尼·布鲁克斯(Rodney Brooks),来自于他2001年的文章"一步步走向活的机器"(Steps towards Living Machines)及其著作《血肉与机器》(*Flesh and Machines*)。对托马斯·雷(Tomas Ray)的引用来自他2002年《我们是精神机器吗?雷·科兹威尔对阵强人工智能的批评者》(*Are We Spiritual Machines?Ray Krzweil vs. the Critics of Strong A.I.*)文集中的"科兹威尔的图灵谬误"(Kurzweil's Turing Fallacy)一文。

　　我们谈论复杂性在自然选择中的作用,这是基于拉里·耶格尔(Larry Yaeger)和奥拉夫·斯庞斯(Olaf Sporns)在印第安纳大学的研究成果。他们2006年的文章"神经结构的演化和计算生态学的复杂性"(Evolution of Neural Structure and Complexity in a Computational Ecology),发表于2006年6月3~7日在布卢明顿印第安纳大学举行的"人工生命X"会议出版的会刊《人工生命X》(*Alife X*)上。

　　劳伦斯·科尔伯格(Lawrence Kohlberg)的经典著作是他两卷本的《道德发展文集》(*Essays on Moral Development*)。卷一,《道德发展的哲学》(*The Philosophy of Moral Development*,1981);卷二,《道德发展的心

理学》(*The Psychology of Moral Development*,1984)。

关于德布·罗伊(Deb Roy)的机器人雷普利(Ripley)的信息,包括视频片段和研究报告,都可见 www. media. mit. edu/cogmac/projects/ripley. html。

第八章

孔特-斯蓬维尔(Comte-Sponville)的《小爱大德——美德浅论》(*Small Treatise on the Great Virtues*)的英译本发表于 2001 年。文本中我们所举的关于善的动机的例子来自于伯纳德·威廉斯(Bernad Williams)的《哲学的伦理与局限》(*Ethics and the Limits of Philosophy*,1985)一书,并且已经在第六章的注释中提到。

尽管强调亚里士多德是一个联结主义者可能是时间错位的,但是一些作者认为在亚里士多德和联结主义之间有一种亲和力。其中包括詹姆斯·吉普斯(James Gips)的"关于道德机器人"一文(Towards the Ethical Robot,1995,见第六章注释),和保罗·丘奇兰德(Paul Churchland)的书《理性的引擎、灵魂的座椅:进入大脑的哲学之旅》(*Engine of Reason*,*the Seat of the Soul:A Philosophical Journey into the Brain*,1995)。丘奇兰德后面也回归至这一主题,见他 1996 年的文章"社会世界的神经表征"[The Neural Representation of the Social World,收编于《心灵与道德》(*Mind and Morals*)选集,拉里·梅(Larry May)、玛丽莲·弗里德曼(Marilyn Friedman)和安迪·克拉克(Andy Clark)主编]。

威廉·凯斯毕尔(William Casebeer)在他的《自然伦理事实:进化、联结主义和道德认知》(*Natural Ethical Facts:Evolution*,*Connectionism*,*and Moral Cognition*,2003)一书中主张在亚里士多德主义和联结主义之间有更强的联系,我们来自凯斯毕尔的引用是在第 5 页。乔纳森·丹西(Jonathan Dancy)在他的《道德理性》(*Moral Reasons*,1993)一书中得出了联结主义和特殊主义的联系。

安迪·克拉克在他的《联结主义、道德认知与协同解题》(*Connectionism*,*Moral Cognition*,*and Collaborative Problem Solving*,1993)一书中提出一个相似的观点,这也出现在梅(May)、弗里德曼(Friedman)和克拉克主编的《心灵与道德》(*Mind and Morals*)里面。戴维

·德莫斯(David DeMoss)在"亚里士多德、联结主义和道德卓越的大脑"(Aristotle,Connectionism,and the Morally Excellent Brain,1998)一文中探讨了这一主题。亦见第九章中马塞洛·瓜里尼(Marcello Guarini)的著作。

第九章

比尔·乔伊(Bill Joy)在 2000 年写的文章"为何未来不需要我们"(Why the Future Doesn't Need Us)发表于 4 月份的《连线》(*Wired*)杂志,文章链接为:www. wired. com/wired/archive/8. 04/joy. html. 乔伊的长篇哀叹轰动一时,引发许多批评,其中包括马克思·莫尔(Max More)2000 年所发表的"拥抱未来,不放弃"(Embrace,Don't Relinquish,the Future),另一篇则是约翰·西利·布朗(John Seely Brown)于 2001 年发表的《不要鼓吹社会失败:对比尔·乔伊的回应》(Don't Count Society Out:A Response to Bill Joy)。

迈克尔·安德森(Miehael Anderson)、苏珊·安德森(Susan Anderson)和克里斯·阿尔蒙(Chris Armen)在其文章"计算伦理的进路"(An Approach to Computing Ethics)中描述了医疗伦理专家系统MedEthEx,该文章发表于 2006 年《IEEE 智能系统》(*IEEE Intelligent Systems*)杂志 7、8 月刊。苏珊·安德森是 MedEthEx 团队中的哲学家,她把 MedEthEx 中应用的义务称为 W. D. 罗斯(Ross)的显见义务。尽管在医学伦理中这些义务更多时候被称为生命医学伦理四大原则(其中的三条,第四条是正义),但我们在整个章节依然遵照她的用语。医学伦理学家通常把这些原则归于汤姆·比彻姆(Tom Beauchamp)和詹姆斯·奇尔德雷斯(James Childress),而不是 W. D. 罗斯。比彻姆和奇尔德雷斯 1979 年的颇有影响的著作《生命医学伦理的原则》(*The Principles of Biomedical Ethics*)借鉴了 W·D.罗斯更早的对四条原则进行构想的工作,随后他们对医学和研究伦理学产生了重大影响。安德森夫妇的最新工作成果在《高级医疗计算智能范式-3》(*Advanced Computational Intelligence Paradigms in Healthcare*—3)一书的"伦理医疗智能体"(Ethical Healthcare Agents)一章中有描述,该书由拉克米·杰因(Lakmi C. Jain)编辑,于 2008 年出版。对于他们的大量引证出自该书的 244 页。

当布赖恩·达菲(Brian Duffy)还是都柏林大学学院的学生时,他在社交智能体方面的工作就已经开始了。自那以后达菲加入了法国的Eurécom情感社交计算实验室。BDI(信念、愿望、意图)智能体的术语来自哲学家迈克尔·布拉特曼(Michael Bratman),他1987年出版的著作《意图、计划和实践理性》(*Intention, Plans, and Practical Reason*)对计算机决策模型已经产生了重要影响。

一些多主体仿真方面最先进的哲学工作来自荷兰,在那里设立了包括有所有重要公共政策决策的利益相关者的国家任务。杰伦范登·霍芬(Jeroen van den Hoven)和格特-简·洛克霍斯(Gert-Jan Lokhorse)在他们的文章"道义逻辑和计算机支持的计算伦理"(Deontic Logic and Computer Supported Computer Ethics)中描述了他们计算机支持的多主体伦理决策的进路,该文章收录于《计算哲学:哲学与计算的交互》(*CyberPhilosophy: The Intersection of Philosophy and Computing*)一书,由特雷尔·拜纳姆和詹姆斯·穆尔编辑于2002年出版。文森特·威格尔(Vincent Wiegel)的SophoLab系统在他和霍芬、洛克霍斯合作的文章"隐私、道义认知行为逻辑和软件智能体"(Privacy, Deontic Epistemic Action Logic and Software Agents)中有描述,该文章刊载于《伦理和信息技术》(*Ethics and Information Technology*)的2005年12月刊。我们从威格尔于2007年8月16日寄给我们的一封邮件中引述了威格尔对于其系统中智能体的描述。

第十章

再度兴起对具有人类水平的人工智能的兴趣,有来自方方面面的证据。例如,《人工智能》(*AI*)杂志2006年夏季刊对这个主题的专门讨论。

保罗·罗岺(Paul Rozin)、乔纳森·海特(Jonathan Haidt)和克拉克·麦考利(Clark McCauley)为《情绪手册》(*Handbook of Emotions*)撰写了其中的一章,对有关厌恶情绪的文献做了概述,该手册由迈克尔·刘易斯(Michael Lewis)和珍妮特·哈维兰-琼斯(Jeannette Haviland-Jones)主编,2000年第二版。肖恩·尼科尔斯(Shaun Nichols)2004年的书《情感规则:道德判断的自然基础》(*Sentimental Rules: On the Natural Foundations of Moral Judgment*)把情感心理学带入了道德哲学领域。

彼得·沙洛维(Peter Salavey)和约翰·迈耶(John Mayer)的文章"情绪智能"(Emotional Intelligence)发表在 1990 年的《想象、认知与人格》(*Imagination，Cognition and Personality*)刊物上。

理查德·拉扎勒斯(Richard Lazarus)在他 1991 年的书《情绪和适应性》(*Emotion and Adaptation*)中，描述了关于情绪的认知说明，这是我们提到的 15 个相关的核心主题的来源。哲学家杰西·普林茨(Jesse Prinz)在他 2004 年的书《本能反应：关于情绪的知觉理论》(*Gut Reactions：A Perceptual Theory of Emotions*)中，对拉扎勒斯的观点进行了反驳，他给出了威廉·詹姆斯(William James)的观点的现代版本，认为情绪就是身体感觉到的变化。普林茨的观点类似于安东尼奥·达马西奥(Antonio Damasio)认为的情绪就是感觉到的躯体标记的新詹姆斯主义的观点，见达马西奥 1995 年的书《笛卡儿之误：情绪、理性和人脑》(*Descartes' Error：Emotion，Reason，and the Human Brain*)，以及他 1999 年的书《感觉所发生之事：意识形成当中的身体和情绪》(*The Feeling of What Happens：Body and Emotions in the Making of Consciousness*)。也见罗纳德·德·索萨(Ronald de Sousa)1987 年的单行本《情绪的理性》(*The Rationality of Emotion*)。情绪对理性至关重要，这一思想可以追溯到更早的源头，比如 18 世纪的休谟(Hume)。

关于双路进路的决策实例，见神经科学家约瑟夫·勒杜(Joseph LeDoux)1996 年的书《情绪脑：情绪生活的神秘根基》(*The Emotional Brain：The Mysterious Underpinnings of Emotional Life*)。乔舒亚·格林(Joshua Greene)和他的同事 2001 年在《科学》上发表的研究表明，针对我们在第一章提到的电车实例的不同版本，所牵涉的人们的情绪中心是不一样的。格林正在积极探究道德决策的别的研究途径。

"又快又省"的决策途径是由格尔德·吉仁泽(Gerd Gigerenzer)和彼得·托德(Peter Todd)在他们 1999 年的书《简单启发式让我们变聪明》(*Simple Heuristics That Make Us Smart*)中提出来的。

"抱抱我"(Huggable)嵌入了一个 1GB 内存的 1.8Ghz 奔腾 M 处理器。更多细节可见文章"Huggable 的设计：针对关系、情感接触的治疗性机器人伴侣"(The Design of the Huggable：A Therapeutic Robotic Companion for Relational，Affective Touch，2006)，作者是沃尔特·丹·斯蒂尔(Walter Dan Stiehl)及其同事。

对罗莎琳德·皮卡德(Rosalind Picard)的引用出自文章"爱的机器"

(The Love Machine),作者是戴维·戴蒙德(David Diamond),发表在《连线》杂志上。关于 MOUE 的描述见克里斯蒂娜·莉塞提(Christine Lisetti)及其同事的文章"开发用于居家保健治疗的多模式智能情感界面"(Developing Multimodal Intelligent Affective Interfaces for Tele-home Health Care),发表在《国际人-机研究杂志》(International Journal of Human-Computer Studies,2003)上。

关于情绪的 OCC 模型是在文章"情绪的认知结构"(The Cognitive Structure of Emotions)中提出来的,作者是安德鲁·奥托尼(Andrew Ortony)、杰拉尔德·克罗尔(Gerald Clore)和艾伦·柯林斯(Allan Collins),发表于 1988 年。关于斯洛曼(Aaron Sloman)的 CogAff 模型的描述可见 2005 年的文章"情感状态和过程的构架基础"(The Architectural Basis of Affective States and Processes),作者是阿伦·斯洛曼、罗恩·克里斯勒(Ron Chrisley)和马赛厄斯·朔伊茨(Matthias Scheutz)。

我们对桑德拉·克拉拉·加丹贺(Sandra Gadanho)的研究工作的描述基于她 2003 年的文章"由情绪和认知来学习多目标机器人任务中的行为选择"(Learning Behavior-Selection by Emotions and Cognition in a Multi-Goal Robot Task),发表于《机器学习研究杂志》(Journal of Machine Learning Research)。

很难说是我们最先注意到机器人需要能够适应动态变化的社会交往环境。我们在这里的想法受到辛西娅·布雷齐尔(Cynthia Breazeal)2002 年的书《设计社会交往的机器人》(Designing Sociable Robots)的影响。还有科斯坦·多滕汉(Kerstein Dautenhahn)2002 年的书《社交智能主体:与计算机建立关系》(Socially Intelligent Agents: Creating Relationships with Computers)。

心灵理论的思想最早是戴维·普雷马克(David Premack)和盖伊·伍德拉夫(Guy Woodruff)在他们 1978 年的文章"黑猩猩有他关于心的理论吗?"(Does the Chimpanzee Have a Theory of Mind?)中提出来的,发表于《行为与脑科学》(Behavioral and Brain Sciences)杂志。

关于婴儿的同理心方面的最早的一些工作是马丁·霍夫曼(Martin Hoffman)做的,他是纽约大学的心理学教授。见他 2000 年的书《移情和道德发展:对关怀和正义的影响》(Empathy and Moral Development: Implications for Caring and Justice)。

威廉·西姆斯·班布里奇(William Sims Bainbridge)在他 2006 年的

书中描述了 Cyburg,书名叫《来自机器的主宰:宗教认知的人工智能模型》(*God from the Machine：Artificial Intelligence Models of Religious Cognition*)。

马赛厄斯·朔伊茨关于违背命令的机器人的工作,见他与查尔斯·克罗韦尔(Charles Crowell)合写的文章"具身自主性的负担:对自主机器人的社交和伦理影响的一些思考"(The Burden of Embodied Autonomy：Some Reflections on the Social and Ethical Implications of Autonomous Robots),发表在机器人学和自动化国际会议上的机器人伦理学讨论会。

弗朗西斯科·瓦雷拉(Francisco Varela)的工作,比如他 1980 年与汉贝托·马图拉纳(Humberto Maturana)合著的书,《自主创生和认知:生者的实现》(*Autopoiesis and Cognition：The Realization of the Living*),已然成为将生命和认知作为自组织过程的观点的凝聚点。

关于限定范围中值得信赖的智能体的两个要求,出自卡特里奥娜·肯尼迪(Catriona Kennedy)2004 年的文章"针对值得信赖的伦理辅助的智能体"(Agents for Trustworthy Ethical Assistance)。

通往意识的三个进路的列表归功于欧文·霍兰德(Owen Holland),出自他的一篇在线展示,网址是,http://cswww. essex. ac. uk/staff/owen/adventure. ppt。

第十一章

本章是与斯坦·富兰克林(Stan Franklin)合作写就的,在此处他应被列为合著者。从他在 2000 年发表的短文"基于"意识"的可运行的一个心智架构"(A 'Consciousness' Based Architecture for a Functioning Mind)开始,富兰克林已经在一系列文章中发展了他想要将巴尔斯(Bernad Baars)的全局工作空间理论(GWT)进行计算机执行的想法。其他参考文献在书目中已经列了出来。巴尔斯的书目则包括 1988 年的《意识的认知理论》(*A Cognitive Theory of Consciousness*)以及 1997 年的《意识剧场》(*In the Theater of Consciousness*)。

默里·沙纳汉(Murray Shanahan)在伦敦帝国学院的机器人小组正在利用一个叫"路德维希"(LUDWIG)的上躯仿真机器人进行关于空间推理与知觉的研究项目(参见:http://casbah. ee. ic. ac. uk/~Empsha/

ludwig/）。沙纳汉与伯纳德·巴尔斯一起将全局工作空间理论运用到机器人研究中的问题里，他们已经写出了一系列研究性文章。斯坦尼斯拉斯·德阿纳（Stanislas Dehaene）是意识科学研究协会的前主席，也是 2001 年出版的《意识的认知神经科学》（*The Cognitive Neuroscience of Consciousness*）的作者；他的神经元全局工作空间模型基于以神经网络来表征前额皮质，并以该模型对巴尔斯的进路进行了扩展。

富兰克林的学习型智能配给代理（LIDA）借鉴了多方技术资源，这其中包括道格拉斯·霍夫施塔特（Douglas Hofstadter）与梅拉尼·米切尔（Melanie Mitchell）于 1994 年提出的 Copycat 架构、彭蒂·卡内尔瓦（Pentti Kanerva）于 1988 年提出的稀疏分布式存储器（Sparse Distributed Memory）、加里·德雷舍（Gary Drescher）于 1991 年提出的模式机制（schema mechanism）、帕蒂·梅斯（Pattie Maes）于 1989 年提出的行为网（behavior net）以及罗德尼·布鲁克斯（Rodney Brooks）于 1991 年提出的包容式架构（subsumption architecture）。学习型智能配给代理的子代码块类似于马文·明斯基（Marvin Minsky）在 1986 年出版的《心智社会》（*Society of Mind*）中所提出的智能体、约翰·杰克逊（John Jackson）于 1987 年提出的魔宫（Pandemonium）理论中的恶魔以及罗伯特·奥恩斯坦（Robert Ornstein）于 1986 年提出的小心智（small minds）。

威廉·詹姆斯（William James）关于意志的基本看法可以参见他于 1890 年出版的著作《心理学原理》（*The Principles of Psychology*）。

在 20 世纪 70 年代，社会心理学家做了许多实验来挑战那种认为稳固的道德品质可以决定伦理行为这样一种观点。我们在书中所描述的实验源自伊森（Alice Isen）和莱文（Paula Levin）于 1972 年发表的文章"感觉良好对于助人的影响：饼干与善心"（Effect of Feeling Good on Helping：Cookies and Kindness）以及达利（John Darley）和巴特森（Daniel Batson）于 1973 年发表的文章"从耶路撒冷到耶利哥：对助人行为中情境性与气质性变量的研究"（From Jerusalem to Jericho：A Study of Situational and Dispositional Variables in Helping Behavior）。对于该讨论同样重要的还有拉塔内（Bibb Latané）和达利于 1970 年发表的文章"漠不关心的旁观者：他为什么没有帮忙？"（The Unresponsive Bystander：Why Doesn't He Help）。如果想要了解现今关于这些实验结果的讨论以及针对这些实验的伦理后果所产生的一些争议性论断，大家可以参考哲学家约翰·多丽丝（John Doris）于 2002 年出版的著作《品质的缺失：个性与道德行为》（Lack of Character：Personality and Moral Behavior）。

如果想要进一步了解想象力、认知以及伦理学，可以参考马克·约翰逊（Mark Johnson）于1994年出版的著作《道德想象力：认知科学对伦理学的影响》（*Moral Imagination：Implications of Cognitive Science for Ethics*），也可以参考由梅（Larry May）、弗里德曼（Marilyn Friedman）和克拉克（Andy Clark）所编写的文集，该文集在本书第八章的注释中提到过。

第十二章

在我们虚构的新闻标题里，有的已经离现实不远了。例如，新闻工作者马特·格罗斯（Matt Gross）发表在2006年11月3日《纽约时报》旅游版的一篇文章中，讲述了虚拟世界"第二人生"中的旅游业，"这是我自己的（虚拟）世界"。当描述虚拟音乐会的一位赞助人时，他写道："然后情况真的变得极危险：弗兹先生抽出了一把光剑袭击了听众。"www. nytimes. com/2006/11/03/travel/escapes/03second. html.

针对奇点的"软起飞"这一思想由雷·科兹维尔（Ray Kurzweil）和汉斯·莫拉维克（Hans Moravec）提出，查尔斯·斯特罗斯（Charles Stross）在其科幻小说《渐速音》（*Accelerando*）中将其戏剧化，该作品起初是作为免费下载的电子书发表，之后于2006年以传统的平装本形式出版。

本·戈策尔（Ben Goertzel）关于容易确立的基本价值标准和难以实施的基本价值标准的引文来自于他2002年的短文"关于AI道德的思考"（Thoughts on AI Morality），可以在他的网页上查阅该文：www . goertzel. org/dynapsyc/2002/AIMorality . htm.

对于迈克尔·雷·拉沙（Michael Ray Lachat）的引文出自他的短文"人工超我进化中的道德阶段：一种成本—收益轨迹"（Moral Stages in the Evolution of the Artificial Super-Ego：A Cost-Benefits Trajectory），该文收录于伊娃·斯密特（Iva Smit）和温德尔·瓦拉赫（Wendell Wallach）合编的文集，这是斯密特和瓦拉赫于2003年在巴登-巴登主办的"人类和人工智能决策中的认知、情感和伦理问题研讨会"（Symposium on Cognitive, Emotive and Ethical Aspects of Decision Making in Humans and in Artificial Intelligence）上参会者发言的文集。

我们所述的实验基于托马斯·梅青格尔（Thomas Metzinger）关于意

识的描述,在毕格纳·兰根哈格(Bigna Lenggenhager)、泰·塔迪(Tej Tadi)、托马斯·梅青格尔和奥拉夫·布兰克(Olaf Blanke)于 2007 年 8 月 24 日发表在《科学》的文章"我看故我在:制造身体的自我意识"(Video Ergo Sum:Manipulating Bodily Self-Consciousness)中有所叙述。梅青格尔关于应该禁止开发人工意识系统的观点,引自其 2004 年的著作《我不是我》(Being No One)第 622 页。

参考文献

Adams, B., Breazeal, C., Brooks, R. A., & Scassellati, B. (2000). Humanoid Robots: A New Kind of Tool. *IEEE Intelligent Systems* 15, 25–31.

Aleksander, I. (2007). *The World in My Mind, My Mind in the World: Key Mechanisms of Consciousness in People, Animals and Machines*. Thorverton, UK: Imprint Academic.

Aleksander, I., & Dunmall, B. (2003). Axioms and Test for the Presence of Minimal Consciousness in Agents. In O. Holland (Ed.), *Machine Consciousness* (pp. 7–18). Thorverton, UK: Imprint Academic.

Aleksander, I., Lanhnstein, M., & Rabinder, L. (2005, April). *Will and Emotions: A Machine Model That Shuns Illusions*. Paper presented at the Symposium on Next Generation Approaches to Machine Consciousness, Hatfield, UK.

Allen, C. (2002, August). *Calculated Morality: Ethical Computing in the Limit*. Paper presented at the 14th International Conference on Systems Research, Informatics and Cybernetics, Baden-Baden, Germany.

Allen, C., Smit, I., & Wallach, W. (2006). Artificial Morality: Top-Down, Bottom-Up and Hybrid Approaches. *Ethics and New Information Technology* 7, 149–155.

Allen, C., Varner, G., & Zinser, J. (2000). Prolegomena to Any Future Artificial Moral Agent. *Journal of Experimental and Theoretical Artificial Intelligence* 12, 251–261.

Allen, C., Wallach, W., & Smit, I. (2006). Why Machine Ethics? *IEEE Intelligent Systems* 21(4), 12–17.

Allhoff, F., Lin, P., et al. (Eds.) (2007). *Nanoethics: The Ethical and Social Implications of Nanotechnology*. Hoboken, NJ: Wiley-Interscience.

Anderson, M., & Anderson, S. L. (2006). Machine Ethics. *IEEE Intelligent Systems* 21(4), 10–11.

Anderson, M., & Anderson, S. L. (2006, July). *MedEthEx: A Prototype Medical Ethics Advisor*. Paper presented at the Eighteenth Conference on Innovative Applications of Artificial Intelligence, Boston.

Anderson, M., and S. L. Anderson (2008). *Ethical Healthcare Agents. Advanced Computational Intelligence Paradigms in Healthcare-3*. L. C. Jain. Berlin, Springer: 233–257.

Anderson, M., Anderson, S. L., & Armen, C. (2006). An Approach to Computing Ethics. *IEEE Intelligent Systems*, 56–63.

Anderson, M., Anderson, S. L., & Armen, C. (2005, November). *Towards Machine Ethics: Implementing Two Action-Based Ethical Theories*. Paper presented at the American Association for Artificial Intelligence 2005 Fall Symposium on Machine Ethics, Arlington, VA.

Anderson, M., & Anderson, S. L. (2008, March). EthEl: Towards a principled ethical eldercare robot. ACM/IEEE Human-Robot Interaction Conference, Amsterdam.

Anderson, S. L. (2005, November). *Asimov's "Three Laws of Robotics" and Machine Metaethics*. Paper presented at the American Association for Artificial Intelligence 2005 Fall Symposium on Machine Ethics, Arlington, VA.

Antunes, L., & Coelho, H. (1999). Decisions Based upon Multiple Values: The BVG Agent Architecture. In P. Barahona & J. J. O. Alferes (Eds.), *Ninth Portuguese Conference on Artificial Intelligence* (pp. 297–311). Springer.

Appiah, K.A. (2008). *Experiments in Ethics*. Cambridge: Harvard University Press.

Aristotle. (1908). *Nichomachean Ethics* (W. D. Ross, Trans.). Oxford: Clarendon Press.

Aristotle. (1924 [rev. 1958]). *Aristotle's Metaphysics* (W. D. Ross, Trans.) Oxford: Clarendon Press.

Arkin, R. (2004, January). *Bombs, Bonding, and Bondage: Human-Robot Interaction and Related Ethical Issues*. Paper presented at the First International Conference on Roboethics, San Remo, Italy.

Arkin, R. (2007). *Governing Lethal Behavior: Embedding Ethics in a Hybrid Deliberative/Reactive Robot Architecture*. Technical Report GIT-GVU-07–11, College of Computing, Georgia Institute of Technology.

Arkin, R. (2007, Winter–Spring). Robot Ethics: From the Battlefield to the Bedroom, Robots of the Future Raise Ethical Concerns. *Research Horizons*, 14–15.

Arkoudas, K., & Bringsjord, S. (2004, September). *Metareasoning for Multi-Agent Epistemic Logics*. Paper presented at the Fifth International Conference on Computational Logic in Multi-Agent Systems, Lisbon, Portugal.

Arkoudas, K., & Bringsjord, S. (2005, November). *Toward Ethical Robots via Mechanized Deontic Logic*. Paper presented at the American Association for Artificial Intelligence 2005 Fall Symposium on Machine Ethics, Arlington, VA.

Asaro, P. (2006). What Should We Want from a Robot Ethic? *International Review of Information Ethics* 6, 10–16.

Ashley, K. D. (1990). *Modeling Legal Arguments: Reasoning with Cases and Hypotheticals (Artificial Intelligence and Legal Reasoning)*. Cambridge, MA: MIT Press.

Asimov, I. (1942, March). Runaround. *Astounding Science Fiction*, 94–103.

Asimov, I. (1950). *I, Robot*. New York: Gnome Press.

Asimov, I. (1985). *Robots and Empire*. Garden City, NY: Doubleday.

Axelrod, R., & Hamilton, W. (1981). The Evolution of Cooperation. *Science 211*, 1390–1396.

Baars, B. (1997). *In the Theater of Consciousness: The Workspace of the Mind*. Oxford: Oxford University Press.

Baars, B. J. (1988). *A Cognitive Theory of Consciousness*. Cambridge, UK: Cambridge University Press.

Baars, B. J. (2002). The Conscious Access Hypothesis: Origins and Recent Evidence. *Trends in Cognitive Science 6*, 47–52.

Baars, B. J., & Franklin, S. (2003). How Conscious Experience and Working Memory Interact. *Trends in Cognitive Science 7*, 166–172.

Baddeley, A. D. (1992). Consciousness and Working Memory. *Consciousness and Cognition 1*, 3–6.

Baddeley, A. D., Conway, M., & Aggleton, J. (2001). *Episodic Memory*. Oxford: Oxford University Press.

Baddeley, A. D., & Hitch, G. J. (1974). Working Memory. In G. A. Bower (Ed.), *The Psychology of Learning and Motivation* (pp. 47–89). New York: Academic Press.

Bainbridge, W. S. (2006). *God from the Machine: Artificial Intelligence Models of Religious Cognition*. Lanham, MD: AltaMira Press.

Barad, J., & Robertson, E. (2000). *The Ethics of Star Trek*. New York: HarperCollins.

Barrett, M., Eells, E., Fitelson, B., & Sober, E. (1999). Models and Reality—A Review of Brian Skyrms's *Evolution of the Social Contract*. *Philosophy and Phenomenological Research 59*(1), 237–241.

Barsalou, L. W. (1999). Perceptual Symbol Systems. *Behavioral and Brain Sciences 22*, 577–609.

Bartneck, C. (2002, November). *Integrating the Ortony/Clore/Collins Model of Emotion in Embodied Characters*. Paper presented at the workshop Virtual Conversational Characters: Applications, Methods, and Research Challenges, Melbourne, AU.

Bates, J. (1994). The Role of Emotion in Believable Agents. *Communications of the ACM 37*, 122–125.

Baum, E. (2004). *What Is Thought?* Cambridge, MA: MIT Press.

Beauchamp, T. L., & Childress, J. F. (2001). *Principles of Biomedical Ethics* (5th ed.). Oxford: Oxford University Press.

Bechtel, W., & Abrahamsen, A. (2007, August). *Mental Mechanisms, Autonomous Systems, and Moral Agency*. Paper presented at the annual meeting of the Cognitive Science Society, Nashville, TN.

Bennett, D. (2005, September 11). Robo-Justice: Do We Have the Technology to Build Better Legal Systems? *Boston Globe*.

Bentham, J. (1907 [1780]). *An Introduction to the Principles of Morals and Legislation*. Oxford: Clarendon Press.

Berne, E. (1964). *Games People Play: The Basic Hand Book of Transactional Analysis*. New York: Ballantine Books.

Billings, L. (2007, July 16). Rise of Roboethics. *Seed.*

Birrer, F. (2001). Applying Ethical and Moral Concepts and Theories to IT Contexts: Some Key Problems and Challenges. In R. A. Spinello & H. T. Tavani (Eds.), *Readings in Cybernetics* (pp. 91–97). Sudbury, MA: Jones & Bartlett.

Blackmore, S. (2003). Consciousness in Meme Machines. In O. Holland (Ed.), *Machine Consciousness* (pp. 19–30). Thorverton, UK: Imprint Academic.

Boden, M. A. (1983). Artificial Intelligence as a Humanizing Force. In A. Bundy (Ed.) *Proceedings of the Eighth International Joint Conferences on Artificial Intelligence* (pp. 1197–1198).

Boden, M. A. (1995). Could a Robot Be Creative—How Would We Know? In K. Ford, C. Glymour, & P. Hayes (Eds.) *Android Epistemology* (pp. 51–72). Menlo Park, CA: AAAI Press.

Boden, M. A. (2005). Ethical issues in AI and biotechnology. In U. Görman, W.B. Drees, & M. Meisinger (Eds.), *Creative Creatures: Values and Ethical Issues in Theology, Science and Technology* (pp. 123–134). London: T & T Clark.

Boella, G., van der Torre, L., & Verhagen, H. (2005, April). *Introduction to Normative Multiagent Systems.* Paper presented at the Artificial Intelligence and the Simulation of Behavior '05 Convention, Social Intelligence and Interaction in Animals, Robots and Agents: Symposium on Normative Multi-Agent Systems, Hatfield, UK.

Bostrom, N. (1998). How Long before Superintelligence? *International Journal of Future Studies 2,* 1–13.

Bostrom, N. (2003). Are You Living in a Computer Simulation? *Philosophical Quarterly* 53(211), 243–255.

Bostrom, N. (2003). The Ethics of Superintelligent Machines. In I. Smit, W. Wallach, & G. Lasker (Eds.), *Fifteenth International Conference on Systems Research, Informatics and Cybernetics: Symposium on Cognitive, Emotive and Ethical Aspects of Decision Making in Humans and in Artificial Intelligence* (Vol. II, pp. 12–18). Windsor, Ontario, Canada: International Institute for Advanced Studies in Systems Research and Cybernetics.

Bostrom, N. (2003). When Machines Outsmart Humans. *Futures* 35(7), 759–764.

Bratman, M. (1987). *Intention, Plans, and Practical Reason.* Cambridge, MA: Harvard University Press.

Breazeal, C. (2002). *Designing Sociable Robots.* Cambridge, MA: MIT Press.

Breazeal, C. (2003). Emotion and Sociable Humanoid Robots. *International Journal of Human-Computer Studies* 59, 119–155.

Breazeal, C., & Scassellati, B. (2001). Challenges in Building Robots That Imitate People. In K. Dautenhahn & C. Nehaniv (Eds.), *Imitation in Animals and Artifacts* (pp. 363–390). Cambridge, MA: MIT Press.

Bringsjord, S., Arkoudas, K., & Bello, P. (2006). Toward a General Logicist Methodology for Engineering Ethically Correct Robots. *IEEE Intelligent Systems* 21(4), 38–44.

Bringsjord, S., & Ferucci, D. (1998). Logic and Artificial Intelligence: Divorced, Still Married, Separated…? *Minds and Machines* 8(2), 273–308.

Brooks, R. (1986). A Robust Layered Control System for a Mobile Robot. *IEEE Journal of Robotics and Automation*, RA-2(1), 14–23.

Brooks, R. (2002). *Flesh and Machines*. New York: Pantheon Books.

Brooks, R. A. (1989). A Robot That Walks: Emergent Behavior from a Carefully Evolved Network. *Neural Computation* 1, 253–262.

Brooks, R. A. (1991). How to Build Complete Creatures Rather Than Isolated Cognitive Simulators. In K. van Lehn (Ed.), *Architectures for Intelligence* (pp. 225–239). Hillsdale, NJ: Erlbaum.

Brooks, R. A. (1991). Intelligence without Representation. *Artificial Intelligence* 47(1–3), 139–159.

Brooks, R. A. (1997). The Cog Project. *Journal of the Robotics Society of Japan* 15, 968–970.

Brooks, R. A. (2001). Steps towards Living Machines. In T. Gomi (Ed.), *The International Symposium on Evolutionary Robotics From Intelligent Robotics to Artificial Life* (pp. 72–93). Tokyo: Springer-Verlag.

Brosnan, S., & de Waal, F. B. M. (2003). Monkeys Reject Unequal Pay. *Nature* 425, 297–299.

Brown, J. S. (2001). Don't Count Society Out: A Response to Bill Joy. In M.C. Roco & W.S. Bainbridge (Eds.) *Societal Implications of Nanoscience and Nanotechnology* (pp. 37–46). New York: Springer.

Bryson, J., & Kime, P. (1998, August). *Just Another Artifact: Ethics and the Empirical Experience of AI*. Paper presented at the Fifteenth International Congress on Cybernetics, Namur, Belgium.

Bynum, T. W. (Ed.). (1985). *Computers and Ethics*. Malden, MA: Blackwell.

Bynum, T. W. (2000). A Very Short History of Computer Ethics. *American Philosophical Association Newsletter on Philosophy and Computing* 99(2), 163–165.

Bynum, T. W. (2001). Computer Ethics: Its Birth and Its Future. *Ethics and Information Technology* 3(2), 109–112.

Calverley, D. (2005, April). *Towards a Method for Determining the Legal Status of a Conscious Machine*. Paper presented at the Artificial Intelligence and the Simulation of Behavior '05: Social Intelligence and Interaction in Animals, Robots and Agents: Symposium on Next Generation Approaches to Machine Consciousness, Hatfield, UK.

Campbell, M. (1997). An Enjoyable Game: How HAL Plays Chess. In D. Stork (Ed.), *HAL's Legacy: 2001's Computer as Dream and Reality* (pp. 75–98). Cambridge, MA: MIT Press.

Campbell, M., Hoane, A. J., & Hsu, F. (2002, January). Deep Blue. *Artificial Intelligence* 134, 57–83.

Canamero, L. D. (2005). Emotion Understanding from the Perspective of Autonomous Robots Research. *Neural Networks* 18, 445–455.

Capek, K. (1973 [1920]). *Rossum's Universal Robots*. New York: Simon and Schuster.

Carpenter, J., Eliot, M., & Schultheis, D. (September, 2006). *Machine or Friend: Understanding Users' Preferences for and Expectations of a Humanoid Robot Companion*. Paper presented at the Fifteenth Conference on Design and Emotion, Gothenburg, Sweden.

Carsten Stahl, B. (2004). Information, Ethics, and Computers: The Problem of Autonomous Agents. *Minds and Machines* 14(1), 67–83.

Casebeer, W. (2003). *Natural Ethical Facts: Evolution, Connectionism, and Moral Cognition*. Cambridge, MA: MIT Press.

Chalmers, D. J. (1996). *The Conscious Mind*. Oxford: Oxford University Press.

Chaput, H. H., Kuipers, B., & Miikkulainen, R. (September, 2003). Constructivist Learning: A Neural Implementation of the Schema Mechanism. Paper presented at the Workshop for Self-Organizing Maps '03, Kitakyushu, Japan.

Chomsky, N. (1965). *Aspects of the Theory of Syntax*. Cambridge, MA: MIT Press.

Chomsky, N. (1985). *Syntactic Structures*. Berlin: Mouton.

Chopra, S., & White, L. (2004). Artificial Agents—Personhood in Law and Philosophy. *European Conference on Artificial Intelligence* 16, 635–639.

Churchland, P. M. (1989). *A Neurocomputational Perspective: The Nature of Mind and the Structure of Science*. Cambridge, MA: MIT Press.

Churchland, P. M. (1995). *The Engine of Reason, The Seat of the Soul: A Philosophical Journey into the Brain*. Cambridge, MA: MIT Press.

Churchland, P. M. (1996). The Neural Representation of the Social World. In L. May, M. Friedman & A. Clark (Eds.), *Mind and Morals: Essays on Cognitive Science and Ethics* (pp. 91–108). Cambridge, MA: MIT Press.

Clark, A. (1996). Connectionism, Moral Cognition, and Collaborative Problem Solving. In L. May, M. Friedman, & A. Clark (Eds.), *Mind and Morals: Essays on Cognitive Science and Ethics* (pp. 109–127). Cambridge, MA: MIT Press.

Clark, A. (1998). *Being There: Putting Brain, Body, and World Together Again*. Cambridge, MA: MIT Press.

Clark, A. (2003). *Natural-Born Cyborgs: Minds, Technologies, and the Future of Human Intelligence*. Cambridge, MA: MIT Press.

Clark, J. (2002). *Paris Says "Oui" to Driverless Trains*. Transport for London website. Originally retrieved from http://tube.tfl.gov.uk/content/metro/02/0207/11/Default.asp and now archived at The Internet Archive at http://web.archive.org/web/20040211000716/http://tube.tfl.gov.uk/content/metro/02/0207/11/Default.asp.

Clarke, R. (1993). Asimov's Laws of Robotics: Implications for Information Technology (1). *IEEE Computer* 26(12), 53–61.

Clarke, R. (1994). Asimov's Laws of Robotics: Implications for Information Technology (2). *IEEE Computer* 27(1), 57–66.

Coleman, K. G. (2001). Android Arete: Towards a Virtue Ethic for Computational Agents. *Ethics and Information Technology* 3(4), 247–265.

Comte-Sponville, A. (2001). *A Small Treatise on Great Virtues; The Uses of Philosophy in Everyday Life* (C. Temerson, Trans.). New York: Metropolitan Books.

Conway, M. A. (2002). Sensory-Perceptual Episodic Memory and Its Context: Autobiographical Memory. In A. D. Baddeley, M. Conway, & J. Aggleton (Eds.), *Episodic Memory* (pp. 53–70). Oxford: Oxford University Press.

Coopersmith, J. (1999). The Role of the Pornography Industry in the Development of Videotape and the Internet. *IEEE International Symposium on Technology and Society—Women and Technology: Historical, Societal, and Professional Perspectives* (pp. 175–182). New Brunswick, NJ.

Cotterill, R. M. J. (2003). CyberChild: A Simulation Test-Bed for Consciousness Studies. *Journal of Consciousness Studies* 10, 31–45.

D'Mello, S. K., Ramamurthy, U., & Franklin, S. (2005, July). *Encoding and Retrieval Efficiency of Episodic Data in a Modified Sparse Distributed Memory System.* Paper presented at the Twenty-seventh Annual Conference of the Cognitive Science Society, Strassa, Italy.

D'Mello, S. K., Ramamurthy, U., Negatu, A., & Franklin, S. (2006). A Procedural Learning Mechanism for Novel Skill Acquisition. In T. Kovacs & J. A. R. Marshall (Eds.), *Adaptation in Artificial and Biological Systems, AISB '06* (Vol. 1, pp. 184–185). Bristol, UK: Society for the Study of Artificial Intelligence and the Simulation of Behaviour.

Damasio, A. (1994). *Descartes' Error: Emotion, Reason, and the Human Brain.* New York: Putnam.

Damasio, A. (1999). *The Feeling of What Happens: Body and Emotion in the Making of Consciousness.* New York: Harcourt Brace.

Dancy, J. (1993). *Moral Reasons.* Malden, MA: Blackwell.

Dancy, J. (1998, August). *Can a Particularist Learn the Difference between Right and Wrong?* Paper presented at the Twentieth World Congress of Philosophy, Boston.

Dancy, J. (2005). Moral Particularism. *The Stanford Encyclopedia of Philosophy (Summer 2005 Edition)*, E. N. Zalta (Ed.), http://plato.stanford.edu/archives/sum2005/entries/moral-particularism.

Danielson, P. (1992). *Artificial Morality: Virtuous Robots for Virtual Games.* New York: Routledge.

Danielson, P. (1998). *Modeling Rationality, Morality and Evolution.* Oxford: Oxford University Press.

Danielson, P. (2003). *Modeling Complex Ethical Agents.* Paper presented at the conference on Computational Modeling in the Social Sciences, Seattle, Washington.

Danielson, P. (2006, June). *From Artificial Morality to NERD: Models, Experiments, & Robust Reflective Equilibrium.* Paper presented at the EthicALife Workshop of the ALifeX Conference, Bloomington, Indiana.

Darley, J. M., & Batson, C.D. (1973). From Jerusalem to Jericho: A Study of Situational and Dispositional Variables in Helping Behavior. *Journal of Personality and Social Psychology* 27, 100–108.

Darwin, C. (1860). *Origin of Species* (Harvard Classics, Vol. 11.). New York: Bartleby Press.

Darwin, C. (1872). *The Expression of Emotions in Man and Animals.* London: John Murray.

Darwin, C. (2004 [1871]). *The Descent of Man.* New York: Penguin.

Das, P., Kemp, A. H., Liddell, B. J., Brown, K. J., Olivieri, G., Peduto, A., Gordon, E., & Williams, L. M. (2005). Pathways for Fear Perception: Modulation of Amygdala Activity by Thalamo-Cortical Systems. *NeuroImage* 26, 141–148.

Dautenhahn, K. (Ed.). (2002). *Socially Intelligent Agents: Creating Relationships with Computers and Robots*. New York: Springer.

Davachi, L., Mitchell, J. P., & Wagner, A. D. (2003). Multiple Routes to Memory: Distinct Medial Temporal Lobe Processes Build Item and Source Memories. *Proceedings of the National Academy of Sciences* 100 2157–2162.

Davidson, R. J., Maxwell, J. S., Shackma, A. J. (2004). The Privileged Status of Emotion in the Brain. *Proceedings of the National Academy of Sciences* 101, 11915–11916.

Dawkins, R. (1989). *The Selfish Gene*. Oxford: Oxford University Press.

de Garis, H. (1990). The Twenty-first-century Artilect: Moral Dilemmas Concerning the Ultra-intelligent Machine. *Revue Internationale de Philosophie* 44, 131–138.

de Garis, H. (2005). *The Artilect War: Cosmists vs. Terrans: A Bitter Controversy Concerning Whether Humanity Should Build Godlike Massively Intelligent Machines*. Palm Springs, CA: ETC.

de Martino, B., Kumaran, D., Seymour, B., & Dolan, R. J. (2006). Frames, Biases, and Rational Decision-Making in the Human Brain. *Science* 313, 684–687.

de Sousa, R. (1987). *The Rationality of Emotion*. Cambridge, MA: MIT Press.

de Waal, F. B. M. (2006). *Primates and Philosophers: How Morality Evolved*. Princeton, NJ: Princeton University Press.

Dehaene, S. (2002). *The Cognitive Neuroscience of Consciousness*. Cambridge, MA: MIT Press.

Dehaene, S., Changeux, J., Naccache, L., Sackur, J., & Sergent, C. (2006). Conscious, Preconscious, and Subliminal Processing: A Testable Taxonomy. *Trends in Cognitive Sciences* 10, 204–211.

DeMoss, D. (1998). Aristotle, Connectionism, and the Morally Excellent Brain. The Paideia project on-line. *Proceedings of the Twentieth World Congress of Philosophy*. American Organizing Committee Inc., Boston. www.bu.edu/wcp/Papers/Cogn/CognDemo.htm

Dennett, D. C. (1995). Cog: Steps towards Consciousness in Robots. In T. Metzinger (Ed.), *Conscious Experience* (pp. 471–487). Thorverton, UK: Imprint Academic.

Dennett, D. C. (1996). When Hal Kills, Who's to Blame? In D. Stork (Ed.), *Hal's Legacy* (pp. 351–365). Cambridge, MA: MIT Press.

Dennett, D. C. (1997). Cog as a Thought Experiment. *Robotics and Autonomous Systems* 20(2–4), 251–256.

Dennett, D. C. (1997). Consciousness in Human and Robot Minds. In M. Ito, Y. Miyashita, & E. T. Rolls (Eds), *Proceedings of the IIAS Symposium on Cognition, Computation, and Consciousness* (pp. 17–30). New York: Oxford University Press.

Dennett, D. C. (2003). *Freedom Evolves*. New York: Viking.

Descartes, R. (1978). *The Philosophical Works of Descartes* (E. S. Haldane & G. R. T. Ross, Trans.). Cambridge, UK: Cambridge University Press.

Diamond, D. (2003, December). The Love Machine. *Wired* 11(12), www.wired.com/wired/archive/11.12/love.html.

Dietrich, E. (2007). After the Humans Are Gone. *Journal of Experimental and Theoretical Artificial Intelligence* 19(1), 55–67.

Doris, J. M. (2002). *Lack of Character: Personality and Moral Behavior*. Cambridge, UK: Cambridge University Press.

Drescher, G. L. (1991). *Made-Up Minds: A Constructivist Approach to Artificial Intelligence*. Cambridge, MA: MIT Press.

Dreyfus, H. (1979). *What Computers Can't Do: The Limits of Artificial Intelligence*. New York: Harper Colophon Books.

Dreyfus, H., & Dreyfus, S. (1990). What Is Morality? A Phenomenological Account of the Development of Ethical Expertise. In D. Rasmussen (Ed.), *Universalism vs. Communitarianism: Contemporary Debates in Ethics* (pp. 237–264). Cambridge, MA: MIT Press.

Duffy, B. R., & Joue, G. (2005). The Paradox of Social Robotics: A Discussion. In M. Anderson, S.L. Anderson, & C. Armen (Cochairs), *Machine Ethics: Papers From The AAAI Fall Symposium*. Arlington, VA: AAAI Press.

Edelman, G. M. (1987). *Neural Darwinism*. New York: Basic Books.

Ekman, P. (1993). Facial Expression of Emotion. *American Psychologist* 48, 384–392.

Engelberger, J. F. (1989). *Robotics in Service*. Cambridge, MA: MIT Press.

Epstein, R. (1996). *The Case of the Killer Robot: Stories about the Professional, Ethical, and Societal Dimensions of Computing*. New York: Wiley.

Estes, W. K. (1993). *Classification and Cognition*. Oxford: Oxford University Press.

Ferbinteanu, J., & Shapiro, M. L. (2003). Prospective and Retrospective Memory Coding in the Hippocampus. *Neuron 40*, 1227–1239.

Flack, J., & de Waal, F. B. M. (2000). 'Any Animal Whatever': Darwinian Building Blocks of Morality in Monkeys and Apes. In L. Katz (Ed.), *Evolutionary Origins of Morality* (pp. 1–30). Thorverton, UK: Imprint Academic.

Flavell, J. H. (1979). Metacognition and Cognitive Monitoring: A New Area of Cognitive-Developmental Inquiry. *American Psychologist 34*, 906–911.

Floridi, L., & Sanders, J. W. (2001). Artificial Evil and the Foundation of Computer Ethics. *Ethics and Information Technology* 3(1), 55–66.

Floridi, L., & Sanders, J. W. (2004). On the Morality of Artificial Agents. *Minds and Machines* 14(3), 349–379.

Foerst, A. (2005). *God in the Machine: What Robots Teach Us about Humanity and God*. New York: Plume.

Fogg, B. J., & Nass, C. (1997). Silicon Sycophants: The Effects of Computers That Flatter. *Journal of Human-Computer Studies* 46, 551–561.

Foot, P. (1967). The Problem of Abortion and the Doctrine of Double Effect. *Oxford Review* 5, 5–15.

Foot, P. (1967). Moral Beliefs. In P. Foot (Ed.), *Theories of Ethics* (pp. 83–100). Oxford: Oxford University Press.

Ford, K., Glymour, C., & Hayes, P. (Eds.). (1995). *Android Epistemology*. Menlo Park, CA: AAAI Press.

Ford, K., Glymour, C., & Hayes, P. (Eds.). (2006). *Thinking about Android Epistemology*. Cambridge, MA: MIT Press.

Franklin, S. (2000). Deliberation and Voluntary Action in "Conscious" Software Agents. *Neural Network World* 10, 505–521.

Franklin, S. (2001). A "Consciousness" Based Architecture for a Functioning Mind. In D. Davis, (Ed.), *Visions Of Mind* (pp. 149–175). Hershey, PA: IDEA Group, Inc.

Franklin, S. (2001). Conscious Software: A Computational View of Mind. In V. Loia & S. Sessa (Eds.), *Soft Computing Agents: New Trends for Designing Autonomous Systems* (pp. 1–46). Berlin, GE: Springer (Physica-Verlag).

Franklin, S. (2003). IDA: A Conscious Artifact? *Journal of Consciousness Studies* 10, 47–66.

Franklin, S. (2005). Cognitive Robots: Perceptual Associative Memory and Learning. Paper presented at *Proceedings of the Fourteenth Annual International Workshop on Robot and Human Interactive Communication (RO-MAN 2005)* (pp. 427–433).

Franklin, S. (2005). Evolutionary Pressures and a Stable World for Animals and Robots: A Commentary on Merker. *Consciousness and Cognition* 14, 115–118.

Franklin, S. (March, 2005). *Perceptual Memory and Learning: Recognizing, Categorizing, and Relating*. Paper presented at American Association for Artificial Intelligence Symposium on Developmental Robotics, Palo Alto, CA.

Franklin, S., Baars, B. J., Ramamurthy, U., & Ventura, M. (2005). The Role of Consciousness in Memory. *Brains, Minds and Media* 1, 1–38.

Franklin, S., & Graesser, A. C. (1997). Is It an Agent, or Just a Program? A Taxonomy for Autonomous Agents. In J. Muller, M. Woolridge, & N.R. Jennings (Eds.), *Intelligent Agents III* (pp. 21–35). Berlin: Springer Verlag.

Franklin, S., & McCauley, L. (2004). Feelings and Emotions as Motivators and Learning Facilitators. In E. Hudlicka & L. Cañamero (Co-chairs), *Architectures for Modeling Emotion: Cross-Disciplinary Foundations, AAAI 2004 Spring Symposium Series* (Technical Report SS-04-02, pp. 48–51). Palo Alto, CA: AAAI Press.

Franklin, S., & Ramamurthy, U. (2006). Motivations, Values and Emotions: Three Sides of the Same Coin. In *Proceedings of the Sixth International Workshop on Epigenetic Robotics* (Vol. 128, pp. 41–48). Paris: Lund University Cognitive Studies.

Freeman, W. J. (1999). *How Brains Make Up Their Minds*. London: Weidenfeld and Nicolson.

Freeman, W. J. (2003). The Wave Packet: An Action Potential for the Twenty-first Century. *Journal of Integrative Neuroscience* 2, 3–30.

Friedman, B. (1995, May). *It's the Computer's Fault: Reasoning about Computers as Moral Agents*. Paper presented at the Conference on Human Factors in Computing Systems, Denver, Colorado.

Friedman, B., & Kahn, P. (1992). Human Agency and Responsible Computing: Implications for Computer System Design. *Journal of Systems and Software* 17, 7–14.

Friedman, B., & Nissenbaum, H. (1996). Bias in Computer Systems. *ACM Transactions on Information Systems* 14(3), 330–347.

Gadanho, S. C. (2003). Learning Behavior-Selection by Emotions and Cognition in a Multi-Goal Robot Task. *Journal of Machine Learning Research* 4, 385–412.

Gardner, A. (1987). *An Artificial Approach to Legal Reasoning.* Cambridge, MA: MIT Press.

Garreau, J. (2007, May 6). Bots on the Ground: In the Field of Battle (Or Even above It), Robots Are a Soldier's Best Friend. *Washington Post.*

Gazzaniga, M. S. (2005). The Believing Brain. In *The Ethical Brain* (pp. 145–162). New York: Dana Press.

Georges, T. M. (2003). *Digital Soul: Intelligent Machines and Human Values.* Cambridge, MA: Westview Press.

Gert, B. (1988). *Morality.* Oxford: Oxford University Press.

Gertner, R. (2005, August 15). Lawyers Are Turning to Old Websites for Evidence. *Lawyer's Weekly USA.*

Gibson, J. J. (1979). *The Ecological Approach to Visual Perception.* Mahwah, NJ: Erlbaum.

Gigerenzer, G., & Selten, R. (2002). *Bounded Rationality: The Adaptive Toolbox.* Cambridge, MA: MIT Press.

Gigerenzer, G., Todd, P., & Group, T. A. R. (1999). *Simple Heuristics That Make Us Smart.* Oxford: Oxford University Press.

Gilligan, C. (1982). *In a Different Voice: Psychological Theory and Women's Development.* Cambridge, MA: Harvard University Press.

Gips, J. (1991). Towards the Ethical Robot. In K. G. Ford, C. Glymour, & P.J. Hayes (Eds.), *Android Epistemology* (pp. 243–252). Cambridge, MA: MIT Press.

Gips, J. (2005). Creating Ethical Robots: A Grand Challenge. In M. Anderson, S.L. Anderson, & Armen, C. (Co-chairs), *AAAI Fall 2005 Symposium on Machine Ethics* (pp. 1–7). Alexandria, VA: AAAI Press.

Glenberg, A. M. (1997). What Memory Is For. *Behavioral and Brain Sciences* 20, 1–19.

Goertzel, B. (2002, May). Thoughts on AI Morality. *Dynamic Psychology.* www.goertzel.org/dynapsyc/2002/AIMorality.htm.

Goertzel, B., et al. (2008, March). *An Integrative Methodology for Teaching Embodied Non-Linguistic Agents, Applied to Virtual Animals in Second Life.* Paper presented at First Conference on Artificial General Intelligence (AGI-08), Memphis, TN.

Goertzel, B., & Pennachin, C. (2007). *Artificial General Intelligence.* Berlin: Springer.

Goertzel, B., Pennachin, C., & Bugaj, S. V. (March, 2002). The Novamente AGI Engine: An Artificial General Intelligence in the Making. http://inteligenesiscorp.com/agiriorg/article.htm.

Goldin, I. M., Ashley, K. D., & Pinkus, R. L. (2001, May). *Introducing PETE: Computer Support for Teaching Ethics.* Paper presented at the Eighth International Conference on Artificial Intelligence and Law, St. Louis, Missouri.

Goleman, D. (1995). *Emotional Intelligence.* New York: Bantam Books.

Good, I. J. (1982, November). *Ethical Machines.* Paper presented at the Tenth Machine Intelligence Workshop, Cleveland, Ohio.

Goodale, M. A., & Milner, D. (2004). *Sight Unseen*. Oxford: Oxford University Press.

Grau, C. (2006). There Is No "I" in "Robots": Robots and Utilitarianism. *IEEE Intelligent Systems* 21(4), 52–55.

Greene, J., & Haidt, J. (2002). How (and Where) Does Moral Judgment Work? *Trends in Cognitive Sciences* 6(12), 517–523.

Greene, J. D., Nystrom, L. E., Engell, A. D., Darley, J. M., & Cohen, J. D. (2004). The Neural Bases of Cognitive Conflict and Control in Moral Judgment. *Neuron* 44, 389–400.

Greene, J. D., Sommerville, R. B., Nystrom, L. E., Darley, J. M., & Cohen, J. D. (2001). An fMRI Investigation of Emotional Engagement in Moral Judgment. *Science* 293, 2105–2108.

Gross, M. (2006, November 3). It's My (Virtual) World . . . *New York Times*.

Guarini, M. (2006). Particularism and Classification and Reclassification of Moral Cases. *IEEE Intelligent Systems* 21(4), 22–28.

Guth, W., Schmittberger, R., & Schwarze, B. (1982). An Experimental Analysis of Ultimatum Bargaining. *Journal of Economic Behavior and Organization* 3(4), 367–388.

Hahn, C. S., Fley, B., & Florian, M. (2005, April). *A Framework for the Design of Self-Regulation of Open Agent-Based Electronic Marketplace*. Paper presented at the Artificial Intelligence and the Simulation of Behavior '05 Convention, Social Intelligence and Interaction in Animals, Robots and Agents: Symposium on Normative Multi-Agent Systems, Hatfield, UK.

Haidt, J. (2001). The Emotional Dog and Its Rational Tail: A Social Intuitionist Approach to Moral Judgment. *Psychology Review* 108, 814–834.

Haidt, J. (2003). The Moral Emotions. In R. J. Davidson, K. R. Scherer, & H. H. Goldsmith (Eds.), *Handbook of Affective Sciences* (pp. 852–870). Oxford: Oxford University Press.

Haidt, J. (2007). The New Synthesis in Moral Psychology. *Science* 316, 998–1002.

Hall, J. S. (2000). *Ethics for Machines*. http://autogeny.org/ethics.html.

Hall, J. S. (2007). *Beyond AI: Creating the Conscience of the Machine*. Amherst, NY: Prometheus Books.

Hambling, D. (2007, September 10) Armed Robots Go into Action. *Wired Blog Network*. http://blog.wired.com/defense/2007/09/robosoldiers-hi.html.

Hamilton, E., & Cairns, H. (1961). *The Collected Dialogues of Plato, Including the Letters* (Cooper, L., Trans.). Princeton, NJ: Princeton University Press.

Hare, R. (1981). *Moral Thinking: Its Levels, Methods, and Point*. Oxford: Oxford University Press.

Harms, W. (1999). Biological Altruism in Hostile Environments. *Complexity* 5(2), 23–28.

Harms, W. (2000). The Evolution of Altruism in Hostile Environments. In L.D. Katz (Ed.), *Evolutionary Origins of Morality* (pp. 308–312). Exeter, UK: Imprint Academic.

Harnad, S. (2003). Can a Machine Be Conscious? How? *Journal of Consciousness Studies* 10 (4–5), 69–75.

Hauser, M. D. (2000). *Wild Minds*. New York: Holt.

Hauser, M. D. (2006). *Moral Minds: How Nature Designed Our Universal Sense of Right and Wrong*. New York: Ecco.

Hauser, M. D., Cushman, F., Young, L., Jin, R. K., & Mikhail, J. (2007). A Dissociation between Moral Judgment and Justification. *Mind and Language* 22(1), 1–21.

Heilman, K. M. (1997). The Neurobiology of Emotional Experience. *Journal of Neuropsychiatry and Clinical Neuroscience* 9, 439–448.

Henig, R. M. (2007, July 29). The Real Transformers. *New York Times Magazine.*

Hexmoor, H., Castelfranchi, C., & Falcone, R. (2003). *Agent Autonomy*. New York: Springer.

Hibbard, B. (2000). Super-Intelligent Machines. *Computer Graphics* 35(1), 11–13.

Hibbard, B. (2003). *Critique of the SIAI Guidelines on Friendly AI*. www.ssec.wisc.edu/~billh/g/SIAI_critique.html.

Hill, R. J. (1983). The Automation of Railways. *Physics in Technology*, 14, 37–47.

Hodges, A. (1992). *Alan Turing: The Enigma*. New York: Simon and Schuster.

Hoffman, M. (2000). *Empathy and Moral Development: Implications for Caring and Justice*: Cambridge, UK: Cambridge University Press.

Hofstadter, D. R., & Mitchell, M. (1995). The Copycat Project: A Model of Mental Fluidity and Analogy-Making. In K. J. Holyoak & J. Barnden (Eds.), *Advances in Connectionist and Neural Computation Theory*, Vol. 2: *Logical Connections* (pp. 205–267). Norwood, NJ: Ablex.

Holland, J. H. (1962). Outline for a Logical Theory of Adaptive Systems. *Journal of the Association for Computing Machinery* 9, 297–314.

Holland, J. H. (1975). *Adaptation in Natural and Artificial Systems*. Ann Arbor: University of Michigan.

Holland, J. H. (1992). Genetic Algorithms. *Scientific American* 267(1), 66–72.

Holland, O. (Ed.). (2003). Special issue on Machine Consciousness. *Journal of Consciousness Studies* 10 (4–5).

Holland, O. (Ed.) (2003). *Machine Consciousness*. Thorverton, UK: Imprint Academic.

Holland, O., & Goodman, R. (2003). Robots with Internal Models: A Route to Machine Consciousness. In O. Holland (Ed.), *Machine Consciousness* (pp. 77–110). Thorverton, UK: Imprint Academic.

Howell, S. R. (1999). *Neural Networks and Philosopy: Why Aristotle was a Connectionist*. www.psychology.mcmaster.ca/beckerlab/showell/aristotle.pdf.

Hume, D. (2000 [1739–40]). *A Treatise on Human Nature*. Oxford: Oxford University Press.

Irrgang, B. (2006). Ethical Acts in Robotics. *Ubiquity* 7(34), 241–250.

Isen, A. M. & Levin, P. F. (1972). The Effect of Feeling Good on Helping: Cookies and Kindness. *Personality and Social Psychology* 21, 382–388.

Ishiguro, H. (July, 2005). *Android Science: Towards a New Cross-Disciplinary Framework*. Paper presented at the CogSci-2005 Workshop: Towards Social Mechanisms of Android Science, Stresa, Italy.

ISO. (2006). ISO Robot Safety Standards, Standard No. 10218-1: 2006. International Organization for Standardization.

Jablonka, E., & Lamb, M. (2005). *Evolution in Four Dimensions: Genetic, Epigenetic, Behavioral, and Symbolic Variation in the History of Life.* Cambridge, MA: MIT Press.

Jackson, J. V. (1987). Idea for a Mind. *ACM Siggart Bulletin* 101, 23–26.

James, W. (1890). *The Principles of Psychology.* Cambridge, MA: Harvard University Press.

John, D. (1993). *Moral Reasons.* Oxford: Blackwell.

Johnson, D. (1985). *Computer Ethics.* New York: Prentice-Hall.

Johnson, M. (1993). *Moral Imagination: Implications of Cognitive Science for Ethics.* Chicago: University of Chicago Press.

Johnston, V. S. (1999). *Why We Feel: The Science of Human Emotions.* Reading, MA: Perseus Books.

Jonsen, A. R., & Toulmin, S. (1988). *The Abuse of Casuistry: A History of Moral Reasoning.* Berkeley: University of California Press.

Joy, B. (2000, April). Why the Future Doesn't Need Us. *Wired* 8(04). www.wired.com/wired/archive/8.04/joy_pr.html.

Kaelbling, L. P., Littman, M. L., & Moore, A. W. (1996). Reinforcement Learning: A Survey. *Journal of Artificial Intelligence Research* 4, 237–285.

Kahn, A. F. U. (1995). The Ethics of Autonomous Learning Systems. In K. Ford, C. Glymour, & P. Hayes (Eds.), *Android Epistemology* (pp. 243–252). Cambridge, MA: MIT Press.

Kahneman, D., Slovic, P., & Tversky, A. (1982). *Judgment under Uncertainty: Heuristics and Biases.* Cambridge, MA: Cambridge University Press.

Kanerva, P. (1988). *Sparse Distributed Memory.* Cambridge, MA: MIT Press.

Kant, E. (1996 [1785]). *Groundwork of the Metaphysics of Morals.* Cambridge, UK: Cambridge University Press.

Kara, D. (2005). *Sizing and Seizing the Robotics Opportunity.* www.robnexus.com/roboticsmarket.htm.

Kassan, P. (2006). A.I. Gone Awry: The Futile Quest for Artificial Intelligence. *Skeptic* 12(2), 30–39.

Katz, L. (Ed.). (2000). *Evolutionary Origins of Morality: Cross-Disciplinary Perspectives.* Thorverton, UK: Imprint Academic.

Kennedy, C. (2004). Agents for Trustworthy Ethical Assistance. In I. Smit, W. Wallach, & G. Lasker (Eds.), *Sixteenth International Conference on Systems Research, Informatics and Cybernetics: Symposium on Cognitive, Emotive and Ethical Aspects of Decision Making in Humans and in Artificial Intelligence* (Vol. III, pp. 15–20). Windsor, Ontario, Canada: International Institute for Advanced Studies in Systems Research and Cybernetics.

Kennedy, C. M. (2000, April). *Reducing Indifference: Steps towards Autonomous Agents with Human Concerns.* Paper presented at the Convention of the Society for Artificial Intelligence and Simulated Behavior, Symposium on AI, Ethics and (Quasi-) Human Rights, Birmingham, UK.

Knutton, M. (2002, June). The Future Lies in Driverless Metros. *International Railway Journal.* http://findarticles.com/p/articles/mi_moBQQ/is_6_42/88099079.

Kohlberg, L. (1969). Stage and Sequence: The Cognitive-Developmental Approach to Socialization. In D. A. Gosli (Ed.), *Handbook of Socialization Theory and Research* (pp. 347–480). Chicago: Rand-McNally.

Kohlberg, L. (1981). *Essays on Moral Development, Vol. 1: The Philosophy of Moral Development*. San Francisco: Harper & Row.

Kohlberg, L. (1984). *Essays on Moral Development, Vol. 2: The Psychology of Moral Development*. San Francisco: Harper & Row.

Kolcaba, R. (2001). Angelic Machines: A Philosophical Dialogue. *Ethics and Information Technology* 2(1), 11–17.

Kraus, S. (2001). *Strategic Negotiation in Multiagent Environments*. Cambridge, MA: MIT Press.

Krazit, T. (2006, May 24). My Friend the Robot. *CNET News*.

Kuflik, A. (2001). Computers in Control: Rational Transfer of Authority or Irresponsible Abdication of Autonomy? *Ethics and Information Technology* 1(3), 173–184.

Kurzweil, R. (1999). *The Age of Spiritual Machines: When Computers Exceed Human Intelligence*. New York: Viking Press.

Kurzweil, R. (2000, October 23). Promise and Peril. *Interactive Week*.

Kurzweil, R. (2005). *The Singularity Is Near: When Humans Transcend Biology*. New York: Viking.

LaChat, M. R. (2003). Moral Stages in the Evolution of the Artificial Superego: A Cost-Benefits Trajectory. In I. Smit, W. Wallach, & G. Lasker (Eds.), *Fifteenth International Conference on Systems Research, Informatics and Cybernetics: Symposium on Cognitive, Emotive and Ethical Aspects of Decision Making in Humans and in Artificial Intelligence* (Vol. II, pp. 18–24). Windsor, Ontario, Canada: International Institute for Advanced Studies in Systems Research and Cybernetics.

LaChat, M. R. (2004). "Playing God" and the Construction of Artificial Persons. In I. Smit, W. Wallach, & G. Lasker (Eds.), *Sixteenth International Conference on Systems Research, Informatics and Cybernetics* (Vol. III, pp. 39–44). Windsor, Ontario, Canada: International Institute for Advanced Studies in Systems Research and Cybernetics.

Lakoff, G. (1987). *Women, Fire, and Dangerous Things—What Categories Reveal about the Mind*. Chicago: University of Chicago Press.

Lakoff, G. (1995). Metaphor, Morality, and Politics, Or, Why Conservatives Have Left Liberals in the Dust. *Social Research* 62(2), 177–214.

Lakoff, G., & Johnson, M. (1980). *Metaphors We Live By*. Chicago: University of Chicago Press.

Lang, C. (2002). *Ethics for Artificial Intelligences*. Paper presented at Wisconsin State-Wide Technology Symposium "Promise or Peril? Reflecting on Computer Technology: Educational, Psychological, and Ethical Implications," Madison, Wisconsin.

Latané, B. D., Darley, J. M. (1970). *The Unresponsive Bystander: Why Doesn't He Help?* New York: Appleton-Century Crofts.

Lazarus, R. (1991). *Emotion and Adaptation*. Oxford: Oxford University Press.

LeDoux, J. (1996). *The Emotional Brain: The Mysterious Underpinnings of Emotional Life*. New York: Simon & Schuster.

Lehman-Wilzig, S. (1981, December). Frankenstein Unbound: Towards a Legal Definition of Artificial Intelligence. *Futures*, 442–457.

Lenggenhager, B., Tadi, T., Metzinger, T., & Blanke, O. (2007). Video Ergo Sum. *Science* 317, 1096–1099.

Levy, D. (2007). *Love and Sex with Robots: The Evolution of Human-Robot Relationships*. New York: HarperCollins.

Lewis, J. (2005). Robots of Arabia. *Wired* 13(11), 188–195.

Libet, B. (1999). Do We Have Free Will? *Journal of Consciousness Studies* 6, 47–57.

Libet, B., Gleason, C. A., Wright, E. W., & Pearl, D. K. (1983). Time of Conscious Intention to Act in Relation to Onset of Cerebral Activity (Readiness-Potential): The Unconscioous Initiation of a Freely Voluntary Act. *Brain* 106, 623–642.

Lisetti, C., et al. (2003). Developing Multimodal Intelligent Affective Interfaces for Tele–Home Health Care. *International Journal of Human-Computer Studies* 59(1–2), 245–255.

Logical Endings: Computers May Soon Be Better Than Kin at Predicting the Wishes of the Dying. (2007, March 15). *Economist*, p. 63.

Longnian, L., et al. (2007). Neural Encoding of the Concept of Nest in the Mouse Brain. *Proceedings of the National Academy of Sciences* 10, 1073.

Looks, M., Goertzel, B., & Pennachin, C. (2004). Novamente: An Integrative Architecture for General Intelligence. In N. Cassimatis & P. Winston (Co-chairs), *AAAI Symposium: "Achieving Human-Level Intelligence via Integrated Systems and Research."* Alexandria, VA: AAAI Press.

Lorenz, E. (December, 1972). Predictability: Does the Flap of a Butterfly's Wings in Brazil Set Off a Tornado in Texas? Paper presented to the American Association for the Advancement of Science. Washington, DC.

MacDorman, K. F. (2006, July). *Subjective Ratings of Robot Video Clips for Human Likeness, Familiarity, and Eeriness: An Exploration of the Uncanny Valley*. Paper presented at the International Conference of the Cognitive Science/CogSci-2006 Long Symposium: Toward Social Mechanisms of Android Science, Vancouver, Canada.

Maes, P. (1989). How to Do the Right Thing. *Connection Science* 1, 291–323.

Maes, P. (1991). A Bottom-Up Mechanism for Behavior Selection in an Artificial Creature. In J. Meyer & S. W. Wilson (Eds.), *Proceedings of the First International Conference on Simulation of Adaptive Behavior: From Animals to Animats* (pp. 238–246). Cambridge, MA: MIT Press.

Malinowski, B. (1944). *A Scientific Theory of Culture*. Raleigh: University of North Carolina Press.

Maner, W. (2002). Heuristic Methods for Computer Ethics. In J. H. Moor & T. W. Bynum (Eds.), *Cyberphilosophy: The Intersection of Philosophy and Computing* (pp. 339–365). Malden, MA: Blackwell.

Markowitsch, H. J. (2000). Neuroanatomy of Memory. In E. Tulving & F. I. M. Craik (Eds.), *The Oxford Handbook of Memory* (pp. 465–484). Oxford: Oxford University Press.

Marks, P. (2006, September 21). Robot Infantry Get Ready for the Battlefield. *New Scientist.*

Marshall, J. (August, 2002). *Metacat: A Self-Watching Cognitive Architecture for Analogy-Making.* Paper presented at the twenty-fourth annual conference of the Cognitive Science Society, Fairfax, VA.

Martin, J. (2000). *After the Internet: Alien Intelligence.* Washington, DC: Capital Press.

Massimini, M., Ferrarelli, F., Huber, R., Esser, S. K., Singh, H., & Tononi, G. (2005). Breakdown of Cortical Effective Connectivity during Sleep. *Science* 309, 2228–2232.

Maturana, H. R., & Varela, F. J. (1980). *Autopoiesis and Cognition: The Realization of the Living.* New York: Springer.

May, L., Freidman, M., & Clark, A. (Eds.). (1996). *Mind and Morals: Essays on Ethics and Cognitive Science.* Cambridge, MA: MIT Press.

McCarthy, J. (1995). *Making Robots Conscious of Their Mental States.* www.formal .stanford.edu/jmc/consciousness/consciousness.html.

McCauley, L., & Franklin, S. (2002). A Large-Scale Multi-Agent System for Navy Personnel Distribution. *Connection Science* 14, 371–385.

McDermott, D. (1988). We've Been Framed: Or, Why AI Is Innocent of the Frame Problem. In Z. W. Pylyshyn (Ed.), *The Robot's Dilemma: The Frame Problem in Artificial Intelligence* (pp. 113–122). Norwood, NJ: Ablex.

McDermott, D. (2008, July 12). *Why Ethics is a High Hurdle for AI.* Paper presented at *2008 North American Conference on Computing and Philosophy.* Bloomington, Indiana.

McGinn, C. (1999). *The Mysterious Flame: Conscious Minds in a Material World.* New York: Basic Books.

McKeever, S., & Ridge, M. (2005). The Many Moral Particularisms. *Canadian Journal of Philosophy* 35(1), 83–106.

McLaren, B. (2003, November). Extensionally Defining Principles of Machine Ethics: An AI Model. *Artificial Intelligence Journal* 150, 145–181.

McLaren, B. (2006). Computational Models of Ethical Reasoning: Challenges, Initial Steps, and Future Directions. *IEEE Intelligent Systems* 21(4), 29–37.

McLaren, B., & Ashley, K. D. (1995). Case-Based Comparative Evaluation in Truth-Teller. In E. Lawrence (Ed.), *Seventeenth Annual Conference of the Cognitive Science Society* (pp. 72–77). San Diego, CA.

McNally, P., & Inayatullah, S. (1988) The Rights of Robots: Technology, Culture and Law in the Twenty-first Century. *Metafuture.org/Articles/TheRightsofRobots .htm.*

Meador, K. J., Ray, P. G., Echauz, J. R., Loring, D. W., & Vachtsevanos, G. J. (2002). Gamma Coherence and Conscious Perception. *Neurology* 59, 847–854.

Merker, B. (2005). The Liabilities of Mobility: A Selection Pressure for the Transition to Consciousness in Animal Evolution. *Consciousness and Cognition* 14, 89–114.

Metzinger, T. (2004). *Being No One: The Self-Model Theory of Subjectivity.* Cambridge, MA: MIT Press.

Mikhail, J. (2000). *Rawls' Linguistic Analogy: A Study of the "Generative Grammar" Model of Moral Theory Described by John Rawls in "A Theory of Justice."* Ithaca, NY: Cornell University Press.

Mikhail, J., Sorentino, C., & Spelke, E. (1998). *Toward a Universal Moral Grammar*. Paper presented at the twentieth annual conference of the Cognitive Science Society, Mahwah, NJ.

Mill, J. S. (1998 [1864]). *Utilitarianism*. Oxford: Oxford University Press.

Miller, G. (1956). The Magical Number Seven, Plus or Minus Two: Some Limits on Our Capacity for Processing Information. *Psychology Review* 63(2), 81–97.

Minsky, M. (1985). *The Society of Mind*. New York: Simon & Schuster.

Minsky, M. (2006). *The Emotion Machine*. New York: Simon & Schuster.

Mitchell, T. (1997). *Machine Learning*. Boston: McGraw-Hill.

Moor, J. H. (1979). Are There Decisions Computers Should Never Make? *Nature and System* 1(4), 217–229.

Moor, J. H. (1995). Is Ethics Computable? *Metaphilosophy* 26(1–2), 1–21.

Moor, J. H. (2001). The Future of Computer Ethics: You Ain't Seen Nothing Yet! *Ethics and Information Technology* 3(2).

Moor, J. H. (2001). The Status and Future of the Turing Test. *Minds and Machines* 11, 77–93.

Moor, J. H. (2006). The Nature, Importance, and Difficulty of Machine Ethics. *IEEE Intelligent Systems* 21(4), 18–21.

Moravec, H. (1988). *Mind Children: The Future of Robot and Human Intelligence*. Cambridge, MA: Harvard University Press.

Moravec, H. (2000). *Robot: Mere Machine to Transcendent Mind*. Oxford: Oxford University Press.

More, M. (2000). *Embrace, Don't Relinquish, the Future*. www.kurzweilai.net/articles/art0106.html?printable=1.

Morgenstern, O., & von Neumann, J. (1944). *Theory of Games and Economic Behavior*. New York: Wiley.

Mori, M. (1970). Bukimi no tani (The Uncanny Valley). *Energy* 7(4), 33–35.

Mowbray, M. (2002). Ethics for Bots. In I. Smit & G. Lasker (Eds.), *Sixteenth International Conference on Systems Research, Informatics and Cybernetics: Symposium on Cognitive, Emotive and Ethical Aspects of Decision Making in Humans and in Artificial Intelligence* (Vol. I, pp. 24–28). Windsor, Ontario, Canada: International Institute for Advanced Studies in Systems Research and Cybernetics.

Mulcahy, N. J., & Call, J. (2006). Apes Save Tools for Future Use. *Science* 312, 1038–1040.

Murakami, Y. (2004, September). *Utilitarian Deontic Logic*. Paper presented at Advances in Modal Logic Fifth International Conference, Manchester, UK.

Muramatsu, R., & Hanoch, Y. (2004). Emotions as a Mechanism for Boundedly Rational Agents: The Fast and Frugal Way. *Journal of Economic Psychology* 26(2), 201–221.

Nadel, L. (1992). Multiple Memory Systems: What and Why. *Journal of Cognitive Neuroscience* 4, 179–188.

Nadel, L., & Moscovitch, M. (1997). Memory Consolidation, Retrograde Amnesia and the Hippocampal Complex. *Current Opinions in Neurobiology* 7, 217–227.

Nagel, T. (1974). What Is It Like to Be a Bat? *Philosophical Review* 83(4), 435–450.

National Society of Professional Engineers. (1996). *The NSPE Code of Ethics.* www .onlineethics.diamax.com/CMS/profpractice/ethcodes/13411/9972.aspx.

Negatu, A., D'Mello, S. K., & Franklin, S. (2007). Cognitively Inspired Anticipatory Adaptation and Associated Learning Mechanisms for Autonomous Agents. In M. V. Butz, O. Sigaud, G. Pezzulo, & G. Baldassarre (Eds.), *ABiALS-2006—Anticipatory Behavior in Adaptive Learning Systems* (pp. 108–127). Rome: Springer.

Negatu, A., & Franklin, S. (2002). An Action Selection Mechanism for "Conscious" Software Agents. *Cognitive Science Quarterly* 2, 363–386.

Negatu, A., McCauley, T. L., & Franklin, S. (In Review). Automatization for Software Agents.

Nehaniv, C. L., & Dautenhahn, K. (2007). *Imitation and Social Learning in Robots, Humans and Animals: Behavioral, Social and Communicative Dimensions.* Cambridge, UK: Cambridge University Press.

Newell, A., & Simon, H. A. (1976). Computer Science as Empirical Inquiry: Symbols and Search. *Communications of the ACM* 19(3), 113–126.

Newman, S. D., Carpenter, P. A., Varma, S., & Just, M. A. (2003). Frontal and Parietal Participation in Problem Solving in the Tower of London: fMRI and Computational Modeling of Planning and High-Level Perception. *Neuropsychologia* 41, 1668–1682.

Nichols, S. (2004). *Sentimental Rules: On the Natural Foundations of Moral Judgment.* Oxford: Oxford University Press.

Nissenbaum, H. (1996). Accountability in a Computerized Society. *Science and Engineering Ethics* 2, 25–42.

Nissenbaum, H. (2001). How Computer Systems Embody Values. *Computer* 34(3), 118–119.

Nolfi, N., & Floreano, D. (2000). *Evolutionary Robotics: The Biology, Intelligence, and Technology of Self-Organizing Machines.* Cambridge, MA: MIT Press.

Norman, D. (2004). *Emotional Design.* New York: Basic Books.

Norvig, P. (2007, September 9). *The History and Future of Technological Change.* Transcript of a talk presented at the Singularity Summit 2007: AI and the Future of Humanity. San Francisco, CA.

Ornstein, R. (1986). *Multimind.* Boston: Houghton Mifflin.

Ortony, A., Clore, G., & Collins, A. (1988). *The Cognitive Structure of Emotions.* Cambridge, UK: Cambridge University Press.

Oyama, S. (1985). *The Ontology of Information.* Cambridge, UK: Cambridge University Press.

Panksepp, J. (1998). *Affective Neuroscience: The Foundations of Human and Animal Emotions.* Oxford: Oxford University Press.

Pascal, B. (2004 [1670]). *Pensées.* Whitefish, MT: Kessinger.

Penrose, R. (1989). *The Emperor's New Mind: Concerning Computers, Minds, and the Laws of Physics.* Oxford: Oxford University Press.

Perkowitz, S. (2005). *Digital People: From Bionic Humans to Androids.* Washington, DC: Joseph Henry Press.

Pettit, P. (2003). *Akrasia, Collective and Individual.* In S. Stroud & C. Tappolet (Eds.), *Weakness of Will and Practical Irrationality* (pp. 68–97). Oxford: Oxford University Press.

Piaget, J. (1932). *The Moral Judgment of the Child.* London: Routledge & Kegan Paul.

Piaget, J. (1972). *Judgment and Reasoning in the Child.* Totowa, NJ: Littlefield, Adams.

Picard, R. (1997). *Affective Computing.* Cambridge, MA: MIT Press.

Picard, R. W., & Klein, J. (2002). Computers that Recognise and Respond to User Emotion: Theoretical and Practical Implications. *Interacting with Computers* 14(2), 141–169.

Pickering, J. (2000, April). *Agents and Ethics.* Paper presented at the Convention of the Society for Artificial Intelligence and Simulated Behavior, Symposium on AI, Ethics and (Quasi-) Human Rights, Birmingham, UK.

Pollack, J. B. (2005). Ethics for the Robot Age: Should Bots Carry Weapons? Should They Win Patents? Questions We Must Answer as Automation Advances. *Wired* 13(1). www.wired.com/wired/archive/13.01/view.html.

Pollack, J. B. (2006). Mindless Intelligence. *IEEE Intelligent Systems* 21(3), 50–56.

Powers, T. (2006). Prospects for a Kantian Machine. *IEEE Intelligent Systems* 21(4), 46–51.

Premack, D. W., & Woodruff, G. (1978). Does the Chimpanzee Have a Theory of Mind? *Behavioral and Brain Science* 1, 515–526.

Prinz, J. (2004). *Gut Reactions: A Perceptual Theory of Emotions.* Oxford: Oxford University Press.

Prinz, J. (2006). The Emotional Basis of Moral Judgments. *Philosophical Explorations* 9(1).

Ramamurthy, U., D'Mello, S. K., & Franklin, S. (2004). *2004 Institute of Electrical Engineers International Conference on Systems, Man and Cybernetics, 6* (pp. 5858–5863). The Hague: Institute of Electrical Electronics Engineers.

Ramamurthy, U., D'Mello, S. K., & Franklin, S. (2005, June). *Role of Consciousness in Episodic Memory Processes.* Poster presented at the ninth conference of the Association for the Scientific Study of Consciousness. Pasadena, CA.

Rao, R. P. N., & Fuentes, O. (1998). Hierarchical Learning of Navigational Behaviors in an Autonomous Robot Using a Predictive Sparse Distributed Memory. *Machine Learning* 31(1–3), 87–113.

Rawls, J. (1999). *A Theory of Justice.* Cambridge, MA: Harvard University Press.

Ray, T. (1991). An Approach to the Synthesis of Life. In C. G. Langton, C. Taylor, J. D. Farmer, & S. Rasmussen (Eds.), *Artificial Life II* (pp. 371–408). Santa Fe, NM: Westview Press.

Ray, T. (2002). Kurzweil's Turing Fallacy. In J. Richards & G. Gilder (Eds.), *Are We Spiritual Machines? Ray Kurzweil vs. the Critics of Strong A.I.* (pp. 116–127). Seattle: Discovery Institute.

Richards, J. W., & Gilder, G. (Eds.). (2002). *Are We Spiritual Machines? Ray Kurzweil vs. the Critics of Strong A.I.* Seattle: Discovery Institute.

Reeves, B., & Nass, C. (1996). *The Media Equation: How People Treat Computers, Television, and New Media.* Cambridge, MA: Cambridge University Press.

Reynolds, C., & Picard, R. (2004, April). *Affective sensors, privacy, and ethical contracts.* Paper presented at Conference on Human Factors in Computing Systems. Vienna, Austria.

Robbins, R. W., & Wallace, W. A. (2007). Decision Support for Ethical Problem Solving: A Multi-Agent Approach. *Decision Support Systems* 43(4), 1571–1587.

Roco, M., & Bainbridge, W. (2002). Conference report *Converging Technologies for Improving Human Performance—Nanotechnology, Biotechnology, Information Technology, and Cognitive Science.* Arlington, VA: NSF/DoC.

Rose, J., & Turkett, W. (2002). *Emergent Planning with Philosophical Agents.* Paper presented at the Third International Workshop on Planning and Scheduling for Space, Houston, TX.

Ross, W. D. (1930). *The Right and the Good.* Oxford: Clarendon Press.

Rothstein, J. (2006, May 23). Soldiers Bond with Battlefield Robots: Lessons Learned in Iraq May Show Up in Future Homeland "Avatars." MSNBC/Reuters. Originally retrieved from www.msnbc.msn.com/id/12939612 and archived at http://web.archive.org/web/20060613225745/http://www.msnbc.msn.com/id/12939612.

Rothstein, J. (2006, May 23). Soldiers Bond with iRobot Machine. Reuters, San Diego. www.boston.com/news/nation/articles/2006/05/23/soldiers_bond_with_irobot_machine_ceo_dreams_big/?rss_id=Boston.com+%2F+News.

Rozin, P., Haidt, J. & McCauley, C. (2000). Disgust. In M. Lewis & J. M.Haviland-Jones (Eds.), *Handbook of Emotions* (2nd ed.) (pp. 637–653). New York: Guilford Press.

Russell, S., & Norvig, P. (1995). *Artificial Intelligence: A Modern Approach.* Upper Saddle River, NJ: Prentice Hall.

Rzepka, R., & Araki, K. (2005). What Could Statistics Do for Ethics? The Idea of Common Sense Processing Based Safety Value. In M. Anderson, S. L. Anderson, & C. Armen (Cochairs), *Machine Ethics: Papers From The AAAI Fall Symposium.* (pp. 85–87). Arlington, VA: AAAI Press.

Saletan, W. (2007, May 11). Chess Bump: The Triumphant Teamwork of Humans and Computers. *Slate.* www.slate.com/id/2166000.

Salovey, P., & Mayer, J. D. (1990). Emotional Intelligence. *Imagination, Cognition, and Personality* 9, 185–211.

Satpute, A. B., & Lieberman, M. D. (2006). Integrating Automatic and Controlled Processes into Neurocognitive Models of Social Cognition. *Brain Research* 1079, 86–97.

Sawyer, R. J. (2007). Robot Ethics. *Science* 318, 1037.

Scassellati, B. (2001). *Foundations for a Theory of Mind for a Humanoid Robot.* Ph. D. Thesis submitted to the Department of Electrical Engineering and Computer Science. MIT, Cambridge, Massachusetts.

Schactman, N. (2007, August 16). Armed Robots Pushed to Police. *Wired Blog Network* http://blog.wired.com/defense/2007/08/armed-robots-so.html.

Schactman, N. (2007, Ocotober 18). Robot Cannon Kills 9, Wounds 14. *Wired Blog Network*. http://blog.wired.com/defense/2007/10/robot-cannon-ki.html.

Schactman, N. (2007, October 17). Roomba-Maker Unveils Kill-Bot. *Wired Blog Network*. http://blog.wired.com/defense/2007/10/roomba-maker-un.html.

Scheutz, M. (2004). Useful Roles of Emotions in Artificial Agents: A Case Study from Artificial Life. In *Proceedings of AAAI 2004* (pp. 42–48). San Jose, CA: AAAI Press.

Scheutz, M. C., & Crowell, C. (2007, April 14). *The Burden of Embodied Autonomy: Some Reflections on the Social and Ethical Implications of Autonomous Robots*. Paper presented at the Workshop on Roboethics at the International Conference on Robotics and Automation, Rome.

Scholl, B., & Tremoulet, P. (2000). Perceptual Causality and Animacy. *Trends in Cognitive Science* 4(8), 299–309.

Searing, D. (1998). *HARPS Ethical Analysis Methodology*. www.cs.bgsu.edu/maner/heuristics/-1998Searing.htm.

Searle, J. R. (1980). Minds, Brains, and Programs. *Behavioral and Brain Sciences* 3(3), 417–458.

Seville, H., & Field, D. G. (2000, April). *What Can AI Do for Ethics?* Paper presented at the convention for The Society for the Study of Artificial Intelligence and the Simulation of Behavior 2000, Birmingham, UK.

Shalowitz, D. I., Garrett-Myer, E., & Wendler, D. (2007). How Should Treatment Decisions Be Made for Incapacitated Patients, and Why? *Public Library of Science Medicine* 4(3), e35.

Shanahan, M. (2005, April). *Consciousness, Emotion, and Imagination: A Brain-Inspired Architecture for Conscious Robots*. Paper presented at the Artificial Intelligence and the Simulation of Behavior '05 Convention, Social Intelligence and Interaction in Animals, Robots and Agents: Symposium on Next Generation Approaches to Machine Consciousness, Hatfield, UK.

Shanahan, M. (2007, July). *Is There an Ethics of Artificial Consciousness?* Paper presented at the Hungary Cognitive Science Foundation conference, Towards a Science of Consciousness, Budapest.

Shanahan, M. P. (2005). Consciousness, Emotion, and Imagination: A Brain-Inspired Architecture for Cognitive Robotics, *Proceedings of the Artificial Intelligence and the Simulation of Behavior 2005 Symposium on Next Generation Approaches to Machine Consciousness* (pp. 26–35). www.aisb.org.uk/publications/proceedings/aisb05/7_MachConsc_Final.pdf.

Shanahan, M. P. (2006). A Cognitive Architecture that Combines Internal Simulation with a Global Workspace. *Consciousness and Cognition*, 15, 433–449.

Shanahan, M. S. (2007). A Spiking Neuron Model of Cortical Broadcast and Competition. *Consciousness and Cognition* 17(1), 288–303.

Shnayerson, M. (2004, January 1). The Code Warrior. *Vanity Fair*.

Sidgwick, H. (1874). *The Methods of Ethics*. London: Macmillan.

Sieghart, P., & Dawson, J. (1987). Computer-aided medical ethics. *Journal of Medical Ethics* 13(4). 185–188.

Sigman, M., & Dehaene, S. (2006). Dynamics of the Central Bottleneck: Dual-Task and Task Uncertainty. *Public Library of Science Biology* 4(7), e220.

Simon, H. A. (1967). Motivation and emotional controls of cognition. *Psychological Review* 74, 29–39.

Simon, H. A. (1982). *Models of Bounded Rationality*. Cambridge, MA: MIT Press.

Singh, S., & Thayer, S. (2001). *ARMS (Autonomous Robots for Military Systems): A Survey of Collaborative Robotics Core Technologies and Their Military Applications*. Pittsburgh, PA: Robotics Institute, Carnegie Mellon University.

Singularity_Institute. (2001). *SIAI Guidelines on Friendly AI. www.singinst.org/ourresearch/publications/guidelines.html*.

Skyrms, B. (1996). *Evolution of the Social Contract*. Cambridge, UK: Cambridge University Press.

Skyrms, B. (2000). Game Theory, Rationality and Evolution of the Social Contract. In L. Katz (Ed.), *Evolutionary Origins of Morality* (pp. 269–285). Thorverton, UK: Imprint Academic.

Skyrms, B. (2003). *The Stag Hunt and the Evolution of the Social Contract*. Cambridge, UK: Cambridge University Press.

Sloman, A. (1998). *Damasio, Descartes, Alarms and Meta-Management*. In *Proceedings of the Symposium on Cognitive Agents: Modeling Human Cognition*. San Diego, CA: Institute of Electrical Electronics Engineers.

Sloman, A. (1999). What Sort of Architecture Is Required for a Human-like Agent? In M. Wooldridge & A. S. Rao (Eds.), *Foundations of Rational Agency* (pp. 35–52). New York: Springer.

Sloman, A., & Chrisley, R. (2003). Virtual Machines and Consciousness. In O. Holland (Ed.), *Machine Consciousness* (pp. 133–172). Thorverton, UK: Imprint Academic.

Sloman, A. R., Chrisley, R., & Scheutz, M. (2005). The Architectural Basis of Affective States and Processes. In J. M. Fellous & Arbib, M. A. (Eds.), *Who Needs Emotions? The Brain Meets the Robot* (pp. 203–244). Oxford: Oxford University Press.

Slovic, P. (1987). Perception of Risk. *Science* 236, 280–285.

Smit, I. (2002). *Equations, Emotions, and Ethics: A Journey Between Theory and Practice*. In I. Smit & G. Lasker (Eds.), *Fourteenth International Conference on Systems Research, Informatics and Cybernetics: Symposium on Cognitive, Emotive and Ethical Aspects of Decision Making and Human Action* (Vol. I, pp. 1–6). Windsor, Ontario, Canada: International Institute for Advanced Studies in Systems Research and Cybernetics.

Smit, I. (2003). *Robots, Quo Vadis?* In I. Smit, W. Wallach, & G. Lasker (Eds.), *Fifteenth International Conference on Systems Research, Informatics and Cybernetics: Symposium on Cognitive, Emotive and Ethical Aspects of Decision Making in Humans and in Artificial Intelligence* (Vol. II, pp. 6–11). Windsor, Ontario, Canada: International Institute for Advanced Studies in Systems Research and Cybernetics.

Smith, J. D., & Washburn, D. A. (2005). Uncertainty Monitoring and Metacognition by Animals. *Current Directions in Psychological Science*, 14, 19–24.

Snapper, J. W. (1985). Responsibility for Computer-Based Errors. *Metaphilosophy* 16, 289–295.

Soskis, B. (2005, January/February). Man and the Machines. *Legal Affairs.* www .legalaffairs.org/issues/January-February-2005/feature_sokis_janfebo5 .msp.

Sousa, R. (1987). *The Rationality of Emotion.* Cambridge, MA: MIT Press.

Sparrow, R. (2002). The March of the Robot Dogs. *Ethics and Information Technology* 4(4), 305–318.

Sparrow, R. (2006). In the Hands of Machines? The Future of Aged Care. *Minds and Machines* 16, 141–161.

Sparrow, R. (2007). Killer Robots. *Applied Philosophy* 24(1), 62–77.

Stahl, B. C. (2002). Can a Computer Adhere to the Categorical Imperative? A Contemplation of the Limits of Transcendental Ethics in IT. In I. Smit & G. Lasker (Eds.), *Fourteenth International Conference on Systems Research, Informatics and Cybernetics: Symposium on Cognitive, Emotive and Ethical Aspects of Decision Making in Humans and in Artificial Intelligence* (Vol. I, pp. 13–18). Windsor, Ontario, Canada: International Institute for Advanced Studies in Systems Research and Cybernetics.

Stahl, B. C. (2004). Information, Ethics, and Computers: The Problem of Autonomous Moral Agents. *Minds and Machines* 14(1), 67–83.

Stickgold, R., & Walker, M. P. (2005). Memory Consolidation and Reconsolidation: What Is the Role of Sleep? *Trends in Neuroscience* 28, 408–415.

Stiehl, D., Lieberman, J., Breazeal, C., Basel, L., Lalla, L., & Wolf, M. (2005). The Design of the Huggable: A Therapeutic Robotic Companion for Relational, Affective Touch. In T. Bickmore (Ed.), *AAAI Fall Symposium in Caring Machines: AI in Eldercare.* Washington, DC: AAAI Press.

Stross, C. (2006). *Accelerando.* New York: Ace.

Stuart, S. (1994 [slightly rev. 2003]). Artificial Intelligence and Artificial Life— Should Artificial Systems Have Rights? www.gla.ac.uk/departments/ philosophy/Personnel/susan/NewNightmares.pdf.

Tarsitano, M. (2006). Route Selection by a Jumping Spider (Portia Labiata) during the Locomotory Phase of a Detour. *Animal Behavior* 72, 1437–1442.

Taylor, C. (1989). *Sources of the Self.* Cambridge, MA: Harvard University Press.

Transport for London. (2004). *Central Line facts.* Original web page retrieved from http://tube.tfl.gov.uk/content/faq/lines/central.asp10/18/2004; archived at the Internet Archive http://web.archive.org/web/‘hh_/tube.tfl.gov.uk/content/ faq/lines/central.asp.

Thompson, H. S. (1999). Computational Systems, Responsibility and Moral Sensibility. *Technology in Society* 21(4), 409–415.

Torrance, S. (2000, April). *Towards an Ethics for Epersons.* Paper presented at the Symposium on AI, Ethics and (Quasi-) Human Rights, Birmingham, UK.

Torrance, S. (2003). Artificial Intelligence and Artificial Consciousness: Continuum or Divide? In I. Smit, W. Wallach, & G. Lasker (Eds.), *Fifteenth International Conference on Systems Research, Informatics and Cybernetics: Symposium on Cognitive, Emotive and Ethical Aspects of Decision Making in*

Humans and in Artificial Intelligence (Vol. II, pp. 25–30). Windsor, Ontario, Canada: International Institute for Advanced Studies in Systems Research and Cybernetics.

Torrance, S. (2004). Us and Them: Living with Self-Aware Systems. In I. Smit, W. Wallach, & G. Lasker (Eds.), *Sixteenth International Conference on Systems Research, Informatics and Cybernetics: Symposium on Cognitive, Emotive and Ethical Aspects of Decision Making in Humans and in Artificial Intelligence* (Vol. III, pp. 7–14). Windsor, Ontario, Canada: International Institute for Advanced Studies in Systems Research and Cybernetics.

Tulving, E. (1983). *Elements of Episodic Memory*. Oxford: Clarendon Press.

Turing, A. (1950). Computing Machinery and Intelligence. *Mind and Language* 59, 434–460.

Turkle, S. (1984). *The Second Self: Computers and the Human Spirit*. New York: Simon & Schuster.

Tversky, A., & Kahneman, D. (1974). Judgment under Uncertainty: Heuristics and Biases. *Science* 185, 1124–1131.

Tyrell, T. (1994). An Evaluation of Maes's Bottom-Up Mechanism for Behavior Selection. *Adaptive Behavior* 2(4), 307–348.

Uchida, N., Kepecs, A., & Mainen, Z. F. (2006). Seeing at a Glance, Smelling in a Whiff: Rapid Forms of Perceptual Decision Making. *Nature Reviews Neuroscience* 7, 485–491.

US Plans "Robot Troops" for Iraq. (2005, January 23). *BBC News*.

van den Hoven, J., & Lokhorst, G. (2002). Deontic Logic and Computer-Supported Computer Ethics. In J. H. Moor & T. W. Bynum (Eds.), *Cyberphilosophy: The Intersection of Computing and Philosophy* (pp. 280–289). Malden, MA: Blackwell.

Van der Loos, H. F. M. (2007, March). *Ethics by Design: A Conceptual Approach to Personal and Service Robot Systems*. Paper presented at the Institute of Electrical Electronics Engineers '07 Workshop on Roboethics, Rome.

Van der Loos, H. F. M., Lees, D. S., & Leifer, L. J. (1992, June). *Safety Considerations for Rehabilitative and Human-Service Robot Systems*. Paper presented at the Fifteenth Annual Conference of the Rehabilitation Engeneering and Assistive Technology Society of North America, Toronto.

Varela, F. J., Thompson, E., & Rosch, E. (1991). *The Embodied Mind*. Cambridge, MA: MIT Press.

Vauclair, J., Fagot, J., & Hopkins, W. D. (1993). Rotation of Mental Images in Baboons When the Visual Input Is Directed to the Left Cerebral Hemisphere. *Psychological Science* 4, 99–103.

Veruggio, G. (2005, April). The Birth of Roboethics. Paper presented at the Institute of Electrical and Electronics Engineers International Conference on Robotics and Automation 2005 Workshop on Roboethics, Barcelona.

Veruggio, G. (2006, June). *EURON Roboethics Roadmap*. Paper presented at the EURON Roboethics Atelier, Genoa.

Veruggio, G., & Operto, F. (2006). Roboethics: A Bottom-Up Interdisciplinary Discourse in the Field of Applied Ethics in Robotics. *International Review of Information Ethics* 6, 2–8.

Vidnyánszky, Z., & Sohn, W. (2003). Attentional Learning: Learning to bias Sensory Competition [Abstract]. *Journal of Vision* 3, 174a.

Vinge, V. (1983, January). First Word. *OMNI*.

Vinge, V. (1993, Winter). The Coming Technological Singularity: How to Survive in the Post-Human Era. *Whole Earth Review*, 77.

von Foerster, H. (1992). Ethics and Second-Order Cybernetics. *Cybernetics and Human Knowing* 1(1), 40–46.

Wallach, W. (2003). *Robot Morals and Human Ethics*. In I. Smit, W. Wallach, & G. Lasker (Eds.), *Fifteenth International Conference on Systems Research, Informatics and Cybernetics: Symposium on Cognitive, Emotive and Ethical Aspects of Decision Making in Humans and in Artificial Intelligence* (Vol. II, pp. 1–5). Windsor, Ontario, Canada: International Institute for Advanced Studies in Systems Research and Cybernetics.

Wallach, W. (2004). *Artificial Morality: Bounded Rationality, Bounded Morality and Emotions*. In I. Smit, W. Wallach, & G. Lasker (Eds.), *Sixteenth International Conference on Systems Research, Informatics and Cybernetics: Symposium on Cognitive, Emotive and Ethical Aspects of Decision Making in Humans and in Artificial Intelligence* (Vol. III, pp. 1–6). Windsor, Ontario, Canada: International Institute for Advanced Studies in Systems Research and Cybernetics.

Wallach, W. (2007, September 8). *The Road to Singularity: Comedic Complexity, Technological Thresholds, and Bioethical Broad Jumps*. Transcript of a presentation at the Singularity Summit 2007: AI and the Future of Humanity. San Francisco.

Wallach, W. (2008). Implementing Moral Decision Making Faculties in Computers and Robots. *AI and Society* 22(4), 463–475.

Wallach, W., Allen, C., & Smit, I. (2008). Machine Morality: Bottom-Up and Top-Down Approaches for Modelling Human Moral Faculties. *AI and Society* 22(4), 565–582.

Warwick, K. (2003). Cyborg Morals, Cyborg Values, Cyborg Ethics. *Ethics and Information Technology* 5, 131–137.

Warwick, K. (2004). *I Cyborg*. London: Century.

Watt, D. F. (1998). Affect and the Limbic System: Some Hard Problems. *Journal of Neuropsychiatry and Clinical Neuroscience* 10, 113–116.

Weckert, J. (1997). Intelligent Machines, Dehumanisation and Professional Responsibility. In J. van den Hoven (Ed.), *Computer Ethics: Philosophical Enquiry* (pp. 179–192). Rotterdam: Erasmus University Press.

Weckert, J. (2005). *Trusting Agents*. In P. Brey, F. Grodzinsky, & L. Introna (Eds.), *Ethics of New Information Technology: Proceedings of the Sixth International Conference of Computer Ethics: Philosophical Enquiry* (pp. 407–412). Enschede, The Netherlands: Center for Telematics and Information Technology.

Weiner, T. (2005, February 16). New Model Army Soldier Rolls Closer to Battle. *New York Times*.

Weinman, J. (2001). *Autonomous Agents: Motivations, Ethics, and Responsibility*. Manuscript originally retrieved from www.weinman.cc/ethics.phtml archived at http://web.archive.org/web/*/http://www.weinman.cc/ethics.phtml.

Werdenich, D., & Huber, L. (2006). A Case of Quick Problem Solving in Birds: String Pulling in Keas, Nestor Notabilis. *Animal Behaviour* 71, 855–863.

Wertheim, M. (1999). *The Pearly Gates of Cyberspace*. New York: Norton.

Whitbeck, C. (1995). Teaching Ethics to Scientists and Engineers: Moral Agents and Moral Problems. *Science and Engineering Ethics* 1(3), 299–308.

Whitby, B. R. (1990, November). *Problems in the Computer Representation of Moral Reasoning*. Paper presented at the Second National Conference on Law, Computers and Artificial Intelligence. Exeter University, UK.

Whitby, B. R. (1991). AI and the Law: Proceed with Caution. In M. Bennun (Ed.), *Law, Computer Science and Artificial Intelligence* (pp. 1–14). New York: Ellis Horwood.

Whitby, B. R. (1996). *Reflections on Artificial Intelligence: The Social, Legal, and Moral Dimensions*. Exeter, UK: Intellect Books.

Whitby, B. R., & Oliver, K. (2000). *How to Avoid a Robot Takeover: Political and Ethical Choices in the Design and Introduction of Intelligent Artifacts*. Paper presented at the Convention of the Society for Artificial Intelligence and Simulated Behavior, Symposium on AI, Ethics and (Quasi-) Human Rights. Birmingham, UK.

Wiegel, V., van den Hoven, J., & Lokhorst, G. (2005). Privacy, Deontic Epistemic Action Logic and Software Agents. In *Sixth International Conference on Computer Ethics: Ethics of New Information Technology* (pp. 419–434). Enschede, The Netherlands: Center for Telematics and Information Technology.

Wilcox, S., & Jackson, R. (2002). Jumping Spider Tricksters: Deceit, Predation, and Cognition. In M. Bekoff, C. Allen, & G. M. Burghardt (Eds.), *The Cognitive Animal* (pp. 27–33). Cambridge, MA: MIT Press.

Williams, B. (1985). *Ethics and the Limits of Philosophy*. Cambridge, MA: Harvard University Press.

Willis, J., & Todorov, A. (2006). First Impressions: Making Up Your Mind after a 100-Ms Exposure to a Face. *Psychological Science* 17, 592–599.

Wilson, E. O. (1975). *Sociobiology: The New Synthesis*. Cambridge, MA: Harvard University Press.

World Health Organisation. (2002) *Injury: A leading cause of the global burden of disease, 2000*. Geneva: World Health Organisation.

Wu, X., Chen, X., Li, Z., Han, S., & Zhang, D. (2007). Binding of Verbal and Spatial Information in Human Working Memory Involves Large-Scale Neural Synchronization at Theta Frequency. *Neuroimage* 35(4), 1654–1662.

Yaeger, L., & Sporns, O. (2006). Evolution of Neural Structure and Complexity in a Computational Ecology. In *Artificial Life X*. Bloomington, IN: MIT Press.

Yudkowsky, E. (2001). *What Is Friendly AI?* www.kurzweilai.net/meme/frame.html?main=/articles/art0172.html.

Yudkowsky, E. (2001). *Creating Friendly AI*. www.singinst.org/upload/CFAI.html.

Yudkowsky, E. (Forthcoming). Artificial Intelligence as a Positive and Negative Factor in Global Risk. In M. Rees, N. Bostrom, & M. Cirkovic (Eds.), *Global Catastrophic Risks* Oxford: Oxford University Press.

Zhang, Z., Dasgupta, D., & Franklin, S. (1998). Metacognition in Software Agents Using Classifier Systems. In *Proceedings of the Fifteenth National Conference on Artificial Intelligence* (pp. 83–88). Menlo Park, CA: AAAI Press.

Zhu, J., & Thagard, P. (2002). Emotion and Action. *Philosophical Psychology* 15, 19–36.

译名对照表

---

① 功利主义伦理学有不同的分支理论，行为功利主义是基于个体行为做评价；规则功利主义 rule～～，是基于行为的规则、意图做评价。——译者

② 一种基于计算机的决策支持模型，促使确定 ICU 病人治疗方案。——译者

---

① Cog 执行具身学习，通过与人的交往而学习。——译者
② CogAFF 研究情感和认知怎样相互作用，哲学家开发的，作为计算机科学家设计自主系统时的一种认知模型。——译者

① 但在中国现在也称著作权法，以前多称版权法。——译者

② 是控制论 Cybernetic 与生命体 Organism 的混写，即，半生物半机械的人机系统。——译者

③ ToM 即 theory of mind，他心理论或心灵理论，是指意识到他人心里状态的理论。——译者

---

① 是最受认可的、获得最好支持的关于意识和高级认知的理论。——译者

② 正文中是 Rod。——译者

---

① 遗传算法之父。——译者
② 该系统尝试融合推理和情绪，并基于神经科学家的 GWT 理论。——译者
③ 原书有拼写错误，应该是 Ishiguro。——译者

---

① 书中正文处是 Cristof，原书这里拼写有误。——译者

② 原文中指的是"robot police officer"。——译者

③ "雾件"指目前还没人知道如何去实现的一个许诺。——译者

④ 由哲学家 Guarini 开发的一种神经网络，用来识别对照组。——译者

Moravec，Hans 汉斯·莫拉维克

Morgenstern，Oskar 奥斯卡·摩根斯顿

Mori，Masahiro 森政弘·莫里，原书拼写有误，
　　应为 Mashahiro

Movements 行动

Multiagent systems 多智能体系统

Multibots 多机器人

Multimodal approach to robots 机器人的多模式
　　进路

N

Nagel，Thomas 托马斯·内格尔

Nanotechnology 纳米技术

Nash，John 约翰·纳什

National Institutes of Health（NIH）国家卫生
　　研究院

National Society of Professional Engineers
　　（NSPE）全国职业工程师学会

Nature vs. nurture 先天与后天

Neumann，John von 约翰·冯·诺伊曼

Neural networks 神经网络

Neuroethics program 神经伦理学程序

Neuroprosthetics research 神经义肢技术研究

Neuropsychology field in morality 道德中的神
　　经心理学领域

Newell，Allen 艾伦·纽厄尔

Nichols，Shaun 肖恩·尼科尔斯

Nico（robot）尼科（机器人）

Nissenbaum，Helen 海伦·尼森鲍姆

Nonmaleficence principle 不伤害原则

Norms Evolving in Response to Dilemmas（NERD）
　　发展规范以应对困境

Norvig，Peter 彼得·诺维格

Nuclear power technology 核动力技术

Nuclear weapons 核武器

O

Omniscient computers 全知的计算机

Ontological question 本体论问题

Operational morality 操作性道德

Organic morality 演进的道德

Ortony，Andrew 安德鲁·奥托尼

Ortony，Clore and Collins（OCC）奥托尼，克罗
　　尔和柯林斯

Oversight mechanisms 监督机制

P

Packard，Norman 诺曼·帕卡德

Packbot robot 背负式机器人①

Pain as sensory technology 作为传感器技术的疼痛②

Panksepp，Jaak 雅克·潘克塞普

Particularism principle for morality 道德的特殊
　　主义原则

Perceptual memory in LIDA model，LIDA 模型
　　中的知觉记忆

Pettit，Philip 菲利普·佩蒂特

Phenomenal self model（PSM）现象性自我模型

Philosophy and Phenomenological Research 哲
　　学与现象学研究

Picard，Rosalind 罗莎琳德·皮卡德

Pleasure forms 快乐的形式

Pollack，Jordan 乔丹·波拉克

---

① 一种用在战场上的机器人，只有 60 磅重，士
　兵可背负，用于侦察和拆弹，尤其后者是战
　场上士兵的第一杀手。——译者

② 这里类比人感受疼痛的不同，人有心里的
　痛，有躯体状态的痛，而神经网络技术是集
　成所有感受器的输入，将其翻译成计算机
　系统能识别的抽象表征。本书认为，让机
　器人感受心里的和身体的疼不是一件容易
　的事，而且伦理上是否允许也存在争
　议。——译者

---

① 他提出了心理学中著名的普雷马克原理，与 Guy Woodruff 一起最早提出"心灵理论"ToM。——译者

② 原书此处人名有误，应该是 Shachtman。——译者

③ 这个词是意大利语，对应的英文就是 School of Robotics，是一个由机器人技术专家和哲学家合作发起的学术组织，an association aimed to study the complex relationship between Robotics and Society。——译者

---

① sensorimotor，术语，感觉运动或运动感觉，简称动觉，是指主体对身体各部分之间相对位置变动的反应，它是主体对身体姿势和身体运动的"感受"或意识。包括：对身体各部分 躯干、四肢、头部所处位置的感觉；对动作的样式、幅度和方向的精确性的意识；对动作的速度和平衡性的粗略意识；以及对身体在空间定向的较为模糊的感受。有关这些信息来自于肌肉、肌腱关节囊和韧带的感受器。——译者

② Vincent Wiegel 开发的多个智能体的交互模型，也是一个计算哲学的实验平台。——译者

————————

① 恐怖谷理论是一个关于人类对机 Masahiro
Mori 提出假设，当机器人与人类相像超过
95％的时候。由于机器人与人类在外表、
动作上都相当相似，所以人类亦会对机器
人产生正面的情感；直至到了一个特定程
度，他们的反应便会突然变得极之反感。
哪怕机器人与人类有一点点的差别，都会
显得非常显眼刺目，让整个机器人显得非
常僵硬恐怖，让人有面对行尸走肉的感觉。
人形玩具或机器人的仿真度越高人们越有
好感，但当达到一个临界点时，这种好感度
会突然降低，越像人越反感恐惧，直至谷
底，称之为恐怖谷。——译者

译后记

　　翻译这本书缘起于本书作者之一科林·艾伦受聘西安交通大学哲学讲座教授。自2015年始,我协助艾伦教授在该校哲学系开设了一门全英文课程,名为"认知科学的哲学基础"(Philosophical Foundation of Cognitive Science)。讲课过程中,艾伦教授通过课前阅读、课堂讲授、小组讨论、解答疑问、分组展示等形式,深入浅出地引领大家了解跨哲学、计算机科学、心理学、神经科学、语言学、人类学的多学科的认知科学这一研究领域,并对其面临的难题进行深入的哲学反思。课程结束后,课堂视频、音频实录与课件也提供给同学们以便进一步学习和深入理解。他的授课受到了师生们的欢迎与好评,激起哲学系师生深入了解认知科学哲学的热情,于是,我组织了一个艾伦著作的翻译讨论小组。

　　艾伦教授是有重要国际影响的认知哲学家,其研究领域主要包括心灵哲学(动物心灵)、人工智能哲学(机器道德)和数字/计算哲学。国际学术界公认,他的这本书以及相关研究开创了机器道德这一全新研究领域。这本书是一部由哲学家和信息技术专家合作的交叉学科著作。虽然英文原著出版于2009年,但其中涉及的许多新颖概念和话题,现在看来也依然前沿。这是一部高水平的学术著作,但作者深入浅出的文风让广大读者都能读懂,因此,我们的译文也尽量平白。在翻译时一方面特别注意约定俗成的译法,另一方面对新概念的翻译也多方征求意见。具体翻译分工如下:

　　　　致谢、导论、第一章:王小红译,翻译小组集体互校;

　　　　第二章:王小红、王小亮译,翻译小组集体互校;

　　　　第三章:王小红、毛昱衡、王小亮译,翻译小组集体互校;

　　　　第四章、第五章:王小亮译,王小红校;

　　　　第六章、第九章:浦江淮译,王小红校;

　　　　第七章:董思伽译,王小红校;

第八章：李佳欣、王小红译；

第十章：孙文奇译，王小红校；

第十一章：丁晓军译，王小红校；

第十二章和结语：王伟、王小红译；

注释：1～5章王小红译，其余由各章译者翻译，王小红校；

书后索引：孙文奇、王小红译。

全书由王小红完成第一遍统校，马源和杨重阳两位同学帮助核对索引中的所有外文人名译名，最后由中国社会科学院哲学研究所刘钢研究员完成全部译稿的审校。本书的译文难免有错误和缺点，希望读者指正。

受北大出版社周雁翎主任的委托，我特别邀请艾伦为这本中译本作序，艾伦欣然同意。我相信，这篇序会有助于读者更好地阅读和理解本书在当下的意义。

最后，我要感谢北京大学出版社与英国牛津大学出版社友好协商购得版权。为这次愉快高效的合作，我尤其要感谢周雁翎主任，或许可以说，他是中译本的第一位读者，对本书内容的深入理解、出版环节的周密策划，还有他不厌其烦地一再督促，这些都是我们完成这部译稿的动力。还要感谢吴卫华编辑认真细致的工作、严谨专业的态度。所有这些贡献才促成这部译著最终顺利出版。

王小红

2017 年 10 月 11 日，于西安

科学素养文库·科学元典丛书